Toda la verdad sobre el

COVID-19

Toda la verdad sobre el COVID-19

La historia detrás del gran reinicio, los pasaportes de vacunación y la nueva normalidad

Dr. Joseph Mercola
Ronnie Cummins

Prólogo de Robert F. Kennedy Jr.

Traducción de Isabel Gaviña Longar

Chelsea Green Publishing
White River Junction, Vermont
London, UK

Originally published in English as *The Truth About COVID-19* in 2021.

Imagen 3.1, cortesía de Mercola.com.
Imagen 6.1, cortesía de Cronometer.com.
Imagen 7.1, cortesía de Mercola.com.

Revisor lingüista: Sergio Delgado Hernandez
Editora: Ercilia Sahores
Prefacio: Elena Kahn

Printed in the United States of America.

ISBN 978-1-64502-088-2 (hardcover) | ISBN 978-1-64502-151-3 (paperback)
| ISBN 978-1-64502-089-9 (ebook) | ISBN 978-1-64502-090-5 (audio book)
| ISBN 978-1-64502-167-4 (Spanish edition paperback)
| ISBN 978-1-64502-158-2 (Spanish edition ebook)

Library of Congress Control Number: 2021933705

Chelsea Green Publishing
85 North Main Street, Suite 120
White River Junction, Vermont USA

Somerset House
London, UK

www.chelseagreen.com

Dedicado a los rebeldes, soñadores y visionarios,
que son los que regenerarán la Tierra

Índice

Prefacio

Maestro de la verdad, no deja de amonestar. Hace sabios los rostros ajenos, hace a los otros tomar una cara, los hace desarrollarla. Les abre los oídos, los ilumina.

Antiguo texto Náhuatl

¿Cómo enfrentar las prácticas sistemáticas de la industria farmacéutica?: ocultamiento de información, fraude, malversación de fondos, violación de las leyes, obstrucción a la justicia y a la aplicación de la ley, falsificación de testimonios, compra de profesionales sanitarios, manipulación y distorsión de los resultados de investigación, alienación del pensamiento médico y de la práctica de la medicina, divulgación de falsos mitos en los medios de comunicación, soborno de políticos y funcionarios, y corrupción de la administración del Estado y de los sistemas de salud.

La industria farmacéutica es el tercer sector de la economía mundial, luego del armamento y el narcotráfico. Sus directivos cobran sueldos obscenos y no se responsabilizan de nada que competa a la salud. ¿La OMS? Vaya, sí que están bajos de moral. La industria farmacéutica prefiere fármacos que ni curan ni matan, sino que te controlan la enfermedad. Me parece una falta de ética. Que lo haga un político nos parece mal, pero que lo haga un médico o un hospital, es horrible, tal como afirma el Dr. Joan-Ramon Laporte.

En la América indígena, la ciencia indígena tenía bases sólidas provenientes de la observación y la experimentación. La medicina y los alimentos estaban muy vinculados.

Según escritos de Cristina Barros, para entender la medicina indígena y para aquilatar el relevante desarrollo que había alcanzado la herbolaria, los cronistas indican que las condiciones de salud de los habitantes de la Nueva España eran, en general magníficas, y descansaban en el profundo conocimiento que tenían de las plantas. En la alimentación, estaban presentes verduras y frutas, así como dos extraordinarios cereales: el maíz y el amaranto. Trataban las enfermedades con raíces, cortezas, tallos, hojas y flores de las especies vegetales.

La medicina tradicional es una herramienta muy valiosa en beneficio de la salud pública, por lo que es fundamental para las generaciones contemporáneas resguardar y dinamizar este acervo de conocimientos de gran valor científico y cultural para todos los pueblos.

Mientras tanto, en muchos países desarrollados, la medicina alternativa está regresando y se está practicando cada vez más debido a la alta iatrogenia, por los daños causados por el sistema médico actual y sus inevitables efectos secundarios.

La utilización de la herbolaria como medicina se conoce en México desde tiempos remotos, las culturas que habitaban todo el territorio tenían vastos conocimientos curativos. En Yucatán, los mayas tenían a los ah men o médicos, entre los nahuas se llamaban tícitl y su habilidad era tanta que los conquistadores preferían recurrir a ellos que a sus propios médicos, como lo comenta Francisco Javier Clavijero en su Historia Antigua de México, donde Cortés, en peligro de perder su vida por una herida en la cabeza recibida en la batalla de Otumba, fue diestramente curado por médicos tlaxcaltecas.

Robert Bye, del Instituto de Biología de la UNAM, escribe que en el transcurso de los últimos cinco siglos se ha perdido mucha información sobre las plantas medicinales mexicanas, debido a la falta de investigación o a que los datos generados no se han dado a conocer en el país. "En poco más de un siglo, por ejemplo, se perdió 37 % del conocimiento herbolario originado en la Sierra Tarahumara".

La industria se fue dando cuenta que estos conocimientos y recursos podrían ser "tomados" para convertirlos en mercancía. No sólo empezaron a llevárselos, sino que se promovieron leyes prohibiendo su siembra justamente con la intención de patentarla. En el 2007 se promulgó la Ley sobre producción, certificación y comercio de semillas, que establece multas a quien siembre sin pago del correspondiente certificado. En 2021 pretenden imponer el UPOV 91, una Ley que privatiza todas las variedades vegetales y que contempla hasta seis años de cárcel para aquellos que no se ajusten a la misma al pie de la letra.

Es que es una industria insaciable. Henry Gadsden, director de la farmacéutica Merck, afirmó en 1980: "*Mi sueño es producir medicamentos para las personas sanas*".

Ya no se conforman con vender medicamentos sólo a los enfermos, porque se puede ganar mucho *dinero diciendo a los sanos que están enfermos.*

Esta propaganda de la enfermedad es un asalto al alma colectiva por parte de aquellos que buscan beneficiarse de nuestro miedo. No se trata de una oscura conspiración, sino de un robo a plena luz del día.

Hace más de cuatro décadas, el pensador Ivan Illich hizo saltar las alarmas al mencionar que el establecimiento médico en expansión estaba "medicalizando" la vida misma, socavando la capacidad humana de enfrentarse a la realidad del sufrimiento y la muerte y convirtiendo a la gente común en pacientes.

El fracaso de las sociedades para reconocer uno de los peligros más obvios y peligrosos del mundo moderno no fue un accidente. Fue resultado de una estrategia deliberada para fabricar y magnificar la duda pública sobre la evidencia científica.

En este libro, encontramos tres maestros de la verdad, la verdad que pudo haber muerto por esta pandemia. Cada uno de ellos nos muestra cómo nos han engañado.

Uno de ellos, Robert F. Kennedy Jr. recuerda lo expresado por Hermann Göring en el juicio en Nuremberg: "siempre es sencillo arrastrar a las personas, ya sea en una democracia, una dictadura fascista, un gobierno parlamentario, o una dictadura comunista. Con o sin voz, siempre puede someterse al pueblo a la voluntad de los dirigentes. Eso es fácil, sólo es necesario decirles que están siendo atacados, denunciar a los pacifistas por falta de patriotismo, y por exponer al país a un peligro mayor. Eso funciona de la misma manera en cualquier país". Utilizando esta misma estrategia, el cártel médico y sus cómplices de las big tech han silenciado a Mercola, para convertir a la gente en consumidora de todo tipo de medicamentos.

La verdad es que los tecnócratas *no tienen ninguna intención de dejarnos volver a la normalidad.* El plan es alterar a la sociedad de forma permanente. Parte de esa alteración es la *eliminación de las libertades civiles y los derechos humanos*, que ahora está sucediendo a una velocidad vertiginosa.

Ronnie Cummins nos hace abrir los ojos llevándonos paso a paso a descubrir cómo "fabricaron el miedo" convirtiendo lo que sería una enfermedad gripal en una infecciosa y peligrosa, sin tratamiento alguno, que implica correr a los hospitales y conectarse a ventiladores, sólo para morir. Nos muestra cómo a través de pruebas de laboratorio PCR defectuosas y mal calibradas se infla artificialmente el número de casos de COVID-19

El Dr. Joseph Mercola nos muestra el "cerebro de la mecánica" y desarrollo del coronavirus, pasando por el Evento 201, donde la Fundación Bill y Melinda Gates co-organizó un *simulacro* de preparación para una pandemia en octubre de 2019, de un "nuevo coronavirus", conocido como Evento 201, 10 semanas antes de que comenzara el brote de COVID-19 en Wuhan, China.

También nos hace ver las muertes mal etiquetadas, intencionalmente, para inflar el número de fallecimientos y atribuirlos todos al COVID, como si las morbilidades provocadas por la industria alimentaria, no hubieran debilitado a la gente, que murieron "con Covid' y no de Covid.

De la misma manera nos presenta los casos de diferentes médicos que con éxito han tratado el Covid-19, y sus diferentes protocolos. Vemos que cuando hay tratamientos la gente no muere. Pero la industria farmacéutica no permite que estas voces sean escuchadas y silencian a quienes demuestran que la salud no viene en una jeringa o en una píldora, sino en la construcción de sistemas inmunológicos fuertes. Nutrición y ejercicio son las medicinas más eficaces.

Es por ello que en el libro se desglosan las razones por las cuales nos quieren introducir al organismo la proteína Spike en una jeringa y se muestran sus efectos colaterales, que ahora están apareciendo documentados. En este libro, encontramos 534 citas bibliográficas científicas, la mayoría revisadas por pares, que pueden verse en internet.

Ronnie Cummins nos demuestra que es posible recuperar el control y nos da una luz de esperanza. Aunque hemos permitido a políticos, a los gigantes de la tecnología, al complejo militar-industrial, a médicos negligentes, corporaciones y élites, explotarnos sin piedad bajo el disfraz de una pandemia mundial, el cerrar el mundo por un virus respiratorio pasará sin duda a la historia como la decisión más destructiva jamás tomada por los "expertos" en salud pública, la Organización Mundial de la Salud y sus aliados tecnócratas.

La destrucción—tanto moral como económica—es necesaria para que se produzca el Gran Reinicio. La élite tecnocrática necesita que todo y todos se derrumben para justificar la implantación de su nuevo sistema. Sin la desesperación generalizada, la población del mundo nunca estaría de acuerdo con lo que han planeado, incluso a medida que aumentan la evidencia y las pruebas que demuestran que COVID-19 no es la pandemia mortal que se ha dicho que es, los tecnócratas se aferran para mantener su plan en marcha.

Identificar el origen y la fuente del virus es crucial si queremos evitar que se reproduzca otra pandemia como ésta en el futuro. ¿Veremos con pesar el año 2020 como un ensayo general del Gran Reinicio? ¿Queremos vivir en el miedo y/o la culpa y llevar una máscara básicamente inútil, que induce al miedo y que aísla socialmente, por el resto de nuestras vidas?

Este es un libro extraordinario, leerlo nos permite detener la locura interna a la que nos están conduciendo la Fundación Gates, el Foro Económico Mundial y la Universidad Johns Hopkins que forman lo que parece ser una tríada tecnocrática, cuya simulación de pandemia fue más un ensayo general que otra cosa. La desinformación ha cubierto las dudas en torno a la seguridad de las vacunas aceleradas.

¿Por qué se enfocaron en la "vacunación"? ¿Por qué no se enfocaron en el tratamiento que están aplicando los protocolos exitosos?

Nos proponen un medio estéril, en el cual vivirán los niños de todos los niveles sociales. Niños con tapabocas y gel destruyendo en su piel los lípidos de protección. Niños aislados, sin la presencia de microorganismos que entrenen su sistema inmunológico innato. ¿Estarán proponiendo vacunas para cada posible microorganismo o agente químico que se acerque a los niños?

¿O estarán pensando en un mundo sin niños?

Elena Kahn
Médica Internista UNAM

Prólogo

Los tecnócratas del gobierno, oligarcas multimillonarios, las grandes empresas farmacéuticas, de datos, los medios masivos de comunicación, el sector de altas finanzas y el aparato de inteligencia industrial militar aman las pandemias por las mismas razones que aman las guerras y los ataques terroristas. Es que las crisis catastróficas crean convenientes oportunidades para aumentar tanto el poder como la riqueza. En su obra más importante, *La Doctrina del Shock: El Auge del Capitalismo del Desastre*, Naomi Klein relata cómo los demagogos autoritarios, las grandes corporaciones y los plutócratas utilizan las perturbaciones masivas para concentrar la riqueza en pocas manos, borrar a la clase media, abolir los derechos civiles, privatizar los bienes comunes, y expandir los controles autoritarios.

El ex jefe de gabinete de la Casa Blanca, Rahm Emmanuel, una persona con acceso a información privilegiada, es conocido por su consejo de que las estructuras de poder creadas "nunca deben dejar que una crisis grave se desperdicie". Pero esta trillada estrategia—utilizar la crisis para exacerbar el terror público que prepara el camino a la dictadura—ha sido una de las estrategias principales de los sistemas totalitarios durante siglos.

Tal como explicara el comandante de la Luftwaffe de Hitler, Hermann Göring, durante los juicios por crímenes de guerra nazis en Nuremberg, el método es bastante básico: "siempre es sencillo arrastrar a las personas, ya sea en una democracia, una dictadura fascista, un gobierno parlamentario, o una dictadura comunista. Con o sin voz, siempre puede someterse al pueblo a la voluntad de los dirigentes. Eso es fácil, sólo es necesario decirles que están siendo atacados, denunciar a los pacifistas por falta de patriotismo, y por exponer al país a un peligro mayor. Eso funciona de la misma manera en cualquier país".

Los nazis señalaron las supuestas amenazas de los judíos y los gitanos para justificar el autoritarismo homicida en el Tercer Reich. El senador Joseph McCarthy, que fue un dictador demagógico, y el Comité de Actividades Antiestadounidenses advirtieron de la infiltración comunista en el Departamento de Estado y la industria cinematográfica para justificar los juramentos de lealtad y las listas negras. Dick Cheney utilizó el atentado del 11 de septiembre para iniciar su "larga guerra" contra el terrorismo amorfo y los recortes de la Ley Patriota que sentaron las bases del moderno estado de vigilancia. Ahora, el cártel médico y sus cómplices multimillonarios de las grandes tecnologías han invocado al enemigo más potente, temible y duradero de todos: el microbio.

¿Y quién puede culparlos? Aumentar la riqueza y el poder de la oligarquía rara vez es un potente vehículo para el populismo. Es poco probable que los habitantes acostumbrados a votar por sus gobiernos apoyen políticas que hagan más ricos a los ricos, aumenten el control político y social de las empresas, disminuyan la democracia y reduzcan sus derechos civiles. Por lo tanto, los demagogos utilizan el miedo como arma para justificar la obediencia ciega y obtener el consentimiento público para destruir los derechos civiles y económicos.

Sin duda, la primera víctima siempre es la libertad de expresión. Después de incrementar el pánico contra el demonio de turno, los "ladrones de guante blanco" necesitan silenciar las protestas contra su riqueza y poder.

Al incluir la libertad de expresión en la Primera Enmienda de la Constitución, James Madison sostuvo que todas las demás libertades se encuentran supeditadas a este derecho. Cualquier gobierno que pueda ocultar el daño que hace tiene el poder para cometer atrocidades.

Tan pronto como los tiranos obtienen el control sobre la autoridad, imponen una censura Orweliana y comienzan a criticar a los disidentes. Pero, al final, lo que buscan es abolir todas las formas de expresión y pensamiento creativo. Queman libros, destruyen arte, matan a escritores, poetas e intelectuales, proscriben reuniones y en el peor de los casos, obligan a las minorías oprimidas a utilizar máscaras que desintegran cualquier sentido de comunidad o solidaridad y evitan la comunicación no verbal, sutil y elocuente para la cual Dios y la evolución han equipado a los humanos con 42 músculos faciales. Las teocracias más salvajes de Oriente Medio exigen máscaras para mujeres, cuyo estatus legal es el equivalente a un bien material.

El libre flujo de información y la autoexpresión son como el oxígeno y la luz solar para la democracia representativa, que funciona mejor con políticas bien enraizadas al calor del debate de la opinión pública. El hecho de que la democracia se marchite sin libertad de expresión resulta axiomático.

Es por ello que entre los monumentos más emblemáticos y venerados de la democracia se encuentran el Ágora Ateniense y el Rincón del Orador de Hyde Park. No podemos evitar sentirnos entusiasmados con nuestro noble experimento de autogobierno cuando presenciamos los tumultuosos e irreverentes debates de la Cámara de los Comunes, o contemplamos la escena del filibusterismo de Jimmy Stewart en El *Sr. Smith va a Washington*, un homenaje eterno al inseparable vínculo entre el debate y la democracia.

Para consolidar y fortalecer su poder, las dictaduras pretenden sustituir esos ingredientes vitales del autogobierno (debate, autoexpresión, disidencia y escepticismo) por ortodoxias rígidas y autoritarias que funcionan como sustitutos seculares de la religión. Estas ortodoxias pretenden abolir el pensamiento crítico y someter a la población a una obediencia ciega e incuestionable a autoridades que no lo merecen.

En lugar de citar estudios científicos para justificar los decretos que obligan al uso de cubrebocas, confinamientos y vacunas, los líderes médicos citan a las agencias de la Organización Mundial de la Salud, los Centros para el Control y la Prevención de Enfermedades, la Administración de Alimentos y Medicamentos de los Estados Unidos y los Institutos Nacionales de la Salud, que son títeres de las industrias que regulan. Múltiples investigaciones federales e internacionales documentaron los vínculos financieros con las empresas farmacéuticas que convirtieron a estas agencias reguladoras en focos de corrupción.

La iatrarquía, es decir el gobierno de los médicos, es un término poco conocido, tal vez porque los experimentos históricos relacionados con éste fueron catastróficos. La profesión médica tampoco demostró ser una enérgica defensora de las instituciones democráticas ni de los derechos civiles. Casi todos los médicos de Alemania asumieron un papel de liderazgo en el proyecto del Tercer Reich para eliminar a las personas con discapacidades mentales y físicas, así como a los homosexuales y judíos. Cientos de médicos alemanes participaron en las peores atrocidades de Hitler, incluyendo la gestión de los asesinatos en masa e indescriptibles experimentos en los campos de exterminio, de modo que los Aliados tuvieron que organizar "juicios médicos" por separado en Núremberg. Ni un solo médico o asociación médica alemana de renombre alzó su voz en contra de estos proyectos.

Por ello no es de extrañar que, en lugar de exigir un respaldo científico de primera categoría y fomentar un debate honesto, abierto y responsable sobre la ciencia, los funcionarios de salud del gobierno, poco comprometidos y ahora con tanto poder en sus manos y a cargo de gestionar la respuesta a la pandemia del COVID-19, hayan colaborado con los medios de comunicación y redes sociales para anular el debate sobre cuestiones clave de salud pública y derechos civiles. Silenciaron y excomulgaron a herejes como el Dr. Mercola, quien se negó a arrodillarse ante la industria farmacéutica y a tratar la fe ciega en las vacunas experimentales, poco probadas, como un deber religioso.

La rúbrica de "consenso científico" de nuestra actual iatrarquía es la iteración contemporánea de la Inquisición española. Es un dogma fabricado por este corrupto elenco de tecnócratas médicos y sus colaboradores mediáticos, para legitimar sus pretensiones de nuevos y peligrosos poderes.

Los sumos sacerdotes de la Inquisición moderna son las cadenas de televisión y los noticieros por cable de las grandes farmacéuticas, que predican una rígida obediencia a los dictados oficiales, incluidos los confinamientos, distanciamiento social y la rectitud moral de ponerse cubrebocas, a pesar de la carencia de estudios científicos revisados por pares que demuestren de manera convincente que los cubrebocas previenen la transmisión del COVID-19. El que exista la necesidad de este tipo de pruebas se considera innecesario.

En cambio, nos aconsejan "confiar en los expertos". Sin embargo, dicho consejo va en contra de la democracia y de la ciencia. La ciencia es dinámica. Con frecuencia, los "expertos" difieren en cuestiones científicas y sus opiniones pueden variar de acuerdo con la política, el poder y sus necesidades financieras. Casi todos los juicios que he llevado enfrentaron a expertos muy acreditados de bandos opuestos, y todos ellos declararon, bajo juramento, posiciones diametralmente opuestas basadas en el mismo conjunto de hechos. La ciencia es un desacuerdo; la noción de consenso científico es un oxímoron.

El plan actual del estado totalitario es la cleptocracia corporativa, una creación que sustituye el proceso democrático por los edictos arbitrarios de tecnócratas no elegidos popularmente. Sin duda, sus decretos confieren a las empresas multinacionales un poder extraordinario para monetizar y controlar los aspectos más íntimos de nuestras vidas, enriquecer a los multimillonarios, empobrecer a las masas y gestionar la disidencia con una vigilancia implacable y un programa de obediencia.

En 2020, liderado por Bill Gates, Silicon Valley celebraba tras bambalinas a los poderosos charlatanes de la medicina, que aplicaban las proyecciones más pesimistas a partir de modelos desacreditados y pruebas de PCR muy fáciles de manipular, así como un menú de nuevos protocolos para los médicos forenses que parecían destinados a inflar los informes de las muertes del COVID-19, lo que avivó el pánico pandémico y confinó a la población mundial a permanecer en sus hogares.

La suspensión del debido proceso, así como de la notificación y comentarios legislativos, significó que ninguno de los prelados del gobierno que ordenó la cuarentena tuvo que calcular primero de forma pública si la destrucción de la economía mundial, la interrupción de los suministros alimentarios y médicos, y el lanzar a miles de millones de seres humanos a la pobreza extrema y la inseguridad alimentaria, mataría a más personas de las que salvaría.

Como era de esperarse, en los Estados Unidos, la cuarentena impuesta destrozó el motor económico de la nación, que antes estaba en su auge, al dejar sin trabajo a 58 millones de personas en el país y llevar a la *quiebra permanente a más de 100 000 pequeñas empresas, entre ellas 41 000 propiedad de afroamericanos, que en algunos casos fueron construidas durante tres generaciones.* Estas políticas también han impulsado el inevitable desmantelamiento de la red de seguridad social que impulsó la clase media de los Estados Unidos. Los funcionarios gubernamentales ya comenzaron a liquidar los legados de cien años de programas sociales como el Nuevo Trato, la Nueva Frontera, la Gran Sociedad y la Ley del Cuidado de Salud a Bajo Precio, también conocida como Obamacare para pagar las deudas acumuladas luego de la cuarentena. Podemos despedirnos de los almuerzos escolares, los seguros de salud, el Programa para mujeres, bebés y niños, la asistencia de salud de Medicaid, Medicare, las becas universitarias y más.

A medida que destruía la clase media de los Estados Unidos y dejaba bajo el umbral de la pobreza a un 8 % más de personas, el "golpe del COVID" de 2020 transfirió una enorme cantidad de riqueza a las grandes empresas de la tecnología, del sector de datos, de telecomunicaciones, del sector financiero, de los medios de comunicación (Michael Bloomberg, Rupert Murdoch) y los titanes de Internet de Silicon Valley, como Jeff Bezos, Bill Gates, Mark Zuckerberg, Sergey Brin, Larry Page y Jack Dorsey. Parece más que una coincidencia que estos hombres, que lucran con la pobreza y la miseria causadas por los confinamientos globales, sean los mismos cuyas empresas censuran de forma activa a quienes critican esas políticas.

Las mismas empresas de Internet que nos engatusaron a todos con la promesa de democratizar las comunicaciones crearon un mundo en el que es inadmisible hablar mal de los pronunciamientos oficiales, y prácticamente un delito criticar los productos farmacéuticos. Los mismos magnates de la tecnología, datos y telecomunicaciones, que ahora se aprovechan de nuestra clase media destruida, transforman rápidamente la democracia de los Estados Unidos en un estado policial de censura y vigilancia del que se benefician a cada paso.

Por ejemplo, esta misma camarilla utilizó el confinamiento a su favor para acelerar la construcción de su red 5G de satélites, antenas, reconocimiento facial biométrico e infraestructura de "seguimiento y rastreo" que ellos, sus socios del gobierno y las agencias de inteligencia, utilizarán para explotar y monetizar nuestros datos de forma gratuita, obligarnos a obedecer mandatos arbitrarios y suprimir la disidencia. La confabulación gobierno-industria utilizará este sistema para controlar la rabia cuando la población de los Estados

Unidos despierte por fin y se dé cuenta que esta banda de delincuentes nos arrebató nuestra democracia, nuestros derechos civiles, nuestro país y estilo de vida, mientras nosotros nos acurrucamos en un miedo orquestado por una enfermedad parecida a la gripe.

Como era de esperarse, las demás garantías constitucionales se formaron junto a la libertad de expresión en el patíbulo. La imposición de la censura enmascara esta demolición sistemática de nuestra Constitución, incluyendo los ataques a nuestras libertades de reunión (mediante el distanciamiento social y las normas de confinamiento), a la libertad de culto (incluyendo la abolición de las exenciones religiosas y el cierre de las iglesias, mientras que las licorerías permanecen abiertas como "servicio esencial"), a la propiedad privada (el derecho a operar un negocio), al debido proceso (incluyendo la imposición de restricciones de amplio alcance contra la libertad de movimiento, la educación y la asociación sin la elaboración de normas, audiencias públicas o declaraciones de impacto económico y medioambiental), el derecho de la Séptima Enmienda a los juicios con jurado (en casos de lesiones por vacunas causadas por negligencia empresarial), nuestro derecho a la privacidad y contra los registros e incautaciones ilegales (seguimiento y localización sin orden judicial), y nuestro derecho a tener un gobierno que no nos espíe ni retenga nuestra información con fines malintencionados.

Por supuesto que silenciar la voz del Dr. Mercola fue la primera prioridad de la camarilla médica. Durante décadas, el Dr. Mercola fue uno de los defensores más eficaces e influyentes contra el paradigma farmacéutico reinante. Fue un crítico elocuente, carismático y conocedor de un sistema corrupto que convirtió a los habitantes de los Estados Unidos en el principal consumidor de medicamentos del mundo. En los Estados Unidos, los habitantes pagan los precios más altos por los medicamentos y tienen los peores resultados de salud entre las 75 naciones más avanzadas. Si dejamos de lado los opioides, que matan a 50 000 habitantes de los Estados Unidos al año, los productos farmacéuticos son la tercera causa de muerte en el país, después de los ataques cardíacos y el cáncer.

Como un profeta en el desierto, desde hace años el Dr. Mercola defiende que la buena salud no se obtiene con una píldora o inyección, sino al fortalecer el sistema inmunológico. Predica que la nutrición y el ejercicio son las medicinas más efectivas, y que los funcionarios de salud pública deberían impulsar políticas públicas que desalienten la dependencia de los productos farmacéuticos y que protejan nuestros suministros de alimentos de las grandes empresas alimentarias, químicas y agrícolas. Como es natural, estas industrias depredadoras consideran al Dr. Mercola como el principal enemigo público.

El presupuesto publicitario anual de 9,600 millones de dólares de las grandes farmacéuticas les permite a estas empresas sin escrúpulos controlar nuestros medios de comunicación y televisión. Durante mucho tiempo, los medios de comunicación dominantes se han abstenido de criticar a los fabricantes de vacunas debido a los fuertes factores económicos (las empresas farmacéuticas son los mayores anunciantes de la red). En 2014, el presidente de una cadena de cable, Roger Ailes, me dijo que despediría a cualquiera de sus presentadores de programas de noticias que me permitiera hablar en vivo sobre la seguridad de las vacunas. "Nuestra división de noticias", explicó, "obtiene hasta el 70 % de los ingresos publicitarios de las farmacéuticas en años no electorales".

De este modo, los productos farmacéuticos fueron tanto el sujeto como el predicado de la Cultura de la Anulación. Hace tiempo que los medios de comunicación han censurado al Dr. Mercola, prohibiendo su participación en la radio y los periódicos, y convirtieron la Wikipedia, que funciona como boletín informativo y vehículo de propaganda de las grandes farmacéuticas, en un mecanismo de difamación contra él y todos los demás médicos de salud integral y funcional. Desde el inicio del COVID, los magnates de las redes sociales, que tienen sus propios vínculos financieros con las grandes farmacéuticas, se unieron a la campaña para silenciar a Mercola al expulsarlo de sus plataformas.

Es un mal presagio para la democracia que los ciudadanos ya no puedan realizar debates civiles informados sobre políticas críticas que afectan a la vitalidad de nuestra economía, salud pública, libertades personales y derechos constitucionales. La censura es violencia, y este silenciamiento sistemático del debate, que sus defensores justifican como una medida para frenar la peligrosa polarización, en realidad fomenta la misma polarización y extremismo que los autócratas utilizan para reprimir con medidas de control cada vez más draconianas.

En este extraño momento de nuestra historia, quizá recordaremos la advertencia del amigo de mi padre, Edward R. Murrow, de que: "sin duda, el derecho a disentir es fundamental para la existencia de una sociedad democrática. Ese fue el primer derecho de cada una de las naciones que sufrieron el totalitarismo".

Robert F. Kennedy, Jr.

Introducción

Es peligroso tener razón en asuntos en los que las autoridades establecidas están equivocadas.

—Voltaire, *El siglo de Luis XIV*

El éxito del libro *Toda la verdad sobre el COVID-19* y el tiempo me dieron la razón, y esto ha tenido sus consecuencias. Desde abril de 2021, fecha de la publicación inicial de la edición de tapa dura, he sido víctima de un número creciente de ataques despiadados y censura masiva. Por desgracia, muchas de estas amenazas vienen de las mismas personas elegidas para salvaguardar la democracia y nuestros derechos constitucionales.

Cuando se estaba imprimiendo esta edición de tapa blanda, la senadora estadounidense Elizabeth Warren envió una carta al director ejecutivo de Amazon, Andy Jassy, para exigir la "revisión inmediata" de los algoritmos de Amazon con el fin de eliminar todos los libros como éste, ya que, según ella, promueven la "desinformación sobre el COVID".

El libro *Toda la verdad sobre el COVID-19* se convirtió en best seller de forma casi instantánea y a pesar de la inconformidad de Warren, al buscar libros relacionados con la pandemia o el COVID-19, aún aparece entre los tres primeros resultados de búsqueda. Warren quiere saber por qué Amazon permite que estas herejías aparezcan en la sección destacada de su plataforma y cuál es el plan de la compañía para deshacerse de este y otros libros similares.

El 4 de octubre, el programa televisivo de Anderson Cooper, 360, que se transmite por CNN, publicó su segundo artículo sobre mí y mi libro, *Toda la verdad sobre el COVID-19.* En un segmento de cinco minutos presentó los correos electrónicos entre CNN y Amazon para presionar a la editorial de mi libro para que deje de venderlo, además el programa mostró imágenes de la carta de la demanda oficial de Warren. También citaron su intercambio con Chelsea Green, cuando se le preguntó si pensaba que estaban contribuyendo con la desinformación que existe "la editora nos dijo: no creemos que se trate de desinformación. Al contrario, creemos que estamos contribuyendo con la verdad sobre el COVID".

Desde que se publicó el libro *Toda la verdad sobre el COVID-19*, tuve que eliminar de mi sitio web 24 años de artículos gratuitos y ahora los artículos solo están disponibles durante 48 horas y después se borran automáticamente. Es por ello que, por ahora, este y mis próximos libros serán las únicas fuentes confiables en donde podrá encontrar información certera sobre temas de salud.

Aunque fue muy difícil tomar esta decisión, no tuve otra alternativa debido a todas las amenazas que recibió mi familia, mi empresa y mi persona. A veces, para ganar la guerra hay que perder algunas batallas. Y queda claro que estamos en guerra. Los que difunden la "desinformación sobre el COVID" se encuentran en los primeros lugares de la lista de posibles amenazas terroristas de Seguridad Nacional. En esta guerra, los enemigos designados somos todos los que nos atrevemos a decir la verdad.

El Ministerio de la Verdad

En esta guerra de información, el enemigo principal es toda la industria que se considera fuente de desinformación. Este autoproclamado "Ministerio de la Verdad" asegura que se luchará contra todo aquel que contradiga los decretos de las autoridades globales y mundiales.

De manera muy conveniente, una de las compañías de relaciones públicas más grandes del mundo, Publicis Groupe, que representa a las principales compañías farmacéuticas y a las grandes compañías tecnológicas, también es propietaria de una de las agencias de verificación de datos más grandes a nivel mundial, NewsGuard.

Pero si por un segundo le pasa por la cabeza que puede confiar en ellos, mejor piénselo dos veces, ya que, en mayo de 2021, la procuradora general de Massachusetts, Maura Healy, presentó una demanda contra Publicis Group por su papel en la epidemia de opioides.

Healy acusó a Publicis de diseñar y utilizar "estrategias de marketing engañosas" con el fin de ayudar a Purdue Pharma a vender más OxyContin, a pesar de toda la evidencia que demostraba que el uso excesivo e indebido de este medicamento provocaba estragos en la salud pública y causaba la muerte de cientos de miles de personas en los Estados Unidos. Y ese es solo uno de los muchos ejemplos de los principios éticos del Ministerio de la Verdad.

En cuanto a NewsGuard, en agosto de 2021, cuando el Instituto Americano de Investigación Económica realizó una evaluación en la que descubrió que la agencia *no cumplía con sus propios estándares*, al obtener una baja calificación de 37/100. Además, la agencia también se disculpó por marcar sitios como el mío que informaron sobre la fuga del laboratorio antes de que se reconociera que se trataba de una pandemia.

Cuando el libro *Toda la verdad sobre el COVID-19* se convirtió en el best seller en Amazon en todas las categorías, comenzaron a llover las críticas. *New York Times* me apodó "el superpropagador de desinformación sobre el COVID más influyente" basándose en el reporte "Disinformation Dozen" del Centro para la Lucha contra el Odio Digital (CCDH) que, por cierto, se desacreditó poco después. El CCDH solo es una organización fachada que recibe financiamiento de dudosa procedencia por parte de un agente extranjero del que no se sabe casi nada. Una reportera de CNN que me persiguió por todo mi estado natal de Florida y me acechó con dos vehículos mientras andaba en bicicleta también decidió utilizar este apodo para referirse a mí. Incluso el título de este libro se volvió un tabú, al considerarlo demasiado peligroso para mencionarlo en los principales programas de televisión.

Pero en un giro inesperado, Facebook acusó al CCDH de fabricar una narrativa falsa contra las 12 personas que ataca en su reporte, que también ha sido el arma principal de los medios de comunicación y autoridades gubernamentales para difamar, amenazar y violar el derecho de los ciudadanos estadounidenses a la libertad de expresión.

Facebook determinó que las 12 personas y organizaciones a las que el reporte del CCDH acusa de ser responsables del 65 % de la desinformación sobre vacunas en Facebook, en realidad solo son responsables del 0.05 % del contenido relacionado con las vacunas, un porcentaje 1 460 veces menor a la escandalosa acusación del CCDH. El CCDH fabricó datos para que encajaran en su narrativa. Durante meses, las autoridades se basaron en los datos fabricados por el CCDH para señalarme (entre otros) como una de las principales amenazas para el país.

A pesar de que se demostró la falsedad de la información, la senadora Warren volvió a hacer mención de este reporte en la carta que envió al CEO de Amazon en septiembre de 2021. De igual manera, la senadora Amy Klobuchar y el congresista Adam Schiff también decidieron violar la Primera Enmienda al pedir censura, pero ¿en qué se basaron? en datos falsos de AntiVaxWatch y el CCDH. Sin embargo, el senador de Missouri Josh Hawley parece haberse dado cuenta de las negras intenciones del CCDH ya que el 20 de julio de 2021 dijo en un tweet: "¿quién financia a este grupo de dinero de dudosa procedencia, las grandes compañías tecnológicas? ¿Activistas multimillonarios? ¿Gobiernos extranjeros? No tenemos ni idea. Las personas tienen el derecho de saber qué intereses extranjeros intentan influir en la democracia estadounidense".

YouTube también forma parte de la censura

El 29 de septiembre de 2021, YouTube terminó por prohibir y eliminar mi canal por violar los lineamientos de la comunidad, lineamientos que implementaron *esa misma mañana*. Durante más de una década, nuestro canal en YouTube publicó contenido sin ningún problema. Pero al fin me bloquearon después de actualizar sus "lineamientos de desinformación médica" para incluir declaraciones sobre la inefectividad o peligros de *cualquier* vacuna, no solo sobre las vacunas antiCOVID.

Como era de esperar, el CCDH y AntiVaxWatch se atribuyeron este mérito. ¿Qué aprendí de todo esto? que existe una red coordinada de censura. A las pocas horas de que me bloqueara YouTube, recibí media docena de solicitudes de reporteros de *The Washington Post*, CNN, Reuters y CNBC, para dar una declaración al respecto. Después recibí muchas más.

Cuando YouTube no pudo bloquearnos porque no incumplíamos con ninguno de sus lineamientos, decidió actualizarlos y de esa forma justificar algo que quería hacer desde hace mucho tiempo, censurarnos. En el futuro, los usuarios *no sabrán* si lo que publican viola los lineamientos de la plataforma, porque nadie sabe qué se puede sacar YouTube de la manga. Las solicitudes que recibí por parte de los reporteros son otra muestra de la clara colusión y coordinación entre este gigante tecnológico y los medios de comunicación. Los periodistas ya sabían que actualizarían los lineamientos y que bloquearía mi canal antes de que yo lo supiera.

El doble discurso orwelliano se ha convertido en la nueva normalidad

Utilizan la ciencia a su conveniencia. Hace poco, un medicamento ganador del Premio Nobel, la ivermectina, fue víctima de calumnias y difamaciones, incluso se atrevieron a llamarla una "pasta antiparasitaria tóxica para caballos" a la que solo los tontos recurrirían, mientras que la FDA otorgó la aprobación total a la vacuna anti-COVID-19 de Pfizer, a pesar de que tan solo en los Estados Unidos, estas vacunas se relacionan con 15 000 muertes, 56 900 hospitalizaciones y 18 000 discapacidades permanentes.

Aunque esas cifras son bastante altas, las investigaciones demuestran que los reportes que se basan en los datos del VAERS solo representan del 1 al 10 % del número real. Así que es probable que ya se hayan superado las 100 000 muertes.

Pero incluso si nos basamos en estos reportes de muertes y discapacidades, aún se considera la "vacuna" más mortífera en la historia del país. Supera por mucho los reportes de muerte de todas las demás vacunas juntas y claro, con el tiempo, este número será cada vez mayor.

Pero ya hay un plan para maquillar estas cifras, ya que cualquier persona que muera dentro de un periodo de 14 días después de recibir la segunda dosis, se clasifica como "sin vacunar".

A este problema se suma el hecho de que, tras recibir la vacuna, sus datos no se registran de forma automática en una base de datos de la vacunación. Solo se confirma que está "vacunado" si pone vacuna anti-COVID-19 en su registro médico, y esto a veces no sucede si, por ejemplo, se vacunó en una clínica de vacunación temporal, una clínica de autoservicio o una farmacia.

Para contar como una persona "vacunada confirmada", debe enviar su tarjeta de vacunación al consultorio de su médico de atención primaria y hacer que la agreguen a su registro médico electrónico. Si recibió la vacuna en una farmacia, deberá verificar que le hayan enviado el comprobante de vacunación a su médico. Las oficinas de atención primaria son responsables de compartir los datos de vacunación de sus pacientes con el sistema de información de vacunas del estado.

La prueba de la vacuna registrada por el paciente solo se acepta para las vacunas antigripales y neumocócicas, no para las vacunas anti-COVID-19. Esto significa que, digamos que recibió la vacuna hace varias semanas en una clínica de vacunación de autoservicio y lo ingresaron en el hospital con síntomas de COVID-19, a menos que agregaran su estado de vacunación al sistema médico, no contará como "vacunado". Es obvio que esto sesgará las estadísticas porque sabemos que los CDC determinan el estado de vacunación al comparar la vigilancia de casos de SARS-CoV-2 y los datos de CAIR2 por medio de identificadores y algoritmos individuales.

Parece que, en estos días, violar el derecho a la libertad de expresión que establece la Primera Enmienda forma parte de la nueva normalidad, mientras los miembros del gobierno federal ignoran de forma descarada sus deberes constitucionales al apoyar a las compañías y grupos privados que practican la censura. Se modificó la terminología y las definiciones médicas, incluyendo la definición de "vacuna", para que se ajuste mejor a la agenda globalista, pero la mayoría no sabe que cambiaron nuestro lenguaje con el único objetivo de engañarnos.

En mi próximo libro hablaré en detalle sobre el tema de los cambios en la terminología y analizaré de forma minuciosa los muchos mecanismos dañinos de las "vacunas" anti-COVID-19, cuyo término más exacto es terapia génica.

A finales de abril de 2021, la FDA agregó una etiqueta de advertencia a la vacuna antiCOVID de Janssen sobre el riesgo de coagulación sanguínea potencialmente grave en el cerebro y otros sitios, que incluyen el abdomen y las piernas, junto con trombocitopenia (recuento bajo de plaquetas), sobre todo en mujeres. A mediados de julio, se agregaron a la lista de advertencias el síndrome de Guillain-Barré y la inmunocompetencia alterada.

En junio de 2021, Pfizer y Moderna también recibieron etiquetas de advertencia para sus vacunas cuando la FDA concluyó que existe una "asociación probable" entre las vacunas de ARNm y la inflamación cardíaca en adolescentes y adultos jóvenes, por lo general después de recibir la segunda dosis.

A principios de septiembre de 2021, los Institutos Nacionales de Salud anunciaron que otorgarán $ 1.67 millones en subvenciones a cinco instituciones para investigar la relación entre los problemas menstruales y las vacunas antiCOVID. A pesar de toda la evidencia detrás de estos efectos secundarios de las vacunas antiCOVID, insisten en obligarnos a ponernos la vacuna. Mi próximo libro también hablará sobre la manipulación de datos que hace que esta pandemia parezca no tener fin.

La evidencia respalda la teoría de fuga de laboratorio

En el libro *Toda la verdad sobre el COVID-19*, hablamos de la teoría de la fuga de laboratorio, que durante más de un año censuraron todas las redes sociales y si alguien se atrevía a mencionarla lo tachaban de un teórico de la conspiración, ¡y un enemigo de la ciencia!

Mientras se imprime esta edición de tapa blanda, la teoría de fuga de laboratorio ahora refleja lo que estableció el filósofo alemán Arthur Schopenhauer sobre las tres etapas de la verdad:

- Primero, se ridiculiza.
- Segundo, se le opone violentamente.
- Tercero, se acepta como obvia y evidente.

Los documentos que se presentaron gracias a la Ley por la Libertad de la Información también revelaron que, en 2018, una propuesta de EcoHealth Alliance denominada 'DEFUSE' introduciría sitios específicos de clivaje y evaluaría el potencial de crecimiento en las células que se encuentran en el revestimiento de las vías respiratorias humanas.

Esta investigación se realizaría en el Laboratorio de Virología de Wuhan y se refiere de manera explícita a la ingeniería de un nuevo coronavirus del SARS con la secuencia precisa en la ubicación exacta que ahora encontramos con el virus pandémico SARS-CoV-2.

De hecho, el origen de fuga de laboratorio del virus ya tiene gran aceptación y se considera como una posible, si no la principal, explicación de cómo surgió la pandemia del COVID-19. Aunque ya hay una gran cantidad de datos, nuestras agencias federales y autoridades de salud pública aún niegan, ocultan e impiden que se realicen investigaciones adecuadas y solo las personas que buscan la verdad se atreven a hacer algo al respecto.

Siempre hemos apoyado a la organización sin fines de lucro US Right to Know, que ha trabajado de manera incansable para exigir los documentos de las agencias federales y universidades involucradas en las peligrosas investigaciones de ganancia de función que aún se realizan en cientos, de no ser que miles, de laboratorios alrededor del mundo.

Muchas personas poderosas se interponen en el camino para encontrar la verdad y las campañas de censura y desprestigio se han vuelto el pan de cada día. En su esfuerzo por ocultar la verdad, violaron las libertades civiles y los derechos constitucionales de decenas, si no cientos de miles de personas en los Estados Unidos. No nos daremos por vencidos y junto con nuestros millones de seguidores y socios seguiremos nuestra lucha por preservar la libertad de expresión y nuestro derecho a saber.

Al final, la verdad siempre sale a la luz. Sospecho que toda la información que contiene el libro *Toda la verdad sobre el COVID-19* seguirá una progresión similar que resultará en una reivindicación final.

Violaciones a los derechos humanos nunca antes vistas

Este 2021, hemos sido testigos de increíbles violaciones a los derechos humanos, incluso un presentador de CNN se atrevió a sugerir que las personas sin vacunar no deberían tener derecho a comprar alimentos. Los mandatos de vacunas y los pasaportes de vacunación se han convertido en una realidad distópica, que creará una nueva era de segregación en la que los estados, las empresas y las personas están obligados a seguir órdenes.

En Australia, las personas que dan positivo por SARS-CoV-2 se confinan en campamentos de COVID-19. Al mismo tiempo, el primer ministro australiano se comprometió a impedir que las personas sin vacunar reciban servicios médicos en los hospitales públicos.

En Nigeria, a partir del último día de septiembre de 2021, las personas sin vacunar no tendrán acceso a los servicios bancarios. Como puede ver, todo lo que advertimos que sucedería si se implementara el plan globalista se está volviendo una realidad.

Las "vacunas" anti-COVID-19 no son efectivas

En todo el mundo, las áreas con una alta tasa de vacunación ahora tienen mayores tasas de infección, lo que genera sospechas sobre la mejora dependiente de anticuerpos (ADE), otro tema que trataré en mi próximo libro.

Un buen ejemplo es Israel, que fue uno de los primeros países en segregar a las personas sin vacunar. Después de que la mayoría de la población completó su esquema de vacunación, la efectividad se redujo al 39 % y los hospitales comenzaron a llenarse de pacientes de COVID-19 con esquema de vacunación completo. A mediados de agosto, las personas con esquema de vacunación completo representaban el 59 % de los casos graves.

En el Reino Unido, a mediados de agosto de 2021, los datos de hospitalización y mortalidad mostraron una tendencia similar entre las personas mayores de 50 años. Entre este grupo de edad, las personas "vacunadas" con una o ambas dosis representaron el 68 % de las hospitalizaciones y el 70 % de las muertes por COVID-19.

El 25 de agosto de 2021, un estudio encontró que, a diferencia de las personas con inmunidad natural, las personas con esquema de vacunación completo de Pfizer tenían un riesgo 5.96 veces mayor de contraer la infección; un riesgo 7.13 veces mayor de enfermedad sintomática; un riesgo 13.06 veces mayor de infección irruptiva con la variante Delta y un riesgo mayor de hospitalizaciones relacionadas con COVID-19.

Después de ajustar las comorbilidades, a diferencia de las personas con inmunidad natural, las personas que recibieron ambas dosis de la vacuna de Pfizer tenían una probabilidad 27.02 veces mayor de experimentar una infección sintomática.

Como se predijo, el gobierno israelí recurrió a las vacunas de refuerzo. Al momento de escribir este artículo, se ordenó a todas las personas mayores de 12 años recibir una tercera dosis de la vacuna de Pfizer y de negarse, volverían a perder sus "privilegios sociales".

El 12 de agosto de 2021, los funcionarios de salud de los Estados Unidos autorizaron una tercera dosis de refuerzo para personas mayores de 65 años, personas con sistemas inmunológicos débiles y cualquier persona con alto riesgo de COVID-19 debido a la exposición relacionada con el trabajo. Mientras que el 20 de septiembre de 2021, comenzó la campaña para aplicar dosis de refuerzo a todos los adultos que habían recibido su segunda dosis hace más de seis meses.

La autorización se produjo inmediatamente después de la renuncia de dos altos funcionarios de la FDA que no creían que hubiera datos suficientes para respaldar el lanzamiento de las dosis de refuerzo. En otras agencias también hay muchos desacuerdos, Por ejemplo, el panel asesor de expertos de los CDC concluyó que la mayoría de la población no necesita vacunas de refuerzo. Pero la directora de los CDC, Rochelle Walensky, decidió ignorar a sus propios expertos y ponerse del lado de los fabricantes de vacunas que recomiendan una tercera dosis.

Desde la publicación de la versión de tapa dura de este libro, también descubrimos que, en diciembre de 2020, los fabricantes de vacunas decidieron eliminar los grupos de control de sus ensayos de seguridad y que la FDA les permitió omitir la etapa de recopilación y análisis de datos posteriores a la comercialización. En pocas palabras, esto significa que es muy poco probable que podamos entender cuáles son los efectos de las vacunas en un entorno real.

La FDA también ignoró el protocolo cuando aprobó la vacuna anti-COVID-19 de Pfizer/BioNTech, Comirnaty, sin realizar una audiencia pública o implementar un período para comentarios. Somos testigos de cómo violan de forma descarada las reglas, directrices, regulaciones y leyes, y parece que esta anarquía no terminará pronto.

El COVID-19 refleja la necesidad de cambiar el paradigma en la salud y la medicina

Justo cuando empezamos a darnos cuenta de que nuestras agencias de salud pública necesitan renovarse y que no se puede confiar en que nuestra salud y bienestar sean su prioridad, también se está volviendo cada vez más evidente que la pandemia del COVID-19 es un reflejo directo del estado de salud de la población: el 94 % de las muertes relacionadas con COVID-19 tienen múltiples comorbilidades. La obesidad, la deficiencia de vitamina D y la disfunción metabólica son las causas de esta pandemia y se pueden resolver al tomar control de su salud y seguir las recomendaciones alimentarias y de estilo de vida que se basan en la ciencia.

Aunque no se puede reconstruir la salud de la noche a la mañana, muchas de las estrategias de las que se habla en este libro lo ayudarán a seguir el camino correcto. Lo que puede hacer, desde este momento, es evitar el ácido linoleico que se encuentra en todos los aceites vegetales, la mayoría de los productos de pollo y cerdo (las fuentes de animales criados en pastizales pueden tener menores niveles) y las salsas y aderezos que utilizan en los restaurantes; verificar que sus niveles de vitamina D estén por encima de 60 ng/mL (100 nmol/L); hacer ejercicio; respirar aire fresco, exponerse al sol de forma segura y limitar su alimentación a un período de tiempo de entre 6 a 8 horas al día. En caso de contraer COVID-19, recuerde que es muy importante implementar un tratamiento temprano. Siga los protocolos de tratamiento iMATH + o iMASK + de Front Line COVID-19 Critical Care Alliance, que puede descargar en covid19criticalcare.com.

Dr. Joseph Mercola
1 de octubre de 2021

CAPITULO UNO

Cómo se desarrolló el plan de la pandemia

Por Ronnie Cummins

Si se comprobara que el COVID-19 fue creado en un laboratorio, la credibilidad científica se haría trizas.

—Tweet de Antonio Regalado, editor de biomedicine de *MIT Technology Review*[1]

El COVID-19, junto con las medidas equivocadas y autodesctructivas que implementaron para controlar la pandemia, solo provocaron un miedo sin precedentes que nos llevó a lo que se convertiría en la peor crisis desde la Segunda Guerra Mundial. Esta pandemia puso en evidencia la *crisis sanitaria* por la que atraviesan la mayoría de los países, al exponer nuestras vulnerabilidades a una variedad de comorbilidades potencialmente mortales, errores médicos y la corrupción que impera en toda la industria farmacéutica.

Pero más allá de sus efectos sobre la salud y el sistema sanitario, el COVID-19 le dio a la élite global aún más facultades para fabricar mentiras y decir verdades a medias. Las grandes compañías de tecnología de Silicon Valley (Facebook, Google, Microsoft y Amazon), las grandes farmacéuticas, la Organización Mundial de la Salud (OMS) y el gigante filantrópico Bill Gates, cuentan con funcionarios y científicos de todo el espectro político que trabajan para sus intereses. Eso generó la ola del miedo, la polarización política y la ingeniería social, todo bajo el pretexto de proteger a la población.

Pero detrás de la fachada de investigaciones biomédicas y las vacunas se esconde una oscura red de contratistas militares y especialistas en armas biológicas y son las grandes compañías de tecnología las que se ocupan de censurar a todo aquel que se atreva a criticarlos. Como señaló Robert F. Kennedy, Jr., a través de su organización Children's Health Defense: "la manipulación maquiavélica de esta pandemia podría compararse con un intento de golpe de

Estado por parte de las grandes compañías de telecomunicaciones, las grandes compañías de tecnología, las grandes compañías petroleras y químicas y el cártel mundial de salud pública que lideran Bill Gates y la OMS con el objetivo de multiplicar su riqueza y poder sobre nuestras vidas, sobre nuestras libertades, arrebatarnos nuestra democracia, destruir nuestra soberanía y quitarnos el control sobre nuestras propias vidas y la de nuestros hijos".[2]

Para poder comprender y ponerle fin a esta crisis sin precedentes, no nos queda más remedio que investigar de manera crítica los orígenes, naturaleza, virulencia, impacto, prevención y tratamiento del COVID-19. Para ello es necesario analizar tanto la "versión oficial" de la pandemia que los principales medios de comunicación, las grandes compañías de tecnología y el organismo de salud pública mundial se encargaron de repetir las 24 horas del día, los 7 días de la semana, y analizar a conciencia también la verdadera amenaza que representa el COVID-19 para la salud pública, como *desencadenante biológico altamente transmisible* que magnifica e intensifica las enfermedades crónicas y comorbilidades preexistentes. Las personas de edad avanzada y todos aquellos con enfermedades graves preexistentes como obesidad, diabetes, enfermedades cardíacas, enfermedades pulmonares, enfermedades renales, demencia e hipertensión forman parte de la población más vulnerable al COVID-19 y a futuras pandemias.

Además de investigar la naturaleza e infecciosidad del virus SARS-CoV-2, también debemos analizar la efectividad y el daño colateral de muchas de las medidas gubernamentales para controlar la pandemia. Este daño colateral incluye el impacto de la pandemia en la salud pública en general (mental y física), lo que incrementa el número de muertes por enfermedades crónicas que no reciben tratamiento y genera un estado de estrés crónico entre cientos de millones de personas.

También debemos considerar el impacto de la pandemia en la economía, la pobreza, el hambre, la falta de vivienda y el desempleo, así como la polarización y el conflicto que provocó dentro del espectro político. Y, por último, es importante analizar el alarmante incremento de las tendencias autoritarias y totalitarias, que incluyen la censura, las amenazas a la privacidad, las restricciones a la libertad de movimiento y reunión, la salud y la elección del consumidor, la soberanía local y regional, y otros derechos humanos básicos.

¿"Plandemia" o pandemia anticipada?

Revisaremos la evidencia que señala que, aunque el virus del SARS CoV-2 fue creado en un laboratorio, todo indica que la fuga fue accidental y no deliberada. Si bien parece que las élites globales no planearon y ejecutaron la pandemia del

COVID-19 *de forma deliberada* en una línea de tiempo exacta, sí se sabe que era algo que ya habían anticipado desde hace *mucho*.[3]

Las peligrosas investigaciones de "ganancia de función" convirtieron al SARS-CoV-2 en un arma biológica, pero lo peor de todo es que los gobiernos de China, Estados Unidos, entre otros, así como el ejército y las grandes compañías farmacéuticas financian este tipo de experimentos y parece que no han aprendido nada, incluso después de décadas de accidentes de laboratorio y fugas de Patógenos Potencialmente Pandémicos (PPP) de decenas de laboratorios biomédicos y de armas biológicas alrededor del mundo.[4]

Esta pandemia anticipada, que la Organización Mundial de la Salud anunció de manera oficial el 11 de marzo de 2020, fue una herramienta que utilizó la poderosa red internacional de corporaciones y multimillonarios para expandir aún más su poder, riqueza y control, en lo que podría describirse como un intento de golpe de Estado Mundial.

Desde que apareció por primera vez en octubre-noviembre de 2019 en Wuhan, China, el SARS-Cov-2 (el virus) y el COVID-19 (la enfermedad que produce el virus) devastaron comunidades enteras al moverse como un tsunami por todo el mundo. Durante los últimos 12 meses, el COVID-19 cambió la política, la economía, la opinión pública y el comportamiento social.

Si es importante destacar que en algunos casos parece haber mejorado algunos aspectos importantes del comportamiento social: menos viajes no esenciales, menos consumo, la posibilidad de pasar más tiempo con la familia, menos contaminación por gases de efecto invernadero (17 % menos en todo el mundo a principios de abril de 2020), mayor demanda de alimentos caseros, saludables y orgánicos, mayor interés en los remedios naturales para la salud, aprecio por la naturaleza, ayuda mutua y más atención a la difícil situación de los pacientes en asilos de ancianos, trabajadores agrícolas, pequeños agricultores, trabajadores de la salud y trabajadores de la cadena alimentaria.

Pero por desgracia, casi todos los impactos que tuvo la pandemia fueron negativos o incluso catastróficos: un gran número de hospitalizaciones y muertes por COVID-19, ansiedad y miedo generalizados, polarización política extrema, censura de los medios, confinamientos draconianos, cierres de escuelas y negocios y colapso económico, incluyendo un número creciente de empresas pequeñas, medianas e incluso grandes que recurrieron a la bancarrota, junto con una cifra de 30 millones de trabajadores desempleados solo en los Estados Unidos.

Para el 20 de enero de 2021, los Centros para el Control y Prevención de Enfermedades (CDC) reportaron que *poco más de 400 000 personas murieron de o por una complicación agravada por el COVID-19*, un promedio anual de

1096 al día.[5] Pero los datos que publicaron los CDC el 26 de agosto de 2020, demuestran que solo el 6 % del total de muertes relacionadas con el COVID-19 padecía la infección como la única causa de muerte en el certificado de defunción. El resto, el 94 %, tenía un promedio de 2.6 comorbilidades o causas adicionales de muerte.[6]

En los Estados Unidos, la gran mayoría de las víctimas de COVID-19 (80 %) fueron personas de edad avanzada (65 años en adelante),[7] casi todas padecían enfermedades crónicas o enfermedades graves preexistentes, y casi la mitad de todas las muertes ocurrieron en asilos de ancianos.[8] Para el 2020, se había estimado una cifra de 2.8 millones de muertes por COVID-19 a nivel mundial,[9] con un impacto económico estimado en $16 millones de billones.[10]

En los Estados Unidos, millones de personas (y cientos de millones en todo el mundo), sobre todo los trabajadores de bajos ingresos, perdieron su trabajo y sustento y decenas de miles de compañías estadounidenses cerraron sus puertas, en especial las pequeñas. Y aunque el 40 % de las personas en los Estados Unidos ni siquiera pueden pagar una factura de emergencia de US$ 400,[11] muchas de las corporaciones transnacionales (Amazon, Grandes Compañías Farmacéuticas, Wal-Mart, McDonald's, et al.) y multimillonarios como Bill Gates, Jeff Bezos y Mark Zuckerberg incrementaron su riqueza. Según un estudio que realizó Institute for Policy Studies, la riqueza combinada de las personas multimillonarias de Estados Unidos 'superó los mil billones de dólares en ganancias desde marzo de 2020 y el comienzo de la pandemia.[12]

Una generación entera de niños y estudiantes experimentó un cambio radical en su educación y en sus vidas. Para la mayoría de los siete mil millones de habitantes del mundo, el COVID-19 representará el acontecimiento más catastrófico en su vida y un momento decisivo en la historia mundial.

El surgimiento de una dictadura digital

Impulsados por el miedo, la confusión y el consentimiento fabricado, Estados Unidos, y de hecho gran parte del mundo, parecen adoptar lo que la académica, autora y activista ambiental de la India, la Dra. Vandana Shiva y otros, describen como una "dictadura digital".

Hasta el momento, esta dictadura digital del siglo 21 parece más arraigada en China, la economía más grande y de mayor crecimiento del mundo, debido a su régimen militarizado y autoritario de vigilancia, planificación centralizada, censura y control total. Asimismo, está surgiendo un modelo globalista y occidentalizado de manipulación y control de la élite que compite, y que a la vez coopera, con la élite china.

Esta élite occidental está liderada por multimillonarios hipercapitalistas, como Bill Gates (Microsoft) y Eric Schmidt (Google), junto con las empresas de Tecnología de Silicon Valley (Facebook, Amazon, Apple, Oracle, et al.), las grandes compañías farmacéuticas, Wall Street, ejecutivos de corporativos multinacionales, el Foro Económico Mundial y el complejo de guerra biológica militar-industrial.

Esta élite mundial, respaldada por políticos, científicos, magnates de los medios de comunicación y burócratas gubernamentales, trata de utilizar esta pandemia y el colapso económico para generar un poder y una riqueza sin precedentes (la "Doctrina del Shock", como la denominó Naomi Klein) e imponer una vigilancia draconiana, censura y control, en nombre de la salud pública y la "biodefensa".

Este poder sin precedentes que la élite global desea obtener incluye eliminar los últimos vestigios de la democracia participativa, la libertad de expresión, la diversidad cultural, la biodiversidad ecológica y la libertad individual.

En mayo de 2020, en un artículo que escribió en *The Intercept*, Naomi Klein ofrece una vista preliminar de esta distopía emergente, a la que llama "el New Deal de las Pantallas":

> *... un futuro en el que nuestros hogares nunca serán espacios individuales, sino que se darán a través de una conectividad digital de alta velocidad, en las escuelas, consultorios médicos, gimnasios y, si el estado lo determina, nuestras prisiones... en el futuro, bajo una construcción apresurada, todas estas tendencias se prepararán para una aceleración a gran velocidad.*
>
> *Este es un futuro en el que, para los privilegiados, casi todo se entrega a domicilio, ya sea de manera virtual a través de la tecnología de transmisión y en la nube, o físicamente a través de un vehículo sin conductor o un avión sin tripulación, y que todo está disponible en una plataforma mediada. Es un futuro que emplea muchos menos maestros, médicos y conductores. No acepta efectivo ni tarjetas de crédito (bajo el pretexto de controlar el virus) y no usa transporte público y no tiene arte en vivo. Es un futuro que afirma basarse en la "inteligencia artificial", pero en realidad se mantiene unido por decenas de millones de trabajadores anónimos escondidos en almacenes, centros de datos, fábricas de moderación de contenidos, talleres electrónicos, minas de litio, granjas industriales, plantas de procesamiento de carne y las cárceles, donde quedan sin protección contra la enfermedad y la hiperexplotación.*
>
> *Es un futuro en el que cada uno de nuestros movimientos, palabras, relaciones son rastreables y extraíbles por medio de colaboraciones entre el gobierno y las compañías tecnológicas.*[13]

¿Y cómo esperan estos multimillonarios y señores digitales convencernos de que renunciemos a nuestras libertades básicas y derechos democráticos y seamos fieles siervos de un Gran Reinicio y un Nuevo Orden Mundial?

Lo harán por medio del miedo, la impotencia, la división y la confusión que rodean al mundo, al difundir desinformación, promover el pánico, ofrecer curas falsas a través de vacunas y medicamentos de las grandes compañías farmacéuticas y, en última instancia, al implementar la división y manipulación del público en general.

Es momento de hacernos algunas preguntas muy urgentes. ¿Las medidas de respuesta a una pandemia como los confinamientos, el uso obligatorio de cubrebocas, el distanciamiento social y las regulaciones de cuarentena sirven para proteger a la población mundial del COVID-19 o solo sirven para incrementar el miedo y así orillar a las personas a cumplir con estos decretos tiránicos que nos roban nuestra libertad?

Cada vez más personas comienzan a comprender que las restricciones impuestas con el pretexto de proteger la salud pública son todo menos medidas temporales, ya que podrían volverse permanentes. Forman parte de un plan a largo plazo mucho más grande, y el objetivo final es marcar el comienzo de una nueva forma de vida, con menos libertades de las que solíamos tener. Esto significa que tarde o temprano todos deben decidir qué es más importante: ¿la libertad personal o la falsa seguridad?

¿Cómo podemos preservar la libertad de elección del consumidor y la salud y promover la alimentación regenerativa, la agricultura, la salud natural y la democracia participativa? ¿Cómo podemos superar el miedo, protegernos a nosotros mismos, a nuestras familias y a nuestros seres queridos del sufrimiento de enfermedades crónicas, el COVID-19 e incluso la amenaza de futuras pandemias?

Por qué escribimos este libro

La razón por la que escribimos este libro es porque creemos que la pandemia del COVID-19 no solo se puede convertir en un callejón distópico sin salida, sino en un portal hacia un mundo mejor. La crisis actual es alarmante, pero nos ofrece la oportunidad de mejorar cualitativamente la salud pública y la salud del planeta y al mismo tiempo regenerar las bases mundiales. Podemos pasar de lo que solo puede describirse como la Enfermedad de las Naciones a una salud y democracia reales.

Creemos que es posible educar y empoderar a la persona promedio, y derrotar a los dictadores digitales, los alarmistas, los científicos locos, los fascistas médicos y los políticos cuyo objetivo es el dinero. Lo más importante es que podemos trabajar, ya sea de manera independiente o conjunta, para prevenir la amenaza inminente de la Dictadura Digital y el llamado Gran Reinicio que comienza a surgir. Podemos tomar control de nuestra salud, de nuestras comunidades y de nuestro destino.

Creemos que los biotecnócratas, los militares y la élite económica transnacional han alcanzado un poder sin precedentes dada su determinación en el dominio global. En medio de un desastre global sin precedentes y el fracaso del gobierno para resolver la crisis del COVID-19, ha llegado el momento de que tomemos cartas en el asunto.

Es momento que todo el mundo abra los ojos. Es el momento de crear una resistencia local y global.

Los peligros de la ciencia y las armas biológicas

Debido a toda la evidencia y las crecientes certezas, un gran número de científicos, investigadores y abogados independientes comenzaron a analizar y desglosar la "versión oficial" sobre los orígenes, la naturaleza, los peligros, la prevención y el tratamiento de la pandemia del COVID-19.[14]

La "versión oficial" del gobierno, el ejército chino, las grandes compañías farmacéuticas, Bill Gates, los Centros para el Control y Prevención de Enfermedades (CDC), los Institutos Nacionales de Salud (NIH), los medios de comunicación y las empresas de tecnología, es que el virus SARS-CoV-2 surgió de la naturaleza y luego, de manera inexplicable, brincó la barrera de las especies de murciélagos a humanos y provocó la epidemia más grave y mortal desde la gripe española hace cien años, que infectó a un tercio de la población mundial y mató a 50 millones de personas.

Según los virólogos y los ingenieros genéticos de estas organizaciones (que obtienen su dinero de los programas de biodefensa militar, el financiamiento gubernamental y las grandes farmacéuticas), un coronavirus relativamente inocuo y no contagioso se transformó de la noche a la mañana en un asesino mortal, sin dejar rastros biológicos o epidemiológicos de ningún tipo en su rápida evolución.[15]

Más aún, en una coincidencia casi imposible, se afirmó que la mutación viral que causó la epidemia se originó en un vecindario urbano y muy poblado (a cientos de millas de la cueva de murciélagos más cercana) en Wuhan, China, donde hay varios laboratorios propensos a accidentes y pobremente gestionados que realizan una serie de controvertidos experimentos de ingeniería genética (eufemísticamente llamados bajo el nombre experimental de "ganancia de función"[16]) que involucran los coronavirus como armas.[17]

Los poderes enquistados en Beijing y Washington quieren hacernos creer que los investigadores en lugares como el Laboratorio de Virología de Wuhan, el Centro de Control de Enfermedades de Wuhan, el Laboratorio de Armas Biológicas del Ejército de Estados Unidos en Fort Detrick, Maryland, la Universidad de Carolina del Norte, o el Centro Johns Hopkins para la Seguridad de la Salud, solo "estudian" (no manipulan ni crean) patógenos peligrosos como los coronavirus de murciélago, y que la seguridad en estos laboratorios monitoreados por el gobierno, la OMS y los NIH es tan estricta que es casi imposible que suceda un accidente de tal magnitud.

Sin embargo y durante décadas, varios científicos muy respetados de la ingeniería genética y guerra biológica han advertido sobre esta situación.

Críticos como Francis Boyle (autor de la ley de bioterrorismo estadounidense de 1989 que prohíbe la investigación de armas biológicas) y el Dr. Richard Ebright del Instituto Waksman de Microbiología de la Universidad de Rutgers, junto con cientos de otros científicos, han advertido que los experimentos y manipulaciones de virus y otros patógenos son extremadamente peligrosos (sin mencionar que violan el derecho internacional) dado el error humano y el hecho de que la seguridad ha sido peligrosamente laxa en los laboratorios de bioguerra/biodefensa del mundo.[18]

Entre los defensores de la versión oficial de que el SARS-CoV-2 emergió de la naturaleza se encuentran EcoHealth Alliance, afiliada a las grandes farmacéuticas,[19] así como una red secreta y poco conocida de patrocinadores de guerra biológica/biodefensa militares como la Agencia de Proyectos de Investigación Avanzados de Defensa (DARPA) y la Subsecretaría para la Preparación y Respuesta (ASPR) del Departamento de Salud y Servicios Humanos de los Estados Unidos.[20]

El complejo militar/farmacéutico de Estados Unidos otorgó enormes cantidades de fondos para el laboratorio de Wuhan, la Universidad de Carolina del Norte (donde los científicos armaron los virus del SARS), el laboratorio militar de armas químicas y biológicas de Fort Detrick, Maryland, así como muchos otros laboratorios biomédicos/de guerra biológica alrededor del mundo.[21]

Otro de los grandes defensores de la versión oficial es la Organización Mundial de la Salud, la agencia que "supuestamente" monitoreaba el laboratorio de Wuhan propenso a accidentes.[22] China, el gobierno estadounidense, Bill Gates, y las grandes compañías farmacéuticas encargadas de crear medicamentos y vacunas, subvencionan a la OMS.

Guerra biológica: Los virus como armas

A pesar de que las autoridades gubernamentales de China y Estados Unidos, la industria biotecnológica, las grandes compañías farmacéuticas, el complejo industrial militar y los medios de comunicación trataron de ocultarlo, hay un creciente consenso científico de que el virus del COVID-19 se fugó de un laboratorio civil/militar de doble uso (*muy probablemente por accidente*) en Wuhan, China.[23]

Sin que el público lo sepa, una misteriosa red internacional de miles de virólogos, ingenieros genéticos, científicos militares y empresarios de biotecnología están armando virus, bacterias y microorganismos en laboratorios civiles y militares bajo el pretexto de investigación de ganancia de función.

Y lo disfrazan de "biodefensa", "biomedicina" e investigación de vacunas. Pero como escribe el periodista de investigación y experto en armas biológicas Sam Husseini, los científicos de la ganancia de función/ guerra biológica en laboratorios como Wuhan, China o Fort Detrick, Maryland, violan de forma deliberada e imprudente el derecho internacional:

> *Los gobiernos que participan en tales investigaciones de armas biológicas suelen hacer la distinción entre "guerra biológica" y "biodefensa" con el fin de escudarse en la palabra defensa. Pero esto es solo un juego de palabras porque ambos conceptos significan lo mismo.*
>
> *La 'biodefensa' implica una guerra biológica tácita, la reproducción de patógenos más peligrosos con la presunta finalidad de encontrar una manera de combatirlos. Y aunque este trabajo parece haber tenido éxito para crear agentes mortales e infecciosos, que incluyen cepas de gripe más letales, tales investigaciones de "defensa", no sirvieron de nada al momento de protegernos de esta pandemia.*[24]

A pesar de que las leyes estadounidenses e internacionales supuestamente prohíben las armas y la experimentación biológica, se ha creado todo un arsenal de virus y microorganismos.[25] Durante las últimas tres décadas, un número inquietante de estos laboratorios de biodefensa/guerra biológica de "doble uso" han experimentado fugas, accidentes, robos e incluso liberaciones deliberadas como los ataques con ántrax de 2001 en los Estados Unidos.[26]

Según los alarmistas de la pandemia, debido a que el virus SARS-CoV-2 es tan infeccioso y peligroso, actualmente no existen medicamentos, protocolos de tratamiento, suplementos, hierbas naturales, prácticas de salud alimenticias o naturales que puedan fortalecer nuestro sistema inmunológico de forma natural para protegernos de enfermedades graves, hospitalizaciones o incluso la muerte a causa de este virus.

Seamos jóvenes o viejos, sanos o con problemas de salud graves, no tenemos otra alternativa que usar cubrebocas, no solo en espacios públicos cerrados, sino en todas partes. Además, debemos lavarnos las manos sin cesar, mantener una distancia de dos metros o más y cerrar escuelas, centros sociales, iglesias, negocios y economías enteras.

Según el gobierno y las grandes compañías farmacéuticas, no tenemos otra opción que quedarnos en casa, obedecer a las autoridades y esperar a que las grandes farmacéuticas o el gobierno chino creen una "cura", una vacuna mágica que, sin haber realizado todas las pruebas necesarias y rigurosas, la lanzaron rápidamente al mercado, además de que su diseño probablemente implique la ingeniería genética con el único fin de maximizar ganancias.

Negligencia médica

No olvidemos que después de décadas de investigaciones, las grandes compañías farmacéuticas no han logrado desarrollar una vacuna eficaz contra el coronavirus. No se había permitido crear una vacuna transgénica diseñada para modificar (quizás de forma permanente) el ARN humano, en parte porque varias de estas vacunas contra el coronavirus parecen crear peligrosos efectos secundarios por la potenciación de la infección dependiente de anticuerpos (ADE, por sus siglas en inglés) en muchos de los receptores, sobre todo en las personas de edad avanzada, ya que las hace más susceptibles a enfermedades peligrosas.[27]

¿Y qué pasa con el historial de seguridad[28] y las prácticas imprudentes y libres de responsabilidad de las grandes compañías farmacéuticas que producen vacunas (Merck, AstraZeneca, Johnson y Johnson, BioNTech, GlaxoSmithKline, Pfizer, y sus colaboradores)?[29]

Entonces todos tendremos que lidiar con los medios de comunicación, las grandes compañías farmacéuticas, la OMS y las empresas de tecnología que están censurando la información sobre tratamientos exitosos que realizan médicos en todo el mundo a base de suplementos y medicamentos de bajo costo, pero efectivos, como la quercetina y el zinc ("El Protocolo Suizo"),[30] hidroxicloroquina (en dosis bajas adecuadas con suplementos de zinc y el antibiótico azitromicina),[31] ivermectina[32] (que parece muy eficaz para prevenir la infección por SARS-CoV-2), suplementos de vitamina D,[33] y el peróxido de hidrógeno nebulizado por los senos nasales, la garganta y los pulmones,[34] y el "Protocolo de tratamiento hospitalario antiCovid-19"[35] que también se conoce como el protocolo MATH +, tanto para la prevención como el tratamiento de los pacientes hospitalizados.[36]

Es importante considerar que un número creciente de estas grandes compañías farmacéuticas amasan una fortuna de miles de millones de dólares gracias a la venta de sus vacunas antiCOVID a gobiernos y militares en contratos secretos y sin licitación,[37] a pesar de que ninguna de estas vacunas se ha sometido a las pruebas necesarias sobre seguridad y efectividad.

Los aspirantes a dictadores digitales como Bill Gates,[38] capitalistas de la vigilancia de Silicon Valley[39] y los políticos contratados y financiados por estas grandes compañías farmacéuticas proponen hacer estas vacunas obligatorias, así como implementar el uso de chips informáticos inyectables de biovigilancia, rastreo obligatorio, pasaportes de vacunación y en pocas palabras, eliminar los derechos constitucionales básicos.[40]

Los ingenieros genéticos y los técnicos de laboratorio de guerra biológica, con la biomedicina y la investigación de vacunas como excusa, están, en este preciso momento, creando nuevos virus y bacterias (incluyendo la combinación de la mortal bacteria ántrax con el SARS-CoV-2 y la aerosolización de la gripe aviar) en laboratorios no regulados y propensos a accidentes.[41]

Por último, hay grandes conflictos de intereses financieros y crecientes violaciones a la libertad de expresión por parte de las principales redes sociales y los gigantes del Internet como Facebook, Google, Amazon y sus filiales que silencian, bloquean y censuran toda la información alternativa sobre el origen, naturaleza, prevención y tratamiento del COVID-19.[42]

Comida chatarra, contaminación ambiental y enfermedades crónicas

La impactante verdad sobre los orígenes reales del COVID-19 ha comenzado a salir a la luz,[43] pero quizás lo más impactante es la forma en que esta enfermedad puso en evidencia la fragilidad de nuestro sistema alimentario, la falta de transparencia en nuestras comunidades reguladoras y científicas y las aterradoras vulnerabilidades del cuerpo humano, que ahora sufre las consecuencias de recibir comida chatarra y de exponerse a sustancias químicas tóxicas.

La conclusión con respecto a la salud pública es que el virus SARS-CoV-2 no es tan mortal por sí solo, sino más bien es un "detonante" viral que agrava las condiciones médicas crónicas y preexistentes, lo que los patólogos llaman "comorbilidades" y por supuesto que, la mayoría de estas comorbilidades se relacionan con la alimentación, mientras que otras se relacionan con la exposición a sustancias químicas tóxicas, radiación electromagnética[44] y otros contaminantes ambientales.

Según los CDC, el 94 % de los certificados de defunción de las víctimas de COVID-19 contienen una serie de comorbilidades o cofactores de salud subyacentes, que incluyen diabetes, obesidad, enfermedades cardíacas, enfermedades pulmonares, enfermedades renales, demencia e hipertensión.[45]

De acuerdo con *el periódico New York Times:*[46]

> *Las correlaciones entre el Covid-19 y la obesidad son preocupantes. En un informe que se publicó el mes pasado, los investigadores encontraron que las personas con obesidad que contrajeron coronavirus tenían más del doble de probabilidades de terminar en el hospital y una probabilidad casi 50 % mayor de morir por Covid-19.*[47] *Otro estudio, que aún no ha sido revisado por pares, demostró que entre los casi 17 000 pacientes hospitalizados por Covid-19 en los Estados Unidos, más del 77 % tenía sobrepeso u obesidad.*[48]

Por desgracia, muchas personas no tienen una buena salud, sobre todo las personas de edad avanzada en asilos de ancianos y hospitales. El virus enferma y mata a personas de edad avanzada con mala salud, así como a adultos en riesgo, sobre todo a aquellos que viven en comunidades de bajos ingresos que sufren enfermedades crónicas y están expuestos a aire y agua contaminados, dietas deficientes y que no tienen mucho acceso a alimentos saludables, suplementos nutricionales y tratamientos e información sobre salud natural.

El SARS-CoV-2 afecta, principalmente, a las personas de edad avanzada que tienen una mala salud debido a la exposición prolongada a los alimentos industriales y la contaminación. Las personas que consumen productos con altas cantidades de carbohidratos y calorías, ya sea del supermercado o de restaurantes, están desnutridas y tienen un desequilibrio metabólico.

Estas personas suelen sufrir una variedad de enfermedades crónicas (en especial obesidad, diabetes y presión arterial alta), tienen sistemas inmunológicos débiles, bajos niveles de vitamina D y una mala salud intestinal y digestiva.

La razón principal por la que en los Estados Unidos muchas personas sufren de enfermedades crónicas es porque las grandes compañías de alimentos y agrícolas (y en todo el mundo) producen lo que no puede calificarse más que de comida chatarra y encima, son subsidiados por los gobiernos. Estos alimentos y bebidas chatarra, que constituyen el 60 % o más de las calorías en la alimentación de la persona promedio en los Estados Unidos están muy procesados, cargados de azúcar y carbohidratos y se mezclan con residuos de pesticidas, antibióticos y otras sustancias químicas. Y si combinamos todo esto con el consumo de carne y productos de animales de granjas industriales, a la larga el resultado siempre suele ser una enfermedad crónica y la muerte prematura.[49]

Una de las razones principales por las que prevalece la comida chatarra en la alimentación actual es que estos alimentos son más baratos, al menos al momento de comprarlos.

Por lo general, la comida chatarra se vende a una cuarta parte del precio de los alimentos reales (vegetales, frutas, granos), sin embargo, ocultan los verdaderos costos de producción y consumo, que incluyen los daños a la salud pública, el medio ambiente y el clima.

La comida chatarra y los refrescos se diseñan para tener un delicioso sabor y volverse adictivos a un precio muy accesible, pero a la larga, resultan ser muy dañinos. Claro que pueden llenar su estómago de manera rápida y práctica, sobre todo si su presupuesto es limitado, pero también pueden hacerlo engordar, obstruir sus arterias, provocar cáncer, enfermedades cardíacas y demencia. La comida chatarra daña su salud, su microbioma intestinal y su sistema inmunológico, lo que lo hace más susceptible a las enfermedades crónicas y detonantes virales como el COVID-19 que pueden agravar una enfermedad existente.

En una sociedad que se atreviera a anteponer la salud pública a las ganancias corporativas, la comida chatarra debería prohibirse o pagar un impuesto más elevado (como el tabaco) al punto que sería desplazada por los alimentos reales. Las grandes compañías de alimentos y agrícolas colapsarían y las ganancias de las grandes compañías farmacéuticas caerían en picada. La alimentación y la agricultura orgánicas y regenerativas se convertirían en la norma para todos y dejarían de ser una alternativa.

Aunque es importante ponerle un alto a la ingeniería genética militar/científica que provocó esta pandemia y el colapso económico mundial, la censura de los medios y la suspensión de los derechos democráticos fundamentales, también debemos defendernos a nosotros mismos y a nuestras familias al cambiar nuestra alimentación y no seguir financiando al sistema alimentario y agrícola industrializado y degenerado que provoca que las personas sean más susceptibles a una muerte prematura y la hospitalización.[50]

La razón por la que tantas personas mueren a causa del COVID-19 y otras enfermedades crónicas prevenibles que aparecen en los certificados de defunción es porque Estados Unidos tiene una de las poblaciones con el peor estado de salud del mundo industrializado.[51]

La "cura" para las enfermedades crónicas, la muerte prematura y la estrategia de prevención más importante para combatir los virus invasores, es consumir alimentos orgánicos y regenerativos, que se complementan con suplementos nutricionales, hierbas y remedios naturales apropiados.

Las enfermedades crónicas y las comorbilidades no solo se pueden prevenir y erradicar, sino también curar, sobre todo si nosotros como sociedad priorizamos la alimentación saludable, el ejercicio, los suplementos nutricionales, y nos comprometemos a limpiar el medio ambiente. Pero en este momento nuestros asilos de ancianos, clínicas de atención médica, instalaciones hospitalarias y entornos institucionales hacen todo lo contrario.

Debemos evitar subsidiar la comida chatarra y destinar esos fondos a alimentos orgánicos y saludables con el fin de que sean accesibles para todos, jóvenes y viejos, ricos y pobres. Es necesario un cambio fundamental en las prioridades médicas de manera que se pase de solo tratar las enfermedades crónicas con medicamentos farmacéuticos a prevenir las enfermedades crónicas con "alimentos saludables como medicina", y otros promotores naturales de la salud como hierbas medicinales, vitaminas y suplementos nutricionales. Así es como podemos derrotar al COVID-19 y al mismo tiempo acabar con la epidemia de obesidad, diabetes, cáncer, enfermedades cardíacas y otras enfermedades crónicas.

También debemos identificar y llevar ante la justicia a los autores criminales del COVID-19, y prohibir para siempre los experimentos de guerra biológica, como los que utilizan virus como armas.

En paralelo, debemos informar al público de que las prácticas y políticas "preexistentes" (mala alimentación, contaminación del aire y del medio ambiente, pesticidas y vacunas contaminadas) son las verdaderas causas de esta pandemia, así como de la crisis de la economía mundial.

Necesitamos informar que incluso cuando Facebook y los medios de comunicación censuran la verdad,[52] comer alimentos saludables, fortalecer nuestro sistema inmunológico, respirar mucho aire fresco, exponerse al sol y hacer ejercicio son nuestras mejores defensas contra el COVID-19 y la epidemia de enfermedades crónicas que afectan la salud pública.

La clase política, aunque sigue dividida entre los que viven con miedo al COVID-19, los que se preocupan por cómo van a sobrevivir económicamente y los que han llegado a un punto de ruptura psicológico tras ser puestos en cuarentena y socialmente aislados, todavía puede unirse.

Podemos avanzar juntos y dejar atrás esta crisis al compartir información y experiencias de manera libre y al llegar a la verdad sobre cómo comenzó esta pandemia, quién nos está mintiendo, quién está tratando de manipularnos y controlarnos, y cómo podríamos salir de esta pesadilla a través de las soluciones preventivas y terapéuticas positivas que han funcionado en ciertas partes del mundo.

Debemos dejar de pelear entre nosotros: demócratas, independientes y republicanos; liberales y libertarios; radicales y conservadores, y en cambio centrarnos en los valores éticos fundamentales y las metas sociales que nos unen. Debemos esforzarnos por imaginar, y luego construir un mundo nuevo con lo que nos queda del viejo.

Juntos podemos salir del miedo, la fatalidad y la tristeza. Como explicó la reconocida activista de la India Vandana Shiva en una reciente entrevista, "Tenemos que resistir el miedo y resistir el odio. Debemos evitar ser víctimas de la propagación del miedo, debemos enfocarnos en la esperanza. Estar vivo debería ser una prueba de que debemos cultivar la esperanza como parte de nuestra rutina diaria. Cultivar la esperanza es cultivar la resistencia".[53]

Juntos, como una comunidad local-global, podemos compartir e implementar las soluciones positivas para mejorar la salud pública y enfermedades a nivel mundial. Estas soluciones positivas ya existen: alimentos saludables, orgánicos y regenerativos; la agricultura y la regeneración de suelos; energía renovable y medio ambiente limpio; prácticas de salud natural e integral; paz, justicia y democracia participativa.

Pero para acabar con esta pandemia y el miedo que ha generado, debemos dejar de obsesionarnos y discutir sobre nuestras diferencias secundarias y centrarnos en lo que todos queremos: curar y regenerar la clase política y la salud de nuestro planeta.

Como seres humanos en un planeta en crisis, debemos evitar exacerbar nuestras diferencias, dejar de tratarnos como enemigos. Como nos recuerda Robert Kennedy Jr.: "el enemigo son las grandes empresas de tecnología, las grandes compañías petroleras, las grandes compañías farmacéuticas, el cartel médico, los miembros totalitarios del gobierno que están tratando de oprimirnos, que están tratando de robarnos nuestras libertades, nuestra democracia, nuestra libertad de pensamiento, nuestra libertad de expresión, nuestra libertad de socializar y todas las libertades que nos proporcionan dignidad".[54]

Ahora veamos lo que realmente sucedió y lo que sigue sucediendo con el COVID-19: sus orígenes, naturaleza, virulencia, amenazas, prevención y tratamiento. De esta manera podremos crear una estrategia para derrotar el intento de golpe de Estado por parte de la élite global y los dictadores digitales, para así lograr construir un nuevo futuro que sea saludable, regenerativo, justo, participativo y democrático.

CAPÍTULO DOS

¿Fuga de laboratorio u origen natural?

Por Ronnie Cummins

> *David A. Relman, microbiólogo de la Universidad de Stanford, escribió en la revista científica Proceedings of the National Academy of Sciences que a "la historia del origen" le hacen falta muchos detalles importantes, los cuales incluyen una historia evolutiva detallada sobre el virus, la identidad de sus antepasados más recientes y, aunque parezca difícil de creer, el lugar, la hora y el mecanismo de transmisión de la primera infección humana.*
>
> —Comité Editorial del *Washington Post*,
> 14 de noviembre de 2020[1]

Durante casi treinta años, cada vez más científicos y activistas, incluidos los autores de este libro, han tratado de advertirnos sobre los peligros que implica "jugar a ser Dios", es decir, manipular genéticamente el ADN, los componentes básicos de la vida y ahora el ARN mensajero (como es el caso de las vacunas experimentales antiCOVID).

Una de las razones principales por la que jugar a ser Dios es tan peligroso es que estos objetivos se persiguen bajo poca o ninguna regulación gubernamental, además de que no suelen considerar los posibles peligros que los Organismos Transgénicos (OGM) representan en la salud humana y el medio ambiente.

Gracias a nuestra labor educativa, una gran parte de los consumidores de todo el mundo se ha vuelto más exigente con los alimentos y cultivos transgénicos, así como con las sustancias químicas tóxicas como el pesticida glifosato/Roundup de Bayer/Monsanto que van de la mano de estos OGM. Por desgracia, muy pocas personas conocen la otra rama de la ingeniería y la edición genética: el mundo secreto y oscuro de las "armas biológicas", la "bioseguridad" y la investigación "biomédica".

En este mundo de biotecnocracia con la más alta tecnología en sus manos, las grandes compañías farmacéuticas y el complejo militar-industrial financian a miles de científicos e investigadores a nivel mundial para que manipulen los virus, bacterias y microorganismos con el fin de hacerlos más infecciosos, virulentos y peligrosos.

La biotecnocracia afirma que no se trata de "armas biológicas", que supuestamente están prohibidas por el protocolo internacional de la Convención de Armas Biológicas, sino que son experimentos de "bioseguridad" o "biomédicos" que se diseñaron para ayudar a la humanidad a desarrollar nuevos medicamentos o vacunas para combatir epidemias y enfermedades.[2]

Por desgracia, después de 30 años de estas supuestas investigaciones de "bioseguridad", cada año hay cientos de fugas, robos, accidentes e incluso liberaciones deliberadas (como el caso de los ataques de ántrax en los Estados Unidos en 2001), y esto ni siquiera incluye todos los incidentes sin reportar que involucraron virus y bacterias que se crearon en un laboratorio. Lo que sí está claro es que, estas peligrosas investigaciones de "ganancia de función" no han ayudado a crear ningún nuevo medicamento o vacuna.[3]

Si bien a simple vista, las investigaciones de "ganancia de función" podrían parecer algo positivo, su objetivo es convertir virus en armas, lo que suele hacerse a través de la manipulación genética. Los coronavirus, como el SARS, suelen tener una gama estrecha de huéspedes, es decir, solo infectan a una o unas cuantas especies, como los murciélagos. Pero, al utilizar ARN por recombinación específica, los ingenieros genéticos pueden manipular virus como el COVID-19 con el fin de producir una mutación de "ganancia de función" que les permita infectar a otras especies (es decir, células humanas), interferir con la respuesta del sistema inmunológico y propagarse muy fácil a través del aire.[4]

La "versión oficial" no tiene mucha credibilidad

La versión oficial, que afirma que el virus SARS-CoV-2 es natural y que no se creó en un laboratorio, no tiene mucha credibilidad, ya que muchos científicos e investigadores independientes están exponiendo los errores factuales y las mentiras descaradas de la narrativa del grupo de poder al analizar un creciente cuerpo de evidencia y publicar sus hallazgos, a pesar de toda la censura por parte de las revistas científicas, los medios de comunicación y los gigantes de Internet.

Entre los críticos internacionales que han expuesto las inconsistencias de la versión oficial se encuentran cientos de científicos e investigadores respetados que incluyen a: Chris Martenson, Alina Chan, Meryl Nass, Moreno Colaiacovo, Richard Ebright, Nikolai Petrovskj, Etienne Decroyly, David Relman, Milton Leitenberg, Stuart Newman, Aksel Fridstrøm, Nils August Andresen, Rossana Segreto, Yuri Deigin, Jonathan Latham, Alison Wilson, Vandana Shiva, Sam

Husseini, Luc Montagnier, Carey Gilliam, Claire Robinson, Jonathan Matthews, Michael Antoniou, Joseph Tritto, Lynn Klotz, Filippa Lentzos, Richard Pilch, Miles Pomper, Jill Luster, Birger Sørensen, Angus Dalgleish, Andres Susrud, Monali Rahalkar, Rahul Bahulikar, entre muchos otros.[5]

Con tal de aferrarse a su versión oficial y descalificar a estos críticos, a los que decidieron llamar "teóricos de la conspiración", el gobierno chino, el gobierno estadounidense, las grandes compañías farmacéuticas, Silicon Valley y la élite biomédica/ de biodefensa global, argumentan que el coronavirus SARS-CoV-2, un pariente lejano del virulento pero mucho menos contagioso virus SARS-CoV, que entre 2002 y 2014 infectó a unas 8000 personas y luego desapareció, surgió de "forma natural" de un murciélago salvaje.

De alguna manera, este virus de murciélago salvaje evolucionó, recombinó sus genes con otro animal salvaje, (un tipo de oso hormiguero que se conoce como pangolín) lo que lo hizo más infeccioso y virulento.[6] Después de este milagroso acontecimiento de recombinación, el SARS-CoV-2 volvió a mutar y desarrolló la capacidad de infectar a los humanos, lo que provocó una pandemia mundial, pero en todo este proceso no dejó ningún rastro biológico, genómico ni epidemiológico de su historial evolutivo.

Si existe una explicación "natural" para los orígenes del COVID-19, todo lo que el gobierno chino (y estadounidense) y los científicos involucrados tienen que hacer es dar la cara y presentarnos la evidencia que lo demuestre.

Tal como lo demuestra el Dr. David Relman en *Proceedings of the National Academy of Sciences*, como parte de esta evidencia necesitarían proporcionar muestras de laboratorio y datos científicos que demuestren la identidad de los antepasados más recientes del SARS-CoV-2, así como "el lugar, la hora y el mecanismo de transmisión de la primera infección humana".[7]

Obviamente, esto no sucederá pronto, ya que nadie quiere asumir la culpa, ni hacerse responsable por el accidente de laboratorio o la fuga de laboratorio más destructiva en la historia de la humanidad.

Los medios de comunicación, los gigantes del internet, el statu quo científico y médico, así como las autoridades gubernamentales han repetido tantas veces la historia del "origen natural," que no es de extrañar que la mayoría de las personas sigan confundidas, mal informadas y temerosas.

Así que cualquier persona que se atreva a contradecir la narrativa oficial, al mencionar toda la evidencia que demuestra que el SARS-CoV-2 parece ser una construcción sintética que se diseñó genéticamente dentro de un laboratorio biomédico/de armas biológicas en Wuhan, China, y se liberó, ya sea de manera accidental (lo más probable) o deliberada, será catalogada como un "teórico de la conspiración" para después ser censurada/bloqueada de todas las plataformas de redes sociales.

De acuerdo con la narrativa oficial, el SARS-CoV-2 surgió de manera repentina, sin previo aviso, como una plaga, casi como un acto de Dios, que se originó y propagó desde el mercado de mariscos de Huanan, un "mercado de comida a la intemperie" en Wuhan, China, donde venden animales exóticos como murciégalos y pangolines para el consumo humano.

Y no hace falta decir que, la imagen de un vendedor que mata a un murciélago para que sus clientes se lo coman ahí mismo en el local del mercado de mariscos de Wuhan y después contraer una terrible enfermedad no solo es espeluznante y repulsiva, sino una escena de una película de terror. También huele a racismo, ya que juega con los estereotipos de los asiáticos que comen alimentos extraños y, por lo tanto, repugnantes para los paladares occidentales.

La mayoría de los medios de comunicación de todo el mundo, así como un grupo de científicos de élite que experimentan con virus y murciélagos, no se cansaron de repetir la "historia del mercado en donde comen murciélagos" en China y como era de esperar, se inició un movimiento mundial para prohibir este tipo de mercados y la venta de "carne de animales salvajes".

El gran encubrimiento

Para ocultar su mala praxis científica, negligencia criminal y proteger su "derecho" de realizar investigaciones peligrosas y no reguladas que violan el tratado mundial que prohíbe la investigación de armas biológicas, así como para salvaguardar los miles de millones de dólares en ganancias anuales que generan las industrias farmacéutica y transgénica, las autoridades chinas y estadounidenses, las grandes compañías farmacéuticas, Facebook, Google y una arrogante red de científicos sin escrúpulos, han hecho todo lo que está en sus manos para encubrir el origen de la fuga de laboratorio de la pandemia de COVID-19.

Desde un principio, las autoridades del gobierno chino mintieron y trataron de ocultar las evidencias del COVID-19. Eso no es todo, también recibieron el apoyo de la Organización Mundial de la Salud (de la cual China y Bill Gates son los principales proveedores de fondos, algo de lo que hablaremos a detalle en el capítulo 3), y de un grupo de ingenieros genéticos y virólogos de los Estados Unidos y otros países que estudian y diseñan virus bajo el pretexto de biomedicina o investigación de vacunas.

La primera etapa de este gran encubrimiento implicó tratar de ocultar o retrasar el hecho de admitir que había surgido una nueva epidemia similar al SARS pero en Wuhan y que, a diferencia del primer brote de SARS que ocurrió entre 2002 y 2004 en China, éste es muy transmisible. Aunque los medios de comunicación de todo el mundo obedientemente se encargaron de repetir una y otra vez la narrativa del gobierno chino de que el COVID-19 se originó en un mercado en Wuhan, varias organizaciones de noticias comenzaron a investigar y exponer algunas de las primeras duplicidades, contradicciones y mentiras del gobierno chino.

Estos medios comenzaron a informar el hecho de que el gobierno chino tardó un mes o más en admitir que entre noviembre y diciembre de 2019 se produjo un nuevo brote respiratorio grave, nunca antes visto, el COVID-19. Además, a pesar de las recomendaciones de algunos de sus científicos principales, las autoridades chinas (y la OMS) hicieron todo lo posible para ocultarle al mundo que, para el 19 de febrero de 2020, el virus SARS-CoV-2 ya se había propagado rápidamente de persona a persona por todo Wuhan.

Mientras esto sucedía, el gobierno chino se encargó de censurar y reprimir a todos los científicos y médicos que intentaban advertirnos que se estaba desarrollando una crisis de salud grave. Como señaló el periodista canadiense Andrew Nikiforuk: "ante la amenaza del coronavirus, las autoridades chinas, según varios informes del *Wall Street Journal* y el *New York Times*, censuraron y reprimieron a cualquiera que se atreviera a hablar sobre lo que estaba sucediendo, además ignoraron la evidencia crucial y se tardaron en crear medidas para hacerle frente al brote, algo que después intentaron compensar con sus confinamientos draconianos".[8]

Mientras ocurría todo esto, la prensa mundial tampoco captó las constantes señales de alerta de otro encubrimiento aún peor: el SARS-CoV-2 no surgió de forma natural, sino que se fugó o se liberó de uno de los dos laboratorios que realizaban investigaciones de bioseguridad en Wuhan, donde realizan experimentos de ganancia de función en instalaciones propensas a accidentes debido a su mala gestión. En estos laboratorios, sin que el mundo lo supiera, se almacenaban miles de coronavirus de murciélago y, en algunos casos, se convirtieron en armas.

Fugas de laboratorio de bacterias y virus peligrosos

Los llamados laboratorios de guerra biológica/biodefensa de "uso dual" tienen un arsenal cada vez más grande de virus sintéticos, esto a pesar de las leyes estadounidenses e internacionales que prohíben la experimentación y uso de armas biológicas. Durante las últimas tres décadas, un número alarmante de estos laboratorios ha sufrido fugas, accidentes y robos.

Como lo advirtió hace poco el respetado *Bulletin of the Atomic Scientists*: "se cree que, en 2004, una falla de seguridad en un laboratorio del Centro Chino para el Control y la Prevención de Enfermedades causó cuatro casos sospechosos de SARS, que involucró un caso de muerte en Beijing. En diciembre de 2019, un accidente similar provocó que 65 trabajadores de laboratorio del Instituto de Investigación Veterinaria de Lanzhou se infectaran con brucelosis. En enero de 2020, un renombrado científico chino, Li Ning, recibió una sentencia de 12 años de prisión por vender animales de laboratorio en los mercados locales".[10]

Vale destacar que China no es el único país que tolera estos experimentos científicos peligrosos que causan este tipo de accidentes, ya que, en repetidas ocasiones, se han identificado fallas de seguridad graves en varios laboratorios alrededor del mundo que trabajan con los patógenos más letales y peligrosos.[11] Por ejemplo, en 2016, una investigación por el *USA Today* demostró que hubo un incidente que involucró fallas en el equipo de la cámara de descontaminación cuando los investigadores de los Centros para el Control y la Prevención de Enfermedades (CDC) trataban de abandonar un laboratorio de bioseguridad de nivel 4. Según el informe, es posible que este laboratorio haya almacenado muestras de los virus que causan ébola y viruela.[12]

En 2014, se encontraron por casualidad seis frascos de vidrio del virus de la viruela en un almacén del laboratorio de la Administración de Alimentos y Medicamentos en los Institutos Nacionales de Salud[13] y esta fue la segunda vez en un mes que se expuso el mal manejo de agentes infecciosos potencialmente mortales. Poco antes de este impactante descubrimiento, los CDC se dieron cuenta de que su personal envió accidentalmente ántrax vivo entre laboratorios, lo que provocó la exposición de al menos 84 trabajadores. En otra investigación, las autoridades encontraron otros accidentes que ocurrieron la década anterior.[14]

El siguiente año, el Pentágono se dio cuenta de que, durante los últimos 12 años, un laboratorio de Dugway Proving Ground había estado enviando ántrax inactivado de manera incompleta a 200 laboratorios alrededor del mundo. Según un informe que emitió la Oficina de Responsabilidad del Gobierno (GAO) en agosto de 2016, el ántrax inactivado de forma incompleta fue enviado por lo menos 21 veces entre 2003 y 2015.[15]

En 2017, el laboratorio BSL 4 en la isla de Galveston fue golpeado por una enorme tormenta que causó graves inundaciones, lo que planteó interrogantes sobre lo que podría suceder si se fugaran por accidente algunos de los patógenos que almacenaban[16] y, según un informe del *New York Times*, en agosto de 2019, el Laboratorio de Armas Biológicas de Fort Detrick, Maryland del ejército estadounidense, fue cerrado de manera temporal debido a una eliminación inadecuada de patógenos peligrosos. Sin embargo, las autoridades se negaron a dar detalles sobre los patógenos o la fuga, al citar que se trataba de un asunto de "seguridad nacional".[17]

En 2017, Tim Trevan, consultor de bioseguridad de Maryland, expresó su preocupación por las amenazas virales que podrían fugarse del Laboratorio Nacional de Bioseguridad de Wuhan.[18] Los cables diplomáticos que envió Estados Unidos en 2018 también advirtieron sobre "posibles violaciones de seguridad en un laboratorio en Wuhan".[19]

Desde luego que el ejército estadounidense y la CIA, así como sus contrapartes chinas, junto con las de otros países que financian experimentos con armas biológicas bajo el disfraz de bioseguridad o investigación de vacunas, no quieren admitir que la versión oficial sobre los orígenes naturales del COVID-19 no es más que una propaganda que carece de evidencia sólida.

Su ambición por liderar la carrera de las armas biológicas provocó que perdieran el control. Ni Donald Trump, ni el Dr. Fauci, ni los NIH querían que se conociera la historia real, ya que fue la EcoHealth Alliance con dinero de los NIH quien se encargaba de financiar los peligrosos experimentos de ganancia de función sobre coronavirus que se realizaban en el laboratorio de Wuhan.

Según *Newsweek*,[20] esta investigación se dividió en dos fases, la primera, que comenzó en 2014 y finalizó en 2019, tenía como objetivo "comprender el riesgo de aparición de un coronavirus en murciélagos"[21] y los hallazgos iniciales se publicaron en 2015 en la revista *Nature Medicine*.[22] El virólogo de Wuhan, Shi Zheng-Li dirigió este programa, cuya finalidad era catalogar los coronavirus de murciélagos salvajes y que contó con un presupuesto de $ 3.7 millones. En esta investigación también participaron científicos estadounidenses de la Universidad de Carolina del Norte y Harvard.[23]

En la segunda fase, que comenzó en 2019, se reforzó la vigilancia de los coronavirus y comenzó la investigación de ganancia de función para investigar cómo los coronavirus de murciélago podrían mutar para afectar a los humanos. EcoHealth Alliance realizó esta segunda fase bajo la dirección de su presidente, Peter Daszak, experto en ecología de enfermedades.

Pero para no dejar toda la responsabilidad en manos del ejército chino o la administración de Trump, debemos considerar que esta ciencia tan imprudente y peligrosa que, en la actualidad también se realiza en lugares como Fort Detrick, la Universidad de Columbia y la Universidad de Carolina del Norte con financiamiento del gobierno y el ejército estadounidense, es una práctica que data desde la Segunda Guerra Mundial. Es bien sabido que las administraciones de Truman, Eisenhower, Kennedy, Nixon, Carter, Reagan, Bush padre, Clinton, Bush hijo y Obama también financiaron y realizaron este tipo de investigaciones.[24]

La segunda etapa del gran encubrimiento

La segunda etapa del gran encubrimiento, que por desgracia muchos medios de comunicación decidieron ignorar, incluyó la destrucción sistemática de evidencia forense, al:

- eliminar las pruebas y muestras que se tomaron en el mercado de Wuhan y laboratorios cercanos a finales de diciembre de 2019,[25]
- la toma del Instituto de Virología de Wuhan por el ejército chino y la censura de su principal especialista en armas biológicas el 26 de enero de 2020,[26]
- eliminar las bases de datos públicas en línea de 20 000 genomas de virus de murciélago que el Instituto de Virología de Wuhan y otros laboratorios habían recopilado,[27]
- censurar e incluso desaparecer a científicos chinos que señalaron que era posible que el SARS-CoV-2 se hubiera fugado de un laboratorio y que tuviera el potencial de causar una pandemia peligrosa,
- prohibir que se publicaran artículos sobre el SARS-CoV-2 sin la aprobación formal previa del ejército chino,
- alterar en secreto los conjuntos de datos de artículos publicados sin emitir notificaciones de corrección,[28]
- eliminar unos 300 estudios de coronavirus de la base de datos estatal de la Fundación Nacional de Ciencias Naturales de China[29] en enero de 2021, que incluían los estudios que se realizaron en el Instituto de Virología de Wuhan.

Además de destruir toda la evidencia, desde el principio decidieron sostener una narrativa fabricada que descartaba la teoría del origen de fuga de laboratorio, la cual mantienen hasta la fecha. Peter Daszak, presidente de EcoHealth Alliance que canalizó el dinero de la subvención de los NIH al Instituto de Virología de Wuhan para la investigación del coronavirus, formó parte importante de ese plan.

El 18 de febrero de 2020, *The Lancet* publicó una declaración científica firmada por 27 investigadores que denunciaba las teorías de que el COVID-19 provenía de un laboratorio, al afirmar: "nos unimos para condenar enérgicamente las teorías de la conspiración que sugieren que el COVID-19 no tiene un origen natural. Científicos de varios países publicaron y analizaron genomas del agente que causa el SARS-CoV-2, y concluyeron de forma abrumadora que este coronavirus se originó en la naturaleza".[30]

Los verificadores de datos de las redes sociales se basaron en esta declaración para censurar la evidencia que demuestra que el SARS-CoV-2 parece ser un virus artificial. Pues resulta que Daszak está detrás de todo este complot para censurar el debate público sobre el origen del virus[31] ya que redactó esa declaración, pero los correos electrónicos que se obtuvieron través del Acta de Libertad de Información (FOIA) revelan que no quería que se "identificara como proveniente de ninguna organización o persona",[32] sino quería que apareciera como "una carta de un grupo de científicos".[33]

En el transcurso del 2021 se intensificaron los movimientos para obtener datos reales sobre el origen del SARS-CoV-2, pero Daszak fue asignado no solo a una sino a dos comisiones separadas encargadas de obtener estos datos: *la Comisión Lancet COVID-19*[34] y el Comité de Investigación de la Organización Mundial de la Salud.[35]

¿Cuáles son las posibilidades de que Daszak, que ayudó a crear la primera narrativa de que el SARS-CoV-2 es de origen zoonótico, llegue a otra conclusión al final de estas investigaciones? Otros cinco miembros de la Comisión *Lancet* también firmaron la declaración de *Lancet* del 18 de febrero de 2020, que también pone en duda su credibilidad.

Parece curioso que, aunque las autoridades chinas todavía niegan las acusaciones de fuga de laboratorio, a raíz de la pandemia, los laboratorios de biomedicina/biodefensa en China, incluyendo el Instituto de Virología de Wuhan y el Centro para el Control de Enfermedades, implementaron nuevos procedimientos de laboratorio para reforzar las medidas de seguridad y protección.[36]

La mentira de que el virus emergió de un murciélago

Meses después del inicio de la epidemia, los medios de comunicación ignoraron una serie de reportes científicos y mediáticos que señalaban que ningún animal en el mercado de Wuhan había dado positivo por COVID-19, y que alrededor de un tercio del grupo inicial de los casos de COVID-19 en humanos en Wuhan que se reportaron a principios de 2019, no tenía ninguna relación con el mercado de mariscos, incluyendo el primer caso reportado.[37]

Los medios de comunicación también ignoraron el testimonio de muchas personas del mercado de mariscos de Huanan que negaron de manera categórica que vendieran murciélagos en aquel lugar. De hecho, las cuevas de murciélagos más cercanas al mercado de Wuhan estaban a unos 1000 kilómetros de distancia, asimismo, cuando surgió el SARS-Cov-2 en Wuhan, estos murciélagos salvajes estaban en estado de hibernación.

En enero de 2020, un periódico de Beijing informó que el "paciente cero", la primera víctima del virus COVID-19, en realidad fue Huang Yanling, una científica del Laboratorio de Virología de Wuhan, y aunque este informe se eliminó del Internet, este rumor sigue en boca de muchas personas.[38] En febrero, los respetados científicos chinos Botao Xiao y Lei Xiao señalaron en una primera versión de un artículo científico: (que el gobierno chino eliminó rápidamente de Internet) "según los reportes municipales y los testimonios de 31 residentes y 28 visitantes, el murciélago nunca ha sido una fuente alimenticia en la ciudad ni tampoco se ha comercializado en el mercado".[39]

Y aunque parece que no había murciélagos salvajes a la venta en el mercado de Wuhan y nadie en la ciudad consumió este tipo de animal, sí había muchos murciélagos y virus de murciélagos almacenados y bajo experimentación en dos laboratorios de investigación cercanos, que supuestamente son de alta seguridad.

Uno de ellos, el Centro Chino para el Control y Prevención de Enfermedades, está a solo unos 300 metros del mercado de mariscos de Huanan y muy cerca del Union Hospital, donde se reportaron varios casos tempranos de médicos asistentes que se infectaron por COVID-19. El otro, el Instituto de Virología de Wuhan, está a unos kilómetros de distancia. La conclusión de Botao Xiao y Lei Xiao, reprimidos por el gobierno chino fue que, "es posible que este coronavirus tan letal se haya filtrado de un laboratorio de Wuhan".[40]

Se sabía que ambos laboratorios de Wuhan recolectaban, analizaban y experimentaban con cientos de virus de murciélagos vivos para hacerlos más virulentos e infecciosos. Eso sí, estos laboratorios se encuentran en una ciudad de 10 millones de habitantes, que representa un entorno propenso a una rápida propagación del virus. La investigación de ganancia de función es, sin duda alguna, una de las principales amenazas para la existencia humana. ¿Por qué alguien realizaría una investigación tan peligrosa sobre virus virulentos en un área tan poblada?

Varios científicos que trabajaron en estos laboratorios, sobre todo la Dra. Shi Shengli, a quien la prensa china apodó "mujer murciélago", publicaron artículos revisados por pares en revistas científicas, a menudo con otros colaboradores como científicos estadounidenses y extranjeros, que describían la forma en que utilizaron técnicas de ganancia de función, como la ingeniería genética y la manipulación de laboratorio, para hacer que los coronavirus sean más infecciosos y virulentos.[41]

Más tarde se supo que estos experimentos de ganancia de función no solo recibían financiamiento por parte del gobierno chino y del ejército, sino también por el gobierno estadounidense, incluyendo a organizaciones como el Instituto Nacional de Alergias y Enfermedades Infecciosas del Dr. Anthony Fauci (NIAID) y EcoHealth Alliance, entre otros, así como de una red secreta del Pentágono y agencias de seguridad nacional.[42]

En una publicación de Instagram, Robert Kennedy, Jr. evidenció la participación del Dr. Anthony Fauci, la supuesta "voz racional" de la Administración de Trump con respecto al COVID-19, al financiar a los laboratorios de Wuhan para crear virus como armas:

> *Daily Mail Today informó que encontró documentos que demuestran que, en medio de la controversia por la fuga de laboratorio, el NIAID de Anthony Fauci otorgó $ 3.7 millones a científicos del laboratorio de Wuhan.*
>
> *Según el periódico británico, "la subvención federal financió experimentos con murciélagos de las cuevas donde se cree que se originó el virus". Antecedentes: tras el brote de coronavirus del SARS entre 2002 y 2003, los NIH financiaron una colaboración entre científicos chinos, virólogos del militar estadounidenses del laboratorio de armas biológicas en Ft. Detrick y científicos del NIAD que tenían como objetivo prevenir futuros brotes de coronavirus al estudiar la evolución de cepas virulentas de murciélagos en tejidos humanos.*
>
> *Para lograrlo, realizaron una investigación de 'ganancia de función' que utilizó un proceso que se llama 'evolución acelerada' para crear supervirus pandémicos de COVID: al manipular genéticamente el COVID que transmiten los murciélagos con el fin de hacerlos más letales y más transmisibles que el COVID salvaje. Y según un informe que se publicó en diciembre de 2017 en el NY Times, los estudios de Fauci alarmaron a científicos de todo el mundo que se quejaron al señalar que, "estos investigadores se están arriesgando mucho al crear un microbio monstruoso que podría fugarse del laboratorio y provocar una pandemia".*
>
> *El Dr. Mark Lipsitch, del Centro de Enfermedades Transmisibles de la Facultad de Salud Pública de Harvard, dijo al Times que los experimentos del NIAID del Dr. Fauci 'han brindado poco conocimiento científico y casi no han servido para prepararnos mejor en caso de una pandemia, pero sí representan una gran amenaza de provocar una pandemia accidental". En octubre de 2014, luego de una serie de eventos desafortunados en los laboratorios federales en los que casi se liberan estos virus transgénicos mortales, el presidente Obama ordenó detener el financiamiento federal para los peligrosos experimentos de Fauci.*
>
> *Ahora parece que el Dr. Fauci logró evadir las restricciones federales al trasladar sus investigaciones a un laboratorio militar en Wuhan. El Congreso debe iniciar una investigación sobre todo lo que ha hecho el NIAD en China.*[43]

Como señala Kennedy, parte de la razón por la que algunos de estos experimentos de ganancia de función comenzaron a realizarse en Wuhan a partir de 2014 hasta la fecha, es porque los Estados Unidos prohibieron (de 2014 a 2017) este tipo de experimentos peligrosos luego de una serie de accidentes de laboratorio y fugas tanto dentro como fuera del país.[44]

Por desgracia, los accidentes de laboratorio, los robos y las fugas se han vuelto demasiado comunes, no solo en los Estados Unidos, sino también en China, como pasó con el SARS-CoV (el pariente viral del SARS-CoV-2) entre 2003 y 2004, que se escapó de los laboratorios en Beijing, Singapur y otros lugares e infectó e incluso mató a trabajadores de laboratorio. Tal y como lo advirtió la revista *Science* en 2004: "Dadas las cuatro distintas infecciones en el último año en tres instituciones diferentes en Beijing, Singapur y Taipei, los expertos en salud temen que sea probable que la próxima epidemia de SARS surja de un laboratorio de investigación que del mundo animal".[45]

De forma inquietante, en enero de 2018, luego de una visita al Laboratorio de Virología de Wuhan, varios miembros del Departamento de Estado de Estados Unidos advirtieron a Washington que el laboratorio parecía tener una mala gestión y personal inadecuado, algo muy peligroso que representa un grave riesgo de liberación accidental de un PPP, un patógeno potencialmente pandémico.[46]

Ante el creciente escepticismo y las críticas de investigadores independientes, a finales de mayo de 2020, Gao Fu, director del Centro Chino para el Control y la Prevención de Enfermedades, admitió en la televisión nacional china, que no se habían detectado virus del SARS-CoV-2 en muestras de animales en el mercado de Wuhan y que, por lo tanto, el mercado de mariscos de Wuhan no fue la fuente de la epidemia, sino el lugar donde personas que ya estaban infectadas propagaron el virus.

"Al principio, asumimos que el mercado de mariscos podría ser la fuente del virus, pero ahora sabemos que el mercado simplemente fue otra de las víctimas".[47] La declaración de Gao Fu coincidió con múltiples estudios que demostraban que el virus del COVID-19 ya circulaba en Wuhan antes de que cualquier persona se infectara en este mercado de mariscos.[48]

Las inconsistencias de la versión oficial

Cuando se dio a conocer de manera pública que la teoría del "mercado de mariscos" del gobierno chino era una farsa, la mayoría de los medios de comunicación y autoridades sanitarias de todo el mundo, sin duda algo avergonzadas y desconcertadas, dieron muy poca cobertura a esta noticia.

Las autoridades chinas y los científicos de "ganancia de función" se apresuraron a dar otra versión oficial sobre el origen del virus y dijeron que, al analizar las especies de huéspedes de coronavirus, creían que de alguna forma, los murciélagos de herradura infectaron a uno de los animales de un cargamento de pangolines salvajes que traían de contrabando desde Malasia, a unos 1600 kilómetros de las cuevas de los murciélagos, y en un incidente sin precedentes de recombinación genética, esto permitió que el coronavirus del murciélago se volviera muy infeccioso y, por lo consiguiente, capaz de provocar una pandemia.

Pero después de una serie de artículos sobre la tesis del murciélago y el pangolín, y movimientos para acabar con el contrabando de animales salvajes, los científicos de todo el mundo comenzaron a publicar artículos que señalaban que la hipótesis del murciélago y el pangolín no era una explicación convincente sobre la repentina aparición del SARS-CoV-2.[49]

Como señalaron muchos científicos, es muy poco probable que el coronavirus de murciélago SARS original (que no puede transmitirse a los humanos) coexistiera y luego intercambiara genes con los del pangolín, para después desarrollar una proteína spike especial que se conoce como sitio de escisión de furina y que se transmite fácilmente a los humanos.

Este evento de recombinación que propusieron era casi imposible (a menos que se realizara en un laboratorio) dado que los murciélagos y los pangolines viven a miles de kilómetros de distancia. Además, si este virus hipotético y altamente infeccioso de murciélago/pangolín existiera, sería muy poco probable que no dejara ningún tipo de rastro biológico o epidemiológico a su paso. En la naturaleza, este tipo de recombinación compleja entre especies, según los expertos, tardaría décadas en evolucionar hasta el punto de infectar a los primeros humanos, y aún más tiempo en evolucionar hasta volverse muy infeccioso en los humanos.

Pero no existe evidencia alguna de que este virus de murciélago/pangolín haya existido o que alguna vez haya infectado a alguien, a pesar de que los cazadores de murciélagos, epidemiólogos y virólogos de todo el mundo han realizado una ardua búsqueda de evidencia sobre este coronavirus de murciélago/pangolín. Si existiera una versión de este coronavirus murciélago/pangolín, debió crearse dentro de un laboratorio, de donde se fugó o fue liberado finales de otoño de 2019 en Wuhan.

Otros que defienden el origen natural del SARS-CoV-2 afirmaron que, si el virus se hubiera creado en un laboratorio, entonces habría rastros o cicatrices en el genoma de virus del SARS-CoV-2 donde se llevaron a cabo las inserciones genéticas. Otros defensores del origen natural afirmaron que la falta de un "genoma del virus" conocido para el SARS-CoV-2 (necesario para las técnicas de ingeniería genética) no encaja con la hipótesis de fuga de laboratorio.

Como señalaron Moreno Colaiacovo, un científico italiano de datos del genoma, y muchos otros científicos: los procedimientos modernos de ingeniería genética pueden crear nuevas construcciones virales sin dejar ningún rastro ("técnicas impecables"). En la actualidad, cualquier ingeniero genético y virólogo lo sabe, incluso si los medios de comunicación y el público en general desconocen sobre este tema.

Si bien es cierto que incluso los mejores ingenieros genéticos necesitan un genoma del virus para manipular y convertir los virus en armas dentro de un laboratorio, lo que se sabe sobre los virus conocidos es que dicho genoma del SARS-CoV-2 no incluyó esos miles de virus "desconocidos" que el ejército chino y otros tenían en su poder, y que optaron por mantener en secreto. Al utilizar uno de estos genomas del virus "desconocidos", los científicos de ganancia de función podrían crear un virus SARS-CoV-2 a partir de otro virus y el genoma que tuvieran.[50]

Los enigmas del origen del coronavirus

Entonces ¿de dónde salió el SARS-CoV-2? ¿Dónde adquirió esa capacidad biológica única, que no tenía el SARS-CoV (el coronavirus del SARS original) para superar las defensas de las células humanas? Pero sobre todo ¿cómo el coronavirus SARS-CoV original adquirió este segmento único de cuatro aminoácidos, perfectamente ubicado en su genoma, que le permitió al virus utilizar furina y otras enzimas en el cuerpo humano para disolver su recubrimiento viral y así poder penetrar e infectar las células humanas para comenzar a reproducirse?

A pesar de que científicos de todo el mundo analizan de manera muy minuciosa muchas muestras del virus SARS-CoV-2 que han infectado a humanos, todavía no hay evidencia que demuestre la evolución del virus, es decir, de uno poco infeccioso a uno más infeccioso.

De alguna manera, el coronavirus se "alteró" para infectar a los seres humanos desde el primer día, algo característico de un virus de laboratorio y no de un virus que circula y se propaga poco a poco entre los seres humanos en un entorno natural.

Como lo señaló un grupo de investigadores: "nuestras observaciones sugieren que cuando se detectó el SARS-CoV-2 por primera vez a finales de 2019, ya estaba preadaptado a la transmisión humana de un modo muy similar al SARS-Cov de la epidemia previa. Pero no se han detectado precursores o ramas de la evolución derivadas de un virus similar al SARS-CoV-2 menos adaptado a los humanos".[51]

Otro grupo de científicos utilizó un modelo informático para probar la forma en que la proteína spike del SARS-CoV-2 se une a los receptores de las células de muchas especies. Y descubrieron que la proteína spike tenía mayor afinidad por el receptor ACE2 humano que por cualquier otra especie. Y escribieron:

> *De manera sorprendente, este enfoque reveló que, de todas las especies analizadas, la energía de unión entre la proteína spike del SARS-CoV-2 y la ACE2 estaba más concentrada en los humanos, lo que sugiere que la proteína spike del SARS-CoV-2 evoluciona de manera muy peculiar para unirse e infectar células que expresan ACE2 humana.*
>
> *Este hallazgo es muy sorprendente porque se esperaría que un virus tuviera la mayor afinidad por el receptor de su especie huésped original, es decir el murciélago, y una menor afinidad de unión por el receptor de cualquier huésped nuevo, es decir los seres humanos. Pero en este caso, el SARS-CoV-2 tiene más afinidad por los seres humanos que otros huéspedes originales, los murciélagos o cualquier posible especie huésped intermediaria.*[52]

En otras palabras, lejos de ser un virus que evolucionó de forma natural de los murciélagos y luego haber pasado a una especie intermedia para luego filtrarse en los humanos y convertirse en una enfermedad infecciosa, existe evidencia científica muy sólida de que el virus SARS-CoV-2 se creó en un laboratorio.

Pero más allá de toda esta evidencia científica, también está el hecho de que el SARS-CoV-2 apareció primero, bajo una remota probabilidad, en el mismo vecindario urbano donde científicos chinos, asociados con Estados Unidos y China, recolectaron el virus de murciélagos de la naturaleza para después convertirlo en armas dentro de varios laboratorios propensos a accidentes debido a su mala gestión, bajo el disfraz de investigaciones biomédicas y de vacunas.

Esto no significa que el SARS-CoV-2 se liberó de forma deliberada, pero sí apunta a la probabilidad muy alta de que ya estaba preparado para infectar a los humanos cuando salió del laboratorio.

Quizás los científicos chinos y estadounidenses que defienden la investigación de ganancia de función no trataban de crear un arma biológica con este coronavirus más virulento e infeccioso, más bien querían crearlo para infectar a ratones u otros animales de laboratorio para después tratar de desarrollar una vacuna.

De hecho, el Dr. Shi Shengli, que trabajó en el laboratorio de Wuhan, mencionó el uso de ratones transgénicos en el laboratorio para crear una afinidad específica entre el virus y los receptores Ace2 humanos. (La enzima convertidora de angiotensina 2 o Ace2 es una proteína cuyos receptores se encuentran en las membranas celulares y se encarga del acceso del SARS-Co-V-2 a la célula).

Muchos han tratado de entender por qué esta afinidad entre el SARS-Co-V-2 y las células humanas es tan pronunciada y por qué, si no es el pangolín, no hemos podido encontrar la especie intermedia que permitió que el virus se propagara de murciélagos a humanos. En julio de 2020, Dr. Shengli dijo para *Science*:

> *Entre 2018 y 2019, realizamos experimentos in vivo en ratones y civetas transgénicos (que expresan ACE2 humano) en el laboratorio de bioseguridad del Instituto, utilizamos los virus SARSr-CoV de murciélago que es parecido al SARS-CoV. Este trabajo se realizó en cumplimiento con las normas de manejo de bioseguridad de microbios patógenos en laboratorios en China y los resultados sugirieron que el SARSr-CoV de murciélago puede infectar de forma directa a las civetas y ratones con receptores ACE2 humanos, pero demostró tener baja patogenicidad en ratones y ninguna patogenicidad en civetas.*[53]

Esto explica por qué las grandes compañías farmacéuticas o los Institutos Nacionales de Salud de Anthony Fauci, financiaron estas controversiales investigaciones de laboratorio en Wuhan, incluso después de que la mayoría de las investigaciones de ganancia de función con sede en Estados Unidos fueron prohibidas de manera temporal (entre 2014 y 2017) debido a que se consideraron demasiado peligrosas.[54]

Pero si algo es seguro, es que el ejército chino y las agencias militares y de seguridad de los Estados Unidos son los que más subvenciones destinan a este tipo de investigaciones de guerra biológica/biodefensa en todo el mundo, ven un virus como el SARS-CoV-2 como si fuera una posible arma biológica, sobre todo bajo el contexto de una carrera mundial de armamentos químicos y biológicos.[55] Por desgracia, como señala el científico y autor Andre Leu, director de Regeneration International: "... dado lo delicado que es este tema, es muy poco probable que los investigadores del Instituto de Virología de Wuhan y el gobierno chino admitan lo que sucedió, porque saben que si se descubre la verdad sobre cómo la investigación de ganancia de función provocó esta pandemia mundial que arruinó la vida de millones de personas, la indignación y la ira serán tan grandes que prohibirán este tipo de investigaciones".[56]

Además, los gobiernos de China y Estados Unidos que financiaron estos experimentos imprudentes y peligrosos, así como el complejo militar-industrial y sus científicos que se encargaron de realizarlos, serían responsables por miles de millones de dólares en daños causados por la pandemia del COVID-19 y si se demuestra que violaron el tratado mundial que prohíbe el desarrollo de armas químicas y biológicas, incluso podrían enfrentar cargos criminales.

Los fantasmas de pandemias pasadas

En la historia de la humanidad, han surgido muchos coronavirus nuevos que han representado una amenaza para nuestra existencia. La primera fue la gripe española en 1918, un virus aviar que logró contagiar tanto a cerdos como humanos, que se presentó durante la Primera Guerra Mundial, al infectar a 500 millones de personas a nivel mundial y causar la muerte de unos 50 millones de personas o bien, el 2.7 % de la población mundial.[57]

La gripe española arrebataba la vida de las personas en cuestión de horas. Este virus se propagó muy fácil y rápido, al igual que el nuevo coronavirus SARS-CoV-2, pero a diferencia del COVID-19, las personas entre los 20 y 40 años de edad eran más susceptibles a la infección. Mientras que con el COVID-19, las personas mayores e inmunocomprometidas son las que presentan el mayor riesgo de muerte, por lo que la tasa de mortalidad no se acerca a la de la gripe española. Y aunque se dice que la pandemia del COVID-19 es muy similar a la pandemia de gripe española, también se parece mucho a lo que sucedió con la gripe aviar y porcina.

En 1976, una nueva gripe porcina infectó a 230 soldados en Fort Dix, Nueva Jersey y causó una muerte. Ante el temor de que se repitiera la pandemia de la gripe española de 1918, se apresuraron a crear una vacuna, por lo que el gobierno puso en marcha su maquinaria propagandística para persuadir a las personas a vacunarse. De esta manera, lo que era un brote contenido se transformó en una campaña masiva de vacunación contra la gripe porcina en la que se vacunó a más de 45 millones de personas en los Estados Unidos.

En los años siguientes, casi cuatro mil personas presentaron reclamos por daños ante el gobierno federal.[58, 59] Los efectos secundarios incluyeron varios cientos de casos de síndrome de Guillain-Barré (un efecto secundario poco común de las vacunas contra la influenza), incluso los jóvenes sanos de 20 años terminaron parapléjicos y también se atribuyeron al menos 300 casos de muerte a causa de la vacuna.[60] Mientras tanto, solo hubo un caso de muerte a causa de este "virus pandémico".

Luego en 2005, apareció la gripe aviar H5N1, y el entonces presidente Bush dijo que esa pandemia podría causar dos millones de muertes,[61] y esta declaración no fue más que un cruel engaño que tenía como objetivo infundir miedo, beneficiar a la industria y llenar los bolsillos de varias personas. El Dr. Mercola estaba tan convencido por la evidencia que descartaba la posibilidad de una pandemia de gripe aviar que escribió un libro que rápidamente se incluyó en la lista bestseller del *New York Times*, *The Bird Flu Hoax*, donde habla sobre el fraude relacionado con una epidemia que nunca ocurrió.

Pero todo este miedo en torno a la gripe aviar provocó que la OMS creara un procedimiento de vía rápida (fast-track) para dar licencia y aprobar las vacunas pandémicas. Según el sitio web de la OMS: "se buscaron formas de acortar el tiempo entre la aparición de un virus pandémico y la disponibilidad de vacunas seguras y eficaces".[62]

Uno de los métodos que utilizan en Europa es realizar estudios *preliminares* que utilizan una vacuna "modelo" que contiene un ingrediente activo para un virus de la influenza que no ha circulado recientemente en poblaciones humanas. Cuando se realizan pruebas de estas vacunas modelo, es muy posible liberar el nuevo virus de la influenza en la población, ya que su objetivo es "imitar la novedad de un virus pandémico" y "acelerar la aprobación regulatoria".

Después, en 2009, surgió la gripe porcina y, en ese año, los principales medios de comunicación advirtieron que la gripe porcina podría matar a 90 000 y mandar al hospital a unas dos millones de personas en los Estados Unidos. En esta ocasión se volvió a repetir lo que vivimos en 2005 con la gripe aviar, mucho miedo que nunca se materializó.

En respuesta a la pandemia de la gripe porcina de 2009 ¿qué sugirieron los Centros para el Control y la Prevención de Enfermedades? ¡Vacunas contra la gripe porcina para todos! El *Washington Post* informó que los CDC dijeron: "tan pronto como una vacuna esté disponible, hay que ponérsela a todos los miembros de la familia",[63] esto a pesar de que la gravedad del virus H1N1 de 2009 fue moderada, ya que por lo general no requería ni hospitalización ni atención médica. De hecho, la mayoría de los casos presentaron síntomas leves que desaparecieron por sí solos.

La vacuna de vía rápida (Pandemrix) contra la gripe porcina de 2009 que se autorizó en Europa, resultó ser todo un desastre. En 2011, se le relacionó[64] con la narcolepsia infantil, cuyas tasas incrementaron de manera repentina en varios países.[65] Después, en 2019, los investigadores describieron una "relación novedosa entre la narcolepsia con Pandemrix y el gen de ARN *no codificante GDNF-AS1", un gen que supuestamente regula* la producción del factor neurotrófico derivado de la línea celular glial o GDNF, una proteína que desempeña un papel importante en la supervivencia neuronal. También confirmaron una fuerte relación entre la narcolepsia inducida por la vacuna y un cierto haplotipo, lo que sugiere que, "una variación en los genes relacionados con el sistema inmunológico y la supervivencia neuronal, podría ser fundamental para aumentar la susceptibilidad a la narcolepsia inducida por Pandemrix en ciertas personas".[66]

Al igual que con el COVID-19, hay evidencia que sugiere que la gripe porcina del 2009 fue el resultado de la ingeniería genética y un accidente de laboratorio. Un artículo de 2009 que se publicó en *New England Journal of Medicine* señala:[67] "un estudio del origen genético del virus demostró que estaba estrechamente relacionado con una cepa de 1950 pero diferente a las cepas de la influenza A (H1N1) de 1947 y 1957, este hallazgo sugirió que la cepa del brote de 1977 se había conservado desde 1950.[68] El resurgimiento probablemente fue una liberación accidental de una fuente de laboratorio en el contexto de disminuir la inmunidad poblacional a los antígenos H1 y N1".[69]

La pregunta es: ¿quién se beneficiará de toda esta histeria y paranoia? Sin duda, ya sabe la respuesta, claro que las grandes compañías farmacéuticas, pero también la grandes compañías agrícolas y tecnológicas, así como los tecnócratas que buscan imponer el Nuevo Orden Mundial.

Pandemia del COVID-19: ¿Plan o predicción con maña?

El propio Dr. Anthony Fauci dijo: "si hay un mensaje que quiero dejarles hoy con base en mi experiencia, es que no hay duda de que la próxima administración se enfrentará a todo un desafío en el ámbito de las enfermedades infecciosas, pero también habrá otro brote sorpresa. De lo que estamos cien por ciento seguros es que surgirá en los próximos años".[70]

Estamos analizando lo que podría ser el mayor crimen o acto de negligencia criminal y encubrimiento en la era moderna. En un juicio penal, si un sospechoso (el gobierno chino), o un grupo de sospechosos (los gobiernos chino y estadounidense y sus científicos), actúan como si fueran culpables, al ocultar o destruir pruebas, intimidar a los testigos, atacar a sus críticos al llamarlos "teóricos de la conspiración", y cambiar una y otra vez su historia o coartada, entonces probablemente son culpables o tratan de encubrir a alguien.

Si alguien, tal vez cómplice o colaborador de estos perpetradores, se beneficia de forma económica o política, o en términos de mayor poder y control de un crimen o desastre, o de encubrir los orígenes reales de este crimen o desastre, debemos investigarlo de manera cuidadosa, al igual que sus declaraciones o testimonios.

Si alguien, o en este caso, un grupo de personas muy ricas y poderosas (incluyendo a Bill Gates, la Organización Mundial de la Salud y el Foro Económico Mundial) predice a gran detalle que una pandemia como la de COVID-19 está a punto de surgir (lo que hicieron en un ejercicio de alto nivel que se conoce como "Evento 201"), y luego sucede, tenemos que analizarlo con mucha atención. Sobre todo, cuando esta misma élite global se aprovecha de este desastre al controlar y manipular la narrativa a su favor y desarrollar planes ambiciosos para lo que equivale a un Nuevo Orden Mundial con control tecnocrático y totalitario, algo que se conoce como El Gran Reinicio.[71] (En el siguiente capítulo hablaremos en detalle sobre el Evento 201 y el Gran Reinicio)

¿Cuál es el veredicto?

Cada vez más evidencia, tanto forense como circunstancial, demuestra que debemos ser escépticos con respecto a la versión oficial de los orígenes del COVID-19, que publicaron y defendieron los gobiernos de China y Estados Unidos, las grandes compañías farmacéuticas, el statu quo científico, las grandes compañías tecnologías, el Foro Económico Mundial, la Organización Mundial de la Salud, Bill Gates y el complejo militar-industrial, entre otros.

Si comparamos los datos científicos y la creciente evidencia circunstancial (comportamiento sospechoso, dinero, motivos, recompensas, beneficiarios, control social, historial de accidentes y liberaciones, anticipación o predicción) sin duda alguna llegaríamos a la conclusión de que el SARS-CoV-2 no es un virus natural, sino que salió de un laboratorio, ya sea por un accidente (que parece más probable) o de forma deliberada.[72] Pero necesitamos saber qué laboratorio, qué científicos, qué virus y qué construcciones virales provocaron todo esto.

Necesitamos una investigación pública global dirigida por científicos, abogados e investigadores independientes para que recopilen evidencia sobre lo que realmente sucedió con el COVID-19 y un Tribunal Internacional de Crímenes de Guerra Biológica y, los Juicios de Núremberg posteriores a la Segunda Guerra Mundial deben darle seguimiento este caso, de modo que podamos llevar a los responsables de esta pandemia ante la justicia y evitar que este tipo de desastre se vuelva a repetir.

Una vez que identifiquemos a los responsables del COVID-19 y sus cómplices, y los expongamos, junto con aquellos que los han financiado, ayudado e instigado, los movimientos de base mundiales deben volver a convocar la Convención de Armas Biológicas. Debemos actuar para fortalecer las prohibiciones y arreglar las inconsistencias en el tratado mundial que prohíbe las armas químicas y biológicas, que incluye utilizar virus, bacterias y microorganismos como armas.

Algunas de las modificaciones que necesita este tratado incluyen poner fin a todas las investigaciones de armas biológicas, negar a los militaristas e ingenieros genéticos la laguna legal de llamar a la investigación de armas biológicas como "biomédica" o "bioseguridad", y solicitar inspecciones obligatorias (tal como se requieren ahora para las armas nucleares) cuando y dondequiera que se sospeche de violaciones del tratado internacional.

Como señaló la experta en armas biológicas Lynn Klotz:

> *Después de que se promulgó la Convención de Armas Biológicas en 1975, una de las críticas al principal tratado internacional que prohíbe las armas biológicas, fue que no tenía disposiciones para saber si los países cumplían con lo pactado. Por sus antecedentes, en medio de la Guerra Fría, era poco probable que la Unión Soviética permitiera que inspectores internacionales visitaran sus instalaciones de biodefensa...*
>
> *Después del colapso de la Unión Soviética, los países se enfocaron en abordar esta debilidad percibida al crear procedimientos para visitas al sitio seleccionadas al azar y un medio rápido para investigar el desarrollo, almacenamiento y uso de armas, pero en 2001, los partidarios de la propuesta vieron como sus esperanzas se desplomaban cuando Estados Unidos se retiró de un grupo ad hoc de la ONU encargado de redactar el protocolo, lo que significa que las disposiciones propuestas nunca se promulgaron bajo el derecho internacional".*[73]

Pero ya es momento de cerrar todos los laboratorios de bioseguridad/guerra biológica de uso dual en el mundo e implementar una verdadera prohibición global de armas de destrucción masiva, incluyendo los experimentos para crear las armas químicas y biológicas.

Entonces y solo entonces seremos capaces entender y derrotar al COVID-19, así como de prevenir la próxima pandemia, que según Bill Gates está más cerca de lo que pensamos, en forma de un ataque bioterrorista.[74]

De lo contrario, nadie volverá a estar a salvo.

CAPÍTULO TRES

El evento 201 y el gran reinicio

Por el Dr. Joseph Mercola

Aunque podría ser difícil de creer, la evidencia sugiere que la pandemia del COVID-19 es todo menos accidental. Como lo examinaré en este capítulo, las simulaciones que se realizaron solo 10 semanas antes del brote fueron inquietantemente idénticas a los eventos que se suscitaron en el mundo real. Mientras tanto, los tecnócratas en todo el mundo no tardaron en utilizar la pandemia como justificación para poner en marcha los planes secretos que tenían desde hace décadas.

Si bien es difícil identificar con exactitud a los miembros de la élite tecnocrática, expertos como Patrick Wood, economista, analista financiero y constitucionalista estadounidense que ha dedicado toda su vida a investigar y comprender la tecnocracia, sugiere que debemos analizar las organizaciones privadas a nivel mundial que tienen gran influencia en las economías globales y movimientos sociales y ambientales.

Aunque la tecnocracia solía ser un club privado en donde era más fácil identificar a sus miembros, hoy en día eso ha cambiado. Según Wood, sus miembros más importantes también forman parte de la Comisión Trilateral. Los nombres más populares en el grupo Trilateral de los Estados Unidos incluyen a Henry Kissinger, Michael Bloomberg y los pesos pesados de Google, Eric Schmidt y Susan Molinari, vicepresidenta de políticas públicas de la compañía. Otros grupos incluyen:

- Club de Roma.
- The Aspen Institute, que ha preparado y asesorado a ejecutivos de todo el mundo sobre la globalización. Muchos de sus miembros también forman parte de la Comisión Trilateral.
- The Atlantic Institute.
- Institución Brookings y otros institutos de investigación.

La Organización Mundial de la Salud (OMS), que es la rama médica de la ONU, también es una de las protagonistas del plan tecnocrático, al igual que el Foro Económico Mundial (FEM), que sirve como rama social y económica de la ONU y que es la organización anfitriona de la conferencia anual de multimillonarios en Davos, Suiza. Klaus Schwab fundó el Foro Económico Mundial y es autor de los libros, *La Cuarta Revolución Industrial (2016), Dando forma la Cuarta Revolución Industrial (2018) y COVID-19: El Gran Reinicio.*

La Fundación Bill y Melinda Gates se convirtió en el mayor financiador de la OMS cuando a mediados de abril de 2020, el gobierno estadounidense suspendió la financiación hasta que la Casa Blanca realizara una revisión sobre cómo la OMS manejaba la pandemia del COVID-19.[1] Gavi, the Vaccine Alliance, una asociación entre Gates y las grandes compañías farmacéuticas que tiene como objetivo resolver los problemas de salud global a través de vacunas, también es uno de los principales financiadores de la OMS y una de las iniciativas del FME.[2] La forma en que Klaus Schwab describe a Gavi dice mucho sobre su forma de pensar: "en muchos aspectos, [Gavi] es un modelo a seguir sobre cómo el sector público y privado pueden y deben cooperar entre sí, lo que le permite trabajar de manera más eficiente que si trabajaran los gobiernos solos o las compañías solas o la sociedad civil sola".[3]

Puede parecer interesante, hasta que se hace evidente que están trabajando de manera muy eficiente, pero para arrebatarnos nuestras libertades.

El Foro Económico Mundial es un conglomerado de las compañías más grandes y poderosas del mundo, que también promueven la agenda tecnocrática. Entre ellos se encuentran Microsoft, que convirtió a Bill Gates en multimillonario; MasterCard, que lidera la carrera global para desarrollar identificaciones y servicios bancarios digitales; Google, el recopilador de la base de datos número uno a nivel mundial y líder en servicios de inteligencia artificial; así como fundaciones establecidas por las personas más ricas del mundo, como la Fundación Rockefeller, el Fondo Rockefeller Brothers, la Fundación Ford, Bloomberg Philanthropies y Open Society Foundations de George Soros.[4]

Cuando analizamos qué hay detrás de la fachada del FEM y la OMS, nos encontramos a las mismas personas ricas y sus compañías y fundaciones que, aunque afirman trabajar por una sociedad más equitativa y un planeta más saludable, lo que en realidad hacen es tratar de centralizar las ganancias y el poder.

Muchos de los términos que se han vuelto muy populares en los últimos años también se refieren a la tecnocracia con un nombre diferente, algunos ejemplos incluyen el desarrollo sostenible, la Agenda 21, la Agenda 2030, la Nueva Agenda Urbana, la economía ecológica, el nuevo acuerdo ecológico y el movimiento de calentamiento global en general, pero todos forman parte de la tecnocracia y la economía basado en los recursos. Otros términos que son sinónimos de tecnocracia incluyen el Gran Reinicio,[5] la Cuarta Revolución Industrial,[6] y el lema Reconstruir Mejor.[7] El Acuerdo Climático de París también forma parte importante de la agenda tecnocrática.

El objetivo común del Gran Reinicio y de todos estos movimientos y agendas es centralizar todos los recursos del mundo, para repartirlos entre en un pequeño grupo de élite global que tiene todas las herramientas para programar los sistemas informáticos que controlarán la vida de todas las personas del mundo, lo que es un totalitarismo absoluto. Cuando hablan de "redistribución de riquezas", a lo que se refieren es a redistribuir nuestros recursos entre ellos. En noviembre de 2016, un artículo que escribió Ida Auken del equipo de estrategia de liderazgo del Foro Económico Mundial que se publicó en *Forbes* nos ayuda a darnos una idea de cómo se ve ese futuro. En el artículo se puede leer:

> *Bienvenido al año 2030. Bienvenido a mi ciudad o debería decir, "nuestra ciudad". Aquí no soy dueño de nada. No tengo auto. No tengo casa. No tengo ningún electrodoméstico, ni ropa. . . . Todo lo que consideraba un producto, ahora es un servicio. . . . En nuestra ciudad no pagamos rentas, porque cuando no lo necesitamos, otra persona ocupa ese espacio. Cuando no estoy, mi sala se ocupa para reuniones de negocios. . . . A veces me molesta el hecho de que no tengo privacidad. No puedo ir a ningún lugar sin estar registrado. Sé que, en algún lugar, graban todo lo que hago, pienso y sueño. Solo espero que nadie lo use en mi contra. Pero después de todo, es una buena vida.*[8]

Si renta todo lo que tiene, pero no existe la propiedad privada, entonces ¿quién es el dueño de todo? Pues la élite tecnocrática que posee todos los recursos energéticos. Resulta curioso que el cuerpo humano es una forma de recurso energético que los tecnócratas modernos desean poseer. Uno de muchos ejemplos es la forma en que la patente internacional de Microsoft WO/2020/060606 describe un "sistema de criptomonedas que utiliza datos de actividad corporal",[9] si se implementara esta patente, en pocas palabras lo que haría es convertir a los seres humanos en robots. Y aunque no tiene ningún sentido, las personas se volverán drones, y pasarán sus días realizando tareas que se entregarán de forma automática, digamos que, por una aplicación de teléfono celular, a cambio de un "premio" en forma de criptomonedas.

Bill Gates es la imagen pública de la tecnocracia

Una vez que se familiarice con la agenda tecnocrática, podrá empezar a reconocer a sus protagonistas con bastante facilidad. Uno de los más evidentes es Bill Gates, ya que casi todo lo que hace promueve la agenda tecnocrática.

Bill Gates, que cofundó Microsoft en 1975, es quizás uno de los filántropos más peligrosos de la era moderna, ya que ha invertido miles de millones de dólares en iniciativas de salud global con bases científicas y morales poco sólidas incluyendo la pandemia del COVID-19.

Las respuestas de Gates a los problemas del mundo se centran en generar ganancias corporativas a través de métodos muy tóxicos, ya sea la agricultura química y transgénica o medicamentos y vacunas. Casi nunca o más bien nunca hemos visto a Gates promoviendo una vida limpia o estrategias de salud holísticas y económicas, y la pandemia no ha sido la excepción. Durante toda esta pandemia, su respuesta han sido las vacunas y diversas tecnologías de vigilancia, que son las mismas industrias de las que obtiene ganancias.

Bill Gates hace donaciones de miles de millones a compañías privadas

El 17 de marzo de 2020, un artículo que se publicó en *The Nation* titulado: "La Paradoja de la Caridad de Bill Gates", describe "los peligros morales que rodean a la Fundación Gates, una compañía filantrópica con un valor de $ 50 mil millones, la cual ha estado muy activa durante las últimas dos décadas, pero bajo muy poca supervisión gubernamental o escrutinio público".

Como se señaló en este artículo, Gates descubrió una manera fácil de obtener poder político, "una que permite a los multimillonarios no electos influir en las políticas públicas", la caridad. Gates describió su estrategia de caridad como "filantropía catalizadora", en la que las "herramientas del capitalismo" se aprovechan para beneficiar a los pobres.

El único problema es que los verdaderos beneficiarios de las actividades filantrópicas de Gates tienden a ser los más ricos, incluyendo su fundación benéfica. Por otro lado, las personas de bajos recursos, terminan con soluciones costosas como semillas transgénicas patentadas y vacunas que en algunos casos han provocado más daños que beneficios.

Además de otorgar donaciones a organizaciones sin fines de lucro, Gates también subvenciona a compañías privadas con fines de lucro. De acuerdo con *The Nation*, la Fundación Gates ha donado unos $ 250 millones en subvenciones caritativas a compañías en las que la fundación posee acciones y bonos corporativos.[10] En otras palabras, la Fundación Gates da dinero a compañías de las que se beneficiará de forma monetaria a cambio de sus "donaciones". Como resultado, cuanto más dinero donan Gates y su fundación, mayor es su riqueza. Parte de esta riqueza se debe a las exenciones de impuestos otorgadas por donaciones de caridad. En resumen, es un esquema perfecto que lo ayuda a evadir impuestos, mientras maximiza sus ingresos.

Sin duda, la "filantropía" de Gates también ha sido protagonista de la pandemia del COVID-19, ya que ha sacado mucha tajada, una vez más, al invertir en las industrias a las que realiza donaciones caritativas y al promover una agenda global de salud pública que beneficia las compañías en las que invierte.

Casi todos los aspectos de la pandemia involucran organizaciones, grupos y personas que reciben dinero de Gates, por supuesto que esto incluye a la Organización Mundial de la Salud, pero también a los dos grupos de investigación responsables que determinan las decisiones sobre los confinamientos en el Reino Unido y los Estados Unidos, el equipo de investigación de COVID-19 del Imperial College y el Instituto para la Métrica y Evaluación de la Salud.

Neil Ferguson, profesor de biología matemática en el Imperial College de Londres, elaboró una serie de predicciones pandémicas que resultaron ser totalmente erróneas, incluyendo su predicción de 2005 de que 200 millones de personas morirían a causa de la gripe aviar.[11] Entre 2003 y 2009, el número real de muertos fue de solo 282 a nivel mundial.[12]

En 2020, el modelo del Imperial College de Ferguson para el COVID-19, en el que confían los gobiernos de todo el mundo, ayudó a crear las medidas de respuesta más draconianas de la era moderna para una pandemia.[13] Estimó que, si no se implementaban estas medidas, en el Reino Unido habría una cifra de muertos de más de 500 000, mientras que en los Estados Unidos unas 2.2 millones. Este es precisamente el tipo de desinformación oportuna y una gran exageración del riesgo, justo lo que necesita Gates para impulsar sus propias agendas tecnológicas, que también involucran a las vacunas.

El hecho de que las actividades filantrópicas de Gates benefician sus propias inversiones también quedó al descubierto gracias a su postura a favor de las patentes. James Love, director de Knowledge Ecology International, una organización sin fines de lucro, dijo para *The Nation* que Gates utiliza su filantropía para promover una agenda a favor de las patentes en medicamentos, incluso en los países más pobres. Hace todo lo que está en sus manos para evitar que los medicamentos sean accesibles. Dona tanto dinero para combatir la pobreza, pero al mismo tiempo es el mayor obstáculo para lograr muchas reformas".[14]

Gates es un acérrimo defensor de la industria farmacéutica, y su intención por promover esta agenda se pueden apreciar en la actual pandemia del

COVID-19. Desde el principio, Gates fue el primero en decir que nada volverá a la normalidad hasta que toda la población mundial esté vacunada y los países implementen tecnologías de vigilancia y rastreo, así como los "pasaportes de vacunación". Al mismo tiempo, está invirtiendo dinero en proyectos de identificación digital y planes de una sociedad sin dinero en efectivo. Al final, todas estas cosas se conectarán entre sí para crear una "prisión digital" en la que la élite tecnocrática tendrá el control totalitario sobre la población mundial.

Comprando a la prensa

A pesar de que a lo largo de su carrera Gates se ha enfrentado a la crítica pública en varias ocasiones, sobre todo cuando fue CEO de Microsoft en la década de 1990, en los últimos años casi no ha recibido críticas negativas, lo que en gran parte se debe a que también financia organizaciones periodísticas y a los principales medios de comunicación.

El 21 de agosto de 2020, *Columbia Journalism Review* publicó un artículo en el que Tim Schwab hablaba sobre la relación entre la Fundación Bill y Melinda Gates y varias salas de redacción, que incluyen la NPR. Estos medios publican de forma rutinaria noticias que hablan bien de Gates, así como de los proyectos que financia y apoya. Así que a nadie le sorprende que los expertos que citan en tales historias casi siempre tienen algún tipo de relación con la Fundación Gates.

Schwab analizó a los beneficiarios de casi 20 000 subvenciones de la Fundación Gates y descubrió que se habían otorgado más de 250 millones de dólares a las principales compañías de medios de comunicación, incluyendo BBC, NBC, Al Jazeera, ProPublica, *National Journal*, *The Guardian*, Univision, Medium, *Financial Times*, *The Atlantic*, *Texas Tribune*, Gannett, *Washington Monthly*, *Le Monde*, PBS NewsHour y Center for Investigative Reporting. (Por desgracia, se desconoce la duración de estas subvenciones).

La Fundación Gates también ha otorgado subvenciones a organizaciones benéficas que a su vez están afiliadas a medios de comunicación, como BBC Media Action y el Neediest Cases Fund del *New York Times*.

A su vez, algunas organizaciones periodísticas como Pulitzer Center on Crisis Reporting, National Press Foundation, International Center for Journalists, Solutions Journalism Network y Poynter Institute for Media Studies también han recibido subvenciones por parte de la Fundación Gates.

De forma irónica, "la fundación incluso ayudó a financiar un informe del American Press Institute que se publicó en 2016 y que se utilizó para crear directrices sobre cómo las salas de redacción pueden mantener la independencia editorial de los financiadores filantrópicos", escribe Schwab.

Además, la Fundación Gates también ha participado en docenas de eventos de medios de comunicación, como el Festival de Periodismo de Perugia, la Cumbre Global de Editores y la Conferencia Mundial de Periodistas Científicos, y también tiene un número desconocido de contratos confidenciales con compañías de medios para producir contenido patrocinado.

Después de analizarlo, es evidente que cuando Gates otorga subvenciones al periodismo, no se trata de un apoyo incondicional con el que estas compañías pueden hacer lo que consideren oportuno, sino de apoyos mutuos que representen la compra de publicidad positiva a través de mensajes subliminales.

Otro de los beneficiarios de las subvenciones de la Fundación Gates es Leo Burnett Company, una agencia de publicidad que crea contenido de noticias y trabaja de la mano con periodistas. Esta agencia será objeto de análisis en el presente capítulo.

Evento 201: una simulación del COVID-19

Mucha evidencia apunta a que el COVID-19 es un evento planeado al que le están sacando el mayor provecho posible, a pesar de que no resultó ser tan letal como se predijo en un principio. En octubre de 2019, solo 10 semanas antes de que se diera a conocer el primer brote del COVID-19 en Wuhan, China; la Fundación Bill y Melinda Gates junto con el Centro de Seguridad Sanitaria John Hopkins y el Foro Económico Mundial organizaron un simulacro de preparación para una pandemia de un "nuevo coronavirus" que se denominó Evento 201.

En esta simulación ocurría todo lo que hemos visto en el mundo real, desde la escasez de equipos de protección, confinamientos, censura y violación de las libertades civiles hasta campañas de vacunación obligatorias, disturbios, crisis económica y colapso de la cohesión social.

Al igual que en la vida real, en esta simulación hubo ejercicios para acabar con la "desinformación", que incluía rumores de que el virus había sido creado y liberado de un laboratorio de armas biológicas y preguntas sobre la seguridad de las vacunas de vía rápida.

La Universidad Johns Hopkins puede parecer una institución de buena reputación, pero es importante considerar que la estableció la Fundación Rockefeller y que los investigadores de la Fundación Rockefeller y la Universidad Johns Hopkins estuvieron detrás de los infames y crueles experimentos con 600 aparceros afroamericanos en Tuskegee, Alabama, a quienes los investigadores inyectaron con sífilis sin su consentimiento y no recibieron un tratamiento real, solo placebos, sin importar que comenzaron a infectar a sus esposas e hijos.

Asimismo, entre 1946 y 1948, los investigadores de la Fundación Rockefeller y Johns Hopkins también participaron en otros horribles experimentos en Guatemala, cuando se aprovecharon de 5000 guatemaltecos en estado vulnerable, como prostitutas, huérfanos y enfermos mentales, a quienes de forma poco ética inyectaron con bacterias que contenían múltiples enfermedades de transmisión sexual, incluyendo sífilis y gonorrea.[15]

Bradley Stoner, MD, ex presidente de la Asociación Americana de Enfermedades de Transmisión Sexual, describió los experimentos de Guatemala como "algo que haría el Dr. Mengele", una referencia a los experimentos que los judíos soportaron a manos de los nazis durante la Segunda Guerra Mundial.[16] Juntos, la Fundación Gates, el Foro Económico Mundial y la Universidad Johns Hopkins forman lo que parece ser una tríada tecnocrática, cuya simulación parece más un ensayo general que otra cosa.

En el evento 201 hicieron ejercicios de censura

Los organizadores del Evento 201 pasaron mucho tiempo analizando formas de limitar y contrarrestar la propagación de la "desinformación" esperada sobre la pandemia y las vacunas, ya que además de censurar de forma directa ciertas opiniones, el Evento 201 introdujo un plan que incluía el uso de "poder blando", un término que significa influir en las acciones de otros, pero de una forma discreta. Esta estrategia utiliza celebridades y otras personas influyentes en las redes sociales para promover un comportamiento ideal y el cumplimiento de los decretos de respuesta a una pandemia.

Un ejemplo es lo que sucedió con Tom Hanks y su esposa, Rita Wilson, que según se informó dieron positivo por COVID-19 al principio de la pandemia. Ellos dieron el ejemplo del comportamiento deseado, al hacerse pruebas, aislarse y someterse a chequeos continuos durante el tiempo que fuera necesario para asegurarse de no contagiar a nadie más, además, compartieron cada uno de sus pasos en las redes sociales y en los medios de comunicación convencionales. Este es un ejemplo de poder blando.

Las celebridades también organizaron un concierto benéfico virtual "One World Together at Home" para recaudar fondos para la OMS y unir a todos los ciudadanos del mundo en torno a la idea de que podemos superar esto si hacemos lo que nos dicen y no salimos de casa. En mayo de 2020, las celebridades y las personas influyentes en redes sociales acordaron "correr la voz" al permitir que la OMS y otros líderes de respuesta a la pandemia, como el Dr. Anthony Fauci, utilizaran sus cuentas de redes sociales para compartir sus mensajes.

Si piensa que todas estas estrategias tenían buenas intenciones, se equivoca. El 17 de julio de 2020, Daily Caller reveló todo lo que había detrás: "la Organización Mundial de la Salud contrató a una empresa de relaciones públicas para identificar a los famosos más "influyentes" con el fin de intensificar los mensajes sobre el virus".[17] Y según *Daily Caller*:

> *La Organización Mundial de la Salud contrató a una importante empresa de relaciones públicas para buscar los llamados influyentes de redes sociales para ayudar a generar confianza en la respuesta al coronavirus por parte de la organización.*
>
> *Según documentos presentados bajo la Ley de Registro de Agentes Extranjeros, la OMS pagó $ 135 000 a la firma Hill and Knowlton Strategies y el contrato destinó $ 30 000 para "identificar a influyentes de redes sociales", $ 65 000 para "probar los mensajes" y $ 40 000 para un "marco de planificación de la campaña".*[18]
>
> *Hill y Knowlton propusieron identificar tres niveles de personas influyentes: celebridades con un gran número de seguidores en las redes sociales, personas con un menor número de seguidores, pero más comprometidos y "héroes ocultos", aquellos usuarios con pocos seguidores pero que "se consideran moderadores de diálogo".*

Claro que la OMS no es la única organización que intenta controlar la narrativa, hay muchas otras organizaciones involucradas, todas tras el mismo objetivo. Por ejemplo, las Naciones Unidas reclutó a 10 000 "voluntarios digitales" para atacar todo lo que consideran información "falsa" sobre el COVID-19 y para difundir lo que dicen que es "contenido científico verificado por la ONU".

La campaña, que se denominó iniciativa Verified,[19] es ni más ni menos que un ejército de trolls de internet que se dedican a censurar con el fin de acabar con la oposición y las opiniones que van en contra del status quo.

Pero ¿quién decide si algo es cierto o falso?

La campaña mundial Verifiied de la ONU nos recuerda al organismo que se autodenominó guardián del internet, NewsGuard, que clasifica la información como noticias "confiables" o "falsas" y también proporciona una insignia de calificación autorizada que se codifica por colores en las búsquedas de Google y Bing, así como en los artículos que se muestran en redes sociales.

Entonces, si se basa en las clasificaciones de NewsGuard para creer en alguna noticia, es posible que decida omitir por completo los artículos de fuentes con una calificación baja en rojo y optar por los llamados artículos con clasificación verde que significa confiable, y ahí radica el problema. NewsGuard es una compañía con muchos conflictos de interés, ya que su principal fuente de financiamiento es Publicis, un gigante de las comunicaciones global que se asoció con las grandes compañías farmacéuticas y el FEM, así que es más una herramienta de censura que un guardián del internet.[20]

Además, Leo Burnett Company, también propiedad de Publicis, recibe subvenciones de la Fundación Gates, pero no solo eso, NewsGuard también se asoció con Microsoft, la compañía de tecnología que fundó Gates.[21]

Por ejemplo, NewsGuard anunció que Mercola.com se clasificó como noticias falsas porque hemos informado que es posible que el virus SARS-CoV-2 se haya filtrado de un laboratorio de bioseguridad nivel 4 (BSL 4) en la ciudad de Wuhan, China, que fue el epicentro del brote del COVID-19. Pero la postura de NewsGuard está en conflicto directo con la evidencia científica publicada que sugiere que este virus se creó en un laboratorio y no se transmitió de manera zoonótica.

La pandemia como herramienta para acabar con nuestra libertad

En este punto, es más fácil comprender que todo esto forma parte de un plan más grande de lo que pensábamos.

Durante décadas, la amenaza de conflicto y el miedo a los ataques han servido para justificar guerras y ocupaciones militares, así como para violar nuestras libertades civiles. La Ley Patriota, impuesta tras el 11 de septiembre, es solo un ejemplo.

La histeria que se desató después del 11 de septiembre y los ataques con ántrax permitió que se aprobara la Ley Patriota, un documento de 342 páginas que claramente ya estaba escrito, ya que no pudo redactarse en solo dos semanas tras el ataque.[22] Dicha ley cambió 15 leyes existentes y autorizó a la Administración de Seguridad en el Transporte a registrar de forma legal las llamadas telefónicas de cualquier persona. Todo esto con el pretexto de proteger la "libertad", cuando en realidad es todo lo contrario, ha sido una de las mayores violaciones a las libertades civiles en la historia de los Estados Unidos.

El Congreso se apresuró a aprobar la Ley Patriota, pero de modo inquietante, los dos congresistas que votaron en contra, el senador Tom Daschle de Dakota del Sur y el senador Patrick Leahy de Vermont, recibieron en el correo de sus oficinas cartas con ántrax letal de grado militar.

Ahora podemos decir que la aprobación de la Ley Patriota fue el primer paso de la élite tecnocrática para arrebatarnos muchos de nuestros derechos constitucionales y libertades personales, así como para sentar las bases para un estado de vigilancia moderno. Según la Unión Estadounidense por las Libertades Civiles:

> *La Ley Patriota se aprobó de manera apresurada 45 días después de los ataques del 11 de septiembre, todo en nombre de la seguridad nacional, y fue el primero de muchos cambios en las leyes de vigilancia que le dieron luz verde al gobierno para espiar a cualquier persona al darle la autoridad de monitorear las comunicaciones telefónicas y por correo electrónico, recopilar registros de informes bancarios y crediticios y realizar un seguimiento de la actividad de las personas en internet. Aunque la mayoría de las personas piensan que la Ley Patriota se creó para atrapar terroristas, lo que en realidad hace es convertir a cualquier ciudadano en sospechoso.*[23]

En resumen, la Ley Patriota normalizó la vigilancia invasiva y acabó con los derechos de privacidad. Hoy en día, las pandemias y la amenaza de brotes infecciosos son las nuevas armas de guerra y control social. Para los autores de este libro, la manipulación a través del miedo con el fin de crear un estado de vigilancia es aún más peligroso y malicioso que la misma infección viral. La élite tecnocrática mundial está convirtiendo la novela *1984* de George Orwell en una realidad. Entre la Ley Patriota y las medidas pandémicas, se han sentado las bases para el Gran Reinicio.

Durante más de una década, Gates también preparó a las personas mentalmente para un nuevo enemigo, virus mortales e invisibles que pueden aparecer de la noche a la mañana.[24] Por lo que, según Gates, la única forma de protegernos es al renunciar a las ideas "anticuadas" de privacidad, libertad y toma de decisiones personales.

Gracias a la pandemia del COVID-19, necesitamos distanciarnos de los demás, incluyendo a los miembros de la familia. Nos dicen que nos pongamos cubrebocas, incluso en nuestra casa y al tener relaciones sexuales. Las pequeñas empresas se vieron obligadas a cerrar y muchas quebraron. A los trabajadores de oficina se les obligó a trabajar desde casa. Nos dicen que necesitamos vacunar a toda la población mundial e implementar restricciones en los viajes para evitar la propagación del virus. (Para obtener información más detallada sobre la vacuna anti-COVID, consulte el capítulo 8). Siguen y rastrean cada paso que damos en cada momento del día y de la noche, y tienen planeado implantar lectores biométricos en el cuerpo de todos para identificar quiénes son los posibles portadores del riesgo. Las personas infectadas son la nueva amenaza, el nuevo enemigo invisible. Esto es lo que la élite tecnocrática (ver la "Definición de tecnocracia" en el recuadro lateral de la página 45, para un desglose de este término), encabezada por Gates, quiere que crea, y es sorprendente cómo en cuestión de meses, lograron convencer a la mayoría de las personas.

Es evidente que la agenda tecnocrática que se despliega en la actualidad, se puso en marcha mucho antes de que comenzara la pandemia. En 2017, Gavi, la Alianza de Vacunas, que fue fundada por la Fundación Gates en asociación con la OMS, el Banco Mundial y varios fabricantes de vacunas, decidió proporcionar a cada niño una identidad biométrica digital que almacenaría sus registros de vacunación.

Poco después, Gavi se convirtió en miembro fundador de la ID2020 Alliance, junto con Microsoft y la Fundación Rockefeller. En 2019, Gates colaboró con el profesor del Instituto de Tecnología de Massachusetts, Robert Langer, para desarrollar un método novedoso para administrar vacunas al utilizar etiquetas de micropuntos fluorescentes, que es como un "tatuaje" invisible que puede leerse con un teléfono inteligente modificado.

Como señala el periodista de investigación James Corbett en su segmento de *Corbett Report* titulado "Bill Gates and the Population Control Grid":[25]

> *No debería ser una sorpresa que los fabricantes de vacunas de las grandes compañías farmacéuticas, en su lucha por producir la vacuna antiCOVID que, según nos asegura Gates, es necesaria para "volver a la normalidad", hayan recurrido a un nuevo método de administración de vacunas: un parche de matriz de microagujas soluble. Al igual que en muchos otros aspectos de la crisis que estamos viviendo, la declaración sin rigor científico de Gates de que en la "nueva normalidad" necesitaremos certificados digitales para demostrar nuestra inmunidad al coronavirus, ya se implementa en varios países.*

En su segmento sobre Bill Gates, Corbett también analiza el rápido desarrollo e implementación de programas de identificación biométrica relacionados con monedas electrónicas. Sin lugar a dudas, el plan es conectar todo: su identificación, sus finanzas personales y sus registros médicos y de vacunación. Lo más probable es que también vaya incrustado en su cuerpo, para que le sea "práctico" y no se le pierda. No importa que en algún momento se pueda hackear. Además de eso, los países occidentales implementarán un sistema de crédito social similar al de China. En diciembre de 2020, el Fondo Monetario

Internacional presentó un plan para vincular los reportes crediticios de las personas con sus historiales de búsqueda en Internet.[26]

Como señaló Corbett:

> *La red de control por identificación es una parte esencial de la digitalización de la economía. Si bien esto se promueve como una oportunidad de "inclusión financiera" de los más pobres del mundo en el sistema bancario que ofrecen personas como Gates y sus socios bancarios y comerciales, en realidad es un sistema de exclusión financiera, ya que se excluirá a cualquier persona o transacción que no cuente con la aprobación del gobierno o de los proveedores de servicios de pago.*
>
> *Las diferentes partes de esta red de control de población, encajan como piezas de un rompecabezas. La presión a vacunarse se relaciona con la presión de una identidad biométrica, que, a su vez, también se relaciona con la idea de crear una sociedad dependiente de dinero electrónico.*
>
> *Desde el punto de vista de Bill Gates, todas las personas recibirán las vacunas obligatorias del gobierno, y tendrán sus datos biométricos registrados en identificaciones digitales integradas en un sistema nacional y global. Estas identificaciones digitales estarán vinculadas a todas nuestras acciones y transacciones y, en caso de que se consideren ilegales, el gobierno o incluso los propios proveedores de servicios de pago, nos las quitarán.*

De hecho, si cree que la censura en línea es mala, imagine un mundo en el que su actividad en línea estará relacionada a su chip biométrico que tendrá todas sus finanzas y datos personales. ¿Qué manera más fácil de silenciar a las personas que bloquear el acceso a su propio dinero? Estamos seguros que existen muchas otras formas en que dicho sistema se podría utilizar para controlar a todas y cada una de las personas.

Corbett continúa:

> *Solo las personas más obtusas podrían decir que no pueden ver las terribles consecuencias de este tipo de sociedad omnipresente, donde cada transacción y cada movimiento de cada ciudadano se monitorea, analiza y almacena en tiempo real en una base de datos del gobierno. Y Bill Gates es una de esas personas, ya que su objetivo no es el dinero, sino el poder. El poder de controlar todos los aspectos de nuestra vida diaria, desde adónde vamos, a quién conocemos, qué compramos y qué hacemos.*

Facebook es una herramienta para alcanzar el control social

Los cimientos y la infraestructura de la tecnocracia es la tecnología. De hecho, ya existe la tecnología para vigilar, analizar y manipular nuestro comportamiento, y el poder de la tecnología avanza a un ritmo exponencial.

Según CNBC[27], en marzo de 2020, cuando comenzó la pandemia, la Oficina de Política de Ciencia y Tecnología de la Casa Blanca comenzó a reunir un grupo de trabajo de compañías de tecnología e inteligencia artificial para "desarrollar nuevas técnicas de extracción de textos y datos que puedan ayudar a la comunidad científica a responder preguntas científicas prioritarias relacionadas con el COVID-19" y no es una sorpresa que Facebook, que actualmente crea y comparte "mapas de prevención de enfermedades" derivados de datos agregados con el gobierno, investigadores y organizaciones sin fines de lucro, forme parte de este grupo de trabajo.

Cuando las personas utilizan las aplicaciones de Facebook en sus teléfonos, se generan mapas, aunque la información no se comparte con todo el público,[28] y según Facebook, estos mapas, que se generan a través del proyecto Data for Good,[29]

> *. . . están diseñados para ayudar a las organizaciones de salud pública a saber dónde viven y cómo se mueven las personas y el estado de su conectividad celular, todo con el fin de mejorar la efectividad de las campañas de salud y la respuesta epidémica.*
>
> *Este conjunto de datos, cuando se combinan con información epidemiológica de los sistemas de salud, ayudan a las organizaciones sin fines de lucro a llegar a las comunidades más vulnerables de manera efectiva, así como a comprender mejor las vías de los brotes de enfermedades que se transmiten por contacto de persona a persona.*

A pesar de afirmar que respetan el anonimato y que su objetivo no es rastrear a las personas, el hecho de reclutar a las grandes compañías tecnológicas para que trabajen de forma directa con el gobierno es preocupante cuando se trata de preservar su privacidad. ¿Quién puede olvidar el escándalo de 2018 en el que Cambridge Analytica, una firma de datos políticos, obtuvo acceso a información privada sobre más de 50 millones de usuarios de Facebook?[30]

Si bien Facebook afirma que sus datos son anónimos, solo muestra tendencias generales y no se utiliza para rastrear personas, los planes de este grupo de trabajo le darán a Facebook un papel protagónico al convertirse en la fuente de

Definición de tecnocracia

Este capítulo trata sobre la élite tecnocrática y su agenda tecnocrática, que se puso en marcha con el pretexto de controlar la pandemia, pero ¿qué es exactamente la tecnocracia? El trabajo de Patrick Wood ha sido de gran ayuda al tratar de entender la causa fundamental del problema en cuestión.

Si le interesa descubrir más sobre la tecnocracia, le recomendamos leer sus libros, *Technocracy Rising: The Trojan Horse of Global Transformation and Technocracy: The Hard Road to World Order.*

En resumen, la tecnocracia es un sistema económico que se basa en los recursos y que comenzó en la década de 1930 durante la Gran Depresión, cuando los científicos e ingenieros se unieron para resolver los problemas económicos de los Estados Unidos. Parecía que el capitalismo y la libertad empresarial iban a desaparecer, por lo que decidieron inventar un nuevo sistema económico. Y a este sistema lo llamaron tecnocracia.

En lugar de basarse en mecanismos de fijación de precios como la oferta y la demanda, la tecnocracia se basa en la asignación de recursos y la ingeniería social a través de la tecnología. Bajo este sistema, se les dice a las compañías qué recursos pueden utilizar, cuándo y para qué, y se les dice a los consumidores qué comprar.

La inteligencia artificial (IA), la vigilancia digital, la recopilación de base de datos, la digitalización de las industrias y el gobierno, como la banca y la atención médica, desempeñan un papel muy importante en la tecnocracia, ya que juntas, estas tecnologías permiten la automatización de la ingeniería social y el gobierno social, por lo tanto, ya no se necesitan líderes gubernamentales electos. Las naciones deben ser dirigidas por líderes no electos que poseen todos los recursos del mundo y que, además, son los que deciden qué hacer con ellos.

Durante décadas, los tecnócratas han trabajado de manera inexorable en promover esta agenda, eso sí con mucha discreción, pero ahora se está volviendo cada vez más evidente, ya que líderes mundiales han hecho un llamado público por un "reinicio" global de la economía y de nuestra forma de vivir en general.

La única razón por la que no han podido implementarla por completo, aunque están cerca de hacerlo, es por la Constitución de los Estados Unidos. Por eso debemos hacer todo lo que esté en nuestras manos para proteger la Constitución, y la única forma de lograrlo es a través de movimientos ciudadanos y políticas locales.

datos del gobierno. El director ejecutivo de Facebook, Mark Zuckerberg, dijo que las preocupaciones en torno a la privacidad por el temor a ser rastreado son "exageradas". Además, aunque algunas compañías de tecnología ya comparten datos agregados generados por los usuarios, como lo señaló *Wired*, sería algo nuevo para Google y Facebook seguir de forma directa todos los movimientos de usuarios para luego compartir esos datos con el gobierno. Los datos recopilados mostrarían patrones de movimientos de los usuarios. Debería tener una referencia cruzada con datos sobre pruebas y diagnósticos para mostrar la forma en la que su comportamiento afecta la propagación del virus".

Caroline Buckee, profesora asociada de la Facultad de Salud Pública TH Chan de Harvard, dijo a *Wired* que, aunque los datos de ubicación agregados y anónimos ya están disponibles en Google, Facebook, Uber y las compañías telefónicas, el problema es que los datos recopilados se someterán a una ingeniería inversa con el fin de rastrear personas.

El temor por perder la privacidad no solo se originó por el escándalo de Cambridge Analytica. Durante el brote de COVID-19 en el estado de Washington, los datos de Facebook se introdujeron en modelos que diseñó el Instituto de Modelado de Enfermedades en Bellevue, que colabora con nada más y nada menos que la Fundación Bill y Melinda Gates y otros grupos.

Forbes informó que Gates pidió un "sistema de seguimiento nacional similar al de Corea del Sur para poder saber dónde está la enfermedad y si es necesario fortalecer las medidas de distanciamiento social" en respuesta a la epidemia del COVID-19.[31]

Durante una sesión de "Pregúntame cualquier cosa" de Reddit, Gates respondió a una pregunta al decir: "algún día, tendremos certificados digitales que dirán si ya se ha recuperado de la enfermedad, si no tiene mucho de haberse realizado la prueba o cuándo recibió la vacuna".[32]

"Certificados digitales"... ¿puede ver cómo se van acomodando todas las piezas del rompecabezas? ¿le parece que ahora la imagen es más clara? Puede estar seguro de que casi todo lo que hace y dice en línea está siendo maquillado y manipulado por las compañías de redes sociales.

Hacemos lo que quieren; nos dividimos en grupos, peleamos entre nosotros y vivimos con miedo, y esta es una forma muy eficaz de obtener el control. Redes sociales, dispositivos de rastreo, 5G, satélites, inteligencia artificial, a pesar de que todo esto parece sacado de una novela de ciencia ficción distópica, resulta muy evidente que cada vez estamos más cerca de convertirnos en una trama de película futurista, tipo *Terminator y The Matrix*. Estamos viendo como todo eso se vuelve una realidad.

El Gran Reinicio

A estas alturas, es posible que ya haya escuchado a los líderes mundiales hablar sobre "el gran reinicio", "la cuarta revolución industrial" y el llamado "reconstruir mejor". Como se mencionó antes, todos estos términos se refieren al nuevo contrato social planeado para el mundo, que es solo un término nuevo para el Nuevo Orden Mundial.

El Foro Económico Mundial mencionó por primera vez el término "Gran Reinicio" a mediados de 2020. Sí, *ese* Foro Económico Mundial, la misma organización que se asoció con Gates para organizar el Evento 201.

Los líderes del FEM, la OMS, la ONU y sus organizaciones asociadas han tenido esta idea durante mucho, mucho tiempo. Un conglomerado de las compañías más grandes y poderosas del mundo ha estado trabajando en el Gran Reinicio, que es la mayor transferencia de riqueza en la historia de la humanidad. Es un plan a largo plazo para desempoderar y privar de derechos a todo el mundo, excepto a los más ricos, al monitorear y controlar el mundo a través de la vigilancia tecnológica. Aunque hubieran preferido una guerra mundial, los esfuerzos de paz del presidente Trump parecen haber sido un obstáculo para esa estrategia, por lo que decidieron utilizar la pandemia como el pretexto perfecto para el reinicio.

Como dejó claro el FEM, después del Gran Reinicio, no será dueño de nada. Lo que no le dicen es que los socios del FEM serán los dueños de todo y que su voluntad de seguir sus reglas se relacionará de manera directa con la cantidad de provisiones que reciba.[33]

El objetivo final de la agenda tecnocrática es registrar a todos los seres humanos en un aparato de vigilancia tecnológica supervisado por una poderosa inteligencia artificial. Resulta paradójico que, aunque el plan es marcar el comienzo de una distopía impulsada por la tecnología sin control democrático, se supone que este plan es una manera de regresar A la armonía con la naturaleza.

Según el Foro Económico Mundial, el Gran Reinicio "hará del mundo un lugar más justo, sostenible y resiliente, bajo un nuevo contrato social que se basará en la dignidad humana, la justicia social y donde el progreso social irá de la mano con el desarrollo económico".[34]

Quieren hacerlo sentir mejor al utilizar términos como *sostenibilidad, justicia social, justicia alimentaria, agricultura climáticamente inteligente* y *menos pobreza*. Pero lo hacen a propósito: saben que las personas desean todo esto, así que dicen que eso es justo lo que ofrece su plan. Pero lo que no dicen es que todo esto tiene un precio, sus libertades personales. En su informe, el periodista de investigación James Corbett resume el Gran Reinicio de la siguiente manera:

"en el fondo, el Gran Reinicio no es más que una gran campaña propagandística para promover una nueva marca que la élite global quiere que el público acepte a como dé lugar. . . . Es lo mismo, pero con diferente nombre. Es el Nuevo Orden Mundial redefinido, solo que decidieron llamarlo de otra manera.

Tal como lo explica Corbett, para aquellos que se olvidaron de lo que era el Nuevo Orden Mundial, se trataba de "centralizar el control en menos manos y transformar la globalización de la sociedad a través de tecnologías de vigilancia orwellianas". En otras palabras, es tecnocracia, donde nosotros, la población, no sabemos nada sobre la élite gobernante, mientras vigilan, rastrean y manipulan cada aspecto de nuestras vidas para su beneficio. Pero lejos de ser el fin de la globalización, el Gran Reinicio es una globalización recargada. El plan no es "reiniciar" el mundo a un estado que nos permitirá comenzar de nuevo con un medio ambiente más limpio y mejores estructuras sociales. No, el plan es eludir la democracia y establecer el totalitarismo global en manos de unos pocos.

Como señaló Klaus Schwab en su libro, *COVID-19: The Great Reset*:[35]

> *Al enfrentarlo, algunos líderes y ejecutivos podrían sentirse tentados a comparar el reinicio con una reanudación, con la esperanza de regresar a la normalidad y restaurar lo que funcionó antes: tradiciones, procedimientos y métodos para hacer las cosas, en resumen, un regreso a la normalidad. Esto no sucederá porque no es posible. Ya que, "la vieja normalidad" murió (o al menos se infectó) por COVID-19.*

Reconstruir mejor

Sin duda, la pandemia ha causado una gran crisis económica. Entonces ¿necesitamos "reconstruir mejor"? No se equivoque, este eslogan tan llamativo forma parte importante del Gran Reinicio y no podemos pensar en uno sin el otro, sin importar lo altruista que suene. Joe Biden, que utilizó el lema "Reconstruir Mejor" para la campaña en su candidatura presidencial de 2020, tiene un largo historial de ser anti privacidad y pro tecnología.

Según un artículo de CNET que se publicó en 2008:

> *El historial de Biden con respecto a la privacidad deja mucho que desear, ya que, en 1990, Biden fue presidente del Comité Judicial e introdujo un proyecto de ley llamado Ley Integral contra el Terrorismo. . . . Un segundo proyecto de ley de Biden se llamó Ley de Control de Delitos Violentos. Ambas leyes no tenían criptografía de información, con un tipo de lenguaje idéntico:*

> *"El Congreso considera que los proveedores de servicios de comunicaciones electrónicas y los fabricantes de equipos de servicios de comunicaciones electrónicas deben asegurarse de que los sistemas de comunicaciones permitan al gobierno obtener el contenido de texto sin formato de voz, datos y otras comunicaciones cuando esté debidamente autorizado por la ley", en otras palabras, significa entregar su código de criptografía.*[36]

Pero Biden no inventó la frase reconstruir mejor, sino la ONU por medio de un comunicado de prensa que decía:

> *Mientras el mundo comienza a planificar cómo recuperarse después de la pandemia, las Naciones Unidas invitan a los gobiernos a aprovechar esta oportunidad para 'reconstruir mejor', al crear sociedades más sostenibles, resilientes e inclusivas. "La crisis actual es una señal de alerta nunca antes vista", dijo el Secretario General António Guterres en su mensaje del Día Internacional de la Madre Tierra. "Necesitamos convertir la reconstrucción en una oportunidad real para hacer las cosas bien en el futuro".*[37]

La ONU ha exhortado de manera directa a las naciones de todo el mundo a "reconstruir mejor" después del Covid-19,[38] y la frase ha sido utilizada por líderes gubernamentales en Gran Bretaña,[39] Nueva Zelanda,[40] Canadá y otros países. Pero además de acabar con la privacidad, parte del plan de "reconstruir mejor" es cambiar el sistema financiero a un sistema de moneda digital del banco central (CBDC),[41] que a su vez forma parte del sistema de control social, ya que puede utilizarse para incentivar los comportamientos deseados y desalentar los no deseados.

Existe un acuerdo general entre los expertos de que la mayoría de los países implementarán una CBDC dentro de los próximos dos a cuatro años. Muchas personas creen que estas nuevas CBDC serán similares a las criptomonedas como el Bitcoin, pero están muy equivocadas. Bitcoin no está centralizado y es una estrategia racional para salir del sistema controlado por el banco central, mientras que los CBDC estarán enfocados y controlados por los bancos centrales y tendrán contratos inteligentes que permitirán que los bancos vigilen y controlen su vida.

El miedo es su arma más poderosa

Resulta evidente que no les será fácil transformar cada parte de la sociedad de forma tan radical. Si las personas conocieran todos los detalles de este plan,

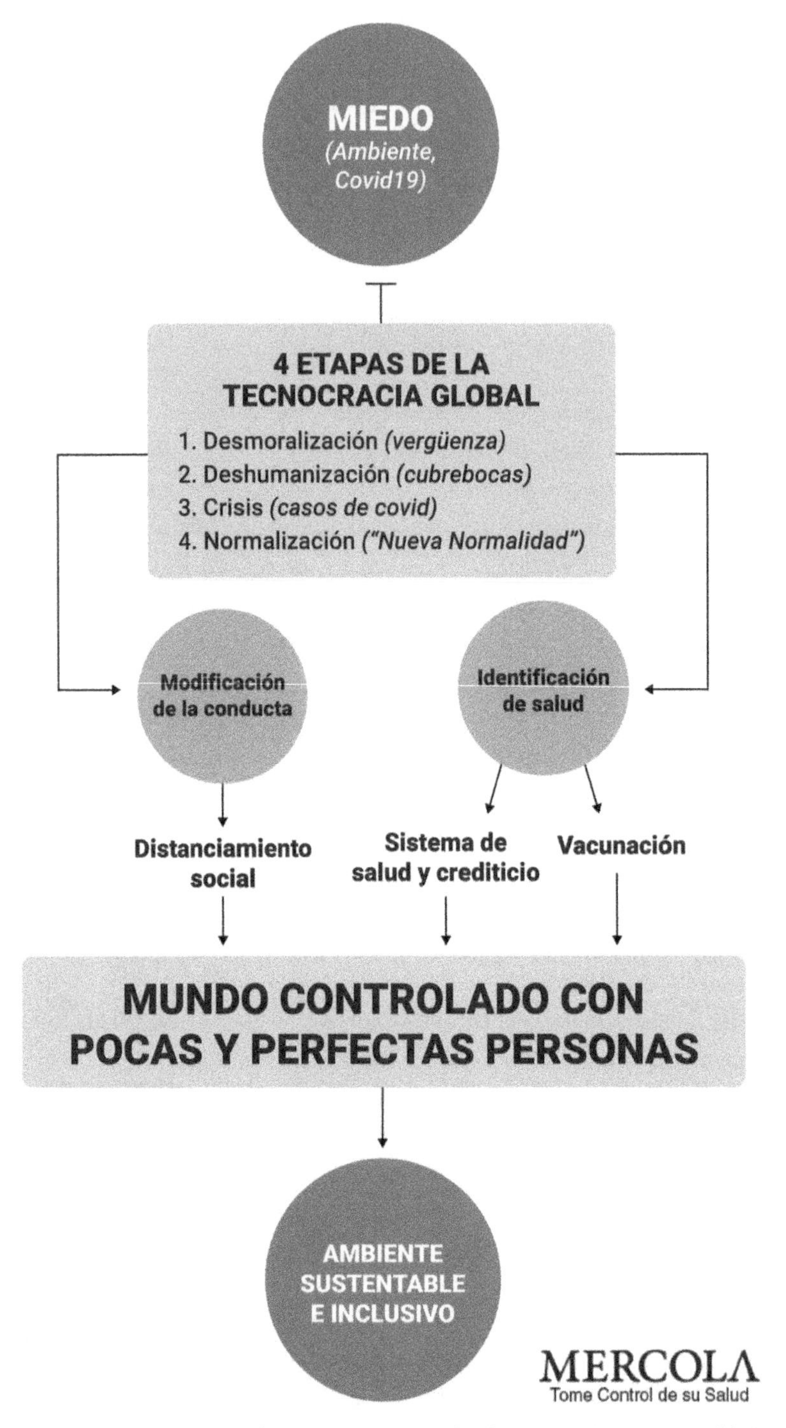

Figura 3.1. Tecnocracia y el gran reinicio: guía de operaciones psicológicas.

jamás lo aceptarían. De este modo, para implementar el Gran Reinicio, la élite ha tenido que utilizar la manipulación psicológica, y el miedo es la herramienta más efectiva que existe.

Como explicó el psiquiatra Dr. Peter Breggin, existe toda una corriente de salud pública, cuyo objetivo es identificar las formas más efectivas de generar miedo para que las personas acepten las medidas de salud pública.

Si agregamos confusión e incertidumbre, un individuo puede pasar de un estado de miedo a uno de ansiedad en el que ya no utiliza la lógica y cuando está en este estado se vuelve muy fácil de manipular. La Figura 3.1 muestra que el miedo es su principal arma para lograr implementar el Gran Reinicio.

Como lo mencioné en este capítulo, en esencia, piense que la tecnocracia es una sociedad tecnológica que se controla a través de la ingeniería social. El miedo no es más que una herramienta de manipulación. La ciencia es otra. Cada vez que una persona no está de acuerdo, se le acusa de ser "anticiencia" y cualquier ciencia que entre en conflicto con el statu quo se declara "ciencia desacreditada".

La única ciencia que importa es la que los tecnócratas consideran cierta. Pues resulta que durante toda la pandemia hemos sido testigos de eso, ya que las grandes compañías tecnológicas han censurado y prohibido todo lo que vaya en contra de las opiniones de la Organización Mundial de la Salud, otro miembro de la tecnocracia.

Si seguimos permitiendo este tipo de censura, terminarán por arrebatarnos todas nuestras libertades civiles y la supresión tiránica remplazará nuestros derechos constitucionales por los que nuestros antepasados lucharon hasta la muerte. Debemos seguir exigiendo transparencia y verdad. Debemos exigir libertad médica y personal, así como nuestro derecho a la privacidad

Además, algo muy, pero muy importante es no permitir que nos obliguen a ponernos la vacuna antiCOVID. Si nosotros no hacemos algo al respecto y luchamos por el derecho a tomar nuestras propias decisiones, jamás podremos acabar con la tiranía médica. En el capítulo 8, hablaremos a detalle sobre estas vacunas.

Pero antes analizaremos el virus más de cerca para descubrir si realmente es tan peligroso como dicen, y de este modo, vencer el arma principal de la tecnocracia, el miedo, y así evitar el Gran Reinicio.

CAPÍTULO CUATRO

El COVID-19 golpea más a los más vulnerables

Por el Dr. Joseph Mercola

Ya conoce la versión oficial: el COVID-19 es una infección muy contagiosa y mortal de la que solo puede salvarse si implementa medidas como el distanciamiento social, el lavado frecuente de manos, los confinamientos, el uso de cubrebocas, las pruebas masivas, el rastreo de contactos y, por último, las vacunas. Pero en realidad, el COVID-19 parece ser un "detonante" muy contagioso y peligroso que se creó en un laboratorio y que se activa cuando hay problemas de salud preexistentes en una población con un rango de edad avanzada y enfermedades crónicas.

El virus en sí no es la causa principal de la mayoría de las hospitalizaciones y muertes por COVID-19, más bien empeora las enfermedades crónicas con alta mortalidad que son muy comunes entre la población. Así que estas comorbilidades, junto con la negligencia médica (y otros factores que ya hemos mencionado y de los que hablaremos más adelante) son la causa principal de las hospitalizaciones y muertes por COVID-19. En pocas palabras: las personas no mueren *a causa del virus*, más bien, mueren *con* el COVID-19.

Los datos demuestran que el COVID-19 no representa una amenaza significativa

Para entender la diferencia entre la verdad y la versión oficial, debemos separar las estadísticas reales de las estadísticas "oficiales" sobre casos, hospitalizaciones y muertes. Una carga de "casos" relativamente alta no significa que las personas se estén enfermando y muriendo. Los medios de comunicación combinan un resultado positivo de la prueba con la enfermedad real, COVID-19, que es una forma de engañar al público para hacerlo creer que la infección es mucho más grave y prevalente de lo que en realidad es.

La enfermedad real por COVID-19 *no* se confirma con una prueba positiva, sino con un diagnóstico clínico de alguien infectado con SARS-COV-2 que presenta una enfermedad respiratoria grave caracterizada por síntomas como fiebre, tos y dificultad para respirar. Como puede ver, el uso de pruebas masivas es uno de los factores principales detrás de la narrativa que afirma que vivimos una pandemia letal, ya que provoca de manera errónea que las personas que están sanas pero que obtuvieron un resultado positivo en la prueba, se consideren enfermas e infecciosas.

De hecho, el uso de las pruebas de reacción en cadena de la polimerasa con transcripción inversa (RT-PCR) es una de las causas principales de toda esta farsa, ya que, si no fuera por esta prueba poco fiable, no estaríamos hablando de una pandemia, pero en el capítulo 5, analizaremos este tema a mayor detalle.

Inconsistencias en los certificados de defunción

El 26 de agosto de 2020, los Centros para el Control y la Prevención de Enfermedades (CDC) publicaron datos sorprendentes que señalan lo siguiente: solo el 6 % del total de muertes relacionadas con el COVID-19 tenía esta enfermedad como la única causa de muerte en el certificado de defunción.[1]

Para que lo entienda mejor, el 6 % de 496 112 (que según los CDC es el número total de muertos hasta el 21 de febrero de 2021) es 29 766. En otras palabras, la infección por SARS-CoV-2 fue directamente responsable de 29 766 muertes de personas que estaban sanas, una cifra muy diferente a las más de 200 000 (que sigue en aumento) que reportan los medios de comunicación. El 94 % restante tenía un promedio de 2.6 problemas de salud que contribuyeron con su muerte.

Estos datos muestran una imagen completamente diferente a la que presentó la Universidad Johns Hopkins en agosto de 2020, cuyos datos señalaban que alrededor de 170 000 de los 5.4 millones de personas en los Estados Unidos que dieron positivo por COVID-19 habían muerto a causa de esta enfermedad, lo que llevó al Dr. Thomas Frieden, ex director de los Centros para el Control y la Prevención de Enfermedades, a decir que el COVID-19 se había convertido en la tercera causa principal de muerte en el país, al causar la muerte de más personas que "accidentes, lesiones, enfermedades pulmonares, diabetes, Alzheimer y muchas, muchas otras causas".[2] Pero con esta declaración, Frieden solo avivó el miedo de la población.

Sin embargo, la Universidad Johns Hopkins ha cambiado su versión de la historia en varias ocasiones, por ejemplo, en noviembre de 2020 la institución publicó un artículo en el que afirmaba que había errores contables a nivel nacional con respecto a las muertes por COVID-19 en personas de edad avanzada.

"De modo sorprendente, las muertes de personas de edad avanzada se mantuvieron igual antes y después del COVID-19", dijo el autor del artículo. Dado que el COVID-19 afecta principalmente a las personas de edad avanzada, los expertos esperaban un incremento en el porcentaje de muertes entre este grupo poblacional. Sin embargo, los CDC no incluyen este incremento en sus datos. De hecho, los porcentajes de muertes entre todos los grupos de edad siguen siendo casi los mismos".

Pero justo después de que se publicara un enlace al artículo de Johns Hopkins en Twitter, lo retiraron del internet.[3] Por suerte, todavía hay un archivo disponible.[4]

El Instituto Americano de Investigación Económica informó sobre la misteriosa desaparición del artículo e incluso se atrevió a publicar su propia gráfica con datos de los CDC en abril de 2020. Según el instituto: "esto sugiere que existe la posibilidad de que muchas de las muertes causadas por otros problemas de salud graves, como una enfermedad cardíaca, se hayan categorizado como muertes por COVID-19, que es una enfermedad mucho menos letal".[5] Por cierto, este también es uno de los objetivos ocultos de las directrices de los CDC.

Los CDC también manipulan las cifras de muerte por COVID-19

Los CDC también hicieron su parte para atribuirle al COVID-19 la mayor cantidad de muertes posibles, incluso cuando la causa de muerte era otra. A través de su correspondencia personal, Meryl Nass, MD, informó que en marzo de 2020: "los CDC emitieron una nueva directriz que solicitaba a los médicos que al momento de llenar los certificados de defunción pusieran al COVID-19 como causa de muerte, sin importar si solo había contribuido o causado la muerte. Pero esto no era muy diferente a lo que solíamos hacer, ya que se supone, debemos mencionar todas las causas que contribuyeron con la muerte".

En aquel tiempo, el comunicado oficial decía:

> *Es importante enfatizar que la Enfermedad por Coronavirus 2019 o COVID-19 debe reportarse en el certificado de defunción de todos los casos en los que la enfermedad causó o se cree que causó o bien, contribuyó con la muerte.*
>
> *Por ejemplo, en los casos en que el COVID-19 causó neumonía y dificultad respiratoria mortal, la Parte I debe incluir neumonía, dificultad respiratoria y COVID-19. Y si el difunto tenía otras enfermedades crónicas, como EPOC o asma, que también pudieron contribuir a su muerte, estas enfermedades se deben reportar en la Parte II.*[6]

En abril de 2020, los CDC emitieron nuevos documentos orientativos sobre cómo llenar los certificados de defunción para el COVID-19[7] e incluso organizaron un seminario en línea sobre este proceso, pero según Nass, las directrices eran casi las mismas que antes. Más tarde, en otoño de 2020, los CDC cambiaron por completo sus directrices, pero esta vez lo hicieron de forma *muy discreta*. Según Nass: "sin armar tanto alboroto, los CDC establecieron en otra página web que incluso si el médico *no* menciona al COVID como la causa principal o aproximada de muerte, pero si fue incluida como una de las causas o la causa contribuyente, entonces se determinará que el COVID fue *la* causa de muerte".

De hecho, al momento de escribir esto, el sitio web de los CDC decía (el énfasis es nuestro): "cuando se reporta al COVID-19 como *una* causa de muerte en el certificado de defunción, se cataloga y se considera como una muerte *por* COVID-19".[8]

Todo esto hizo que Nass llegara a la conclusión de que todo el alboroto que armaron en abril se trataba de una estrategia deliberada, pero si aún no entiende lo absurdo que es todo esto, permítame darle un ejemplo, si resulta que una persona joven y sana muere en un accidente de motocicleta con un diagnóstico positivo por SARS-CoV-2, el certificado de defunción debe decir COVID-19 como causa de muerte, según las directrices de los CDC.

Así que, si no hubieran manipulado los certificados de defunción, la tasa de muerte por COVID-19 para todos, excepto para las personas mayores de 60 años, sería mucho menor que la tasa de muerte por influenza.

Similitudes y diferencias entre la influenza y el COVID

Aunque un artículo que se publicó en *Scientific American* afirmó que no tiene sentido comparar las muertes por COVID con las muertes por influenza,[9] la evidencia demuestra todo lo contrario. Echémosle un vistazo a la investigación que se publicó el 2 de septiembre de 2020 en *Annals of Internal Medicine* que analiza la tasa de mortalidad de la persona promedio, esto excluye a quienes residen en asilos de ancianos y otras instalaciones de cuidados a largo plazo: "la tasa de letalidad de la infección por COVID-19 en la población no institucionalizada fue del 0.26 %. Las personas menores de 40 años tenían una tasa de letalidad por infección del 0.01 %, mientras que las personas de 60 años en adelante tenían una tasa de letalidad por infección del 1.71 %".[10]

Otras fuentes reportan hallazgos similares; durante una conferencia del 16 de agosto de 2020 en la convención de Doctor for Disaster Preparedness, el Dr. Lee Merritt señaló que, según las muertes per cápita, que es la única forma de tener una idea real de la letalidad de esta enfermedad, la tasa de mortalidad por COVID-19 en ese momento era de alrededor del 0.009 %.[11] Ese número se basó en una cifra total de muertes de 709 000 en una población mundial de 7, 800 millones, lo que también significa que la probabilidad promedio de que una persona sobreviviera a la exposición del SARS-CoV-2 era del 99.991 %.

En el artículo de *Annals of Internal Medicine* también mencionaron que la tasa estimada de mortalidad por influenza estacional fue del 0.8 %. Otras fuentes inflan dichas cifras, pero, de cualquier modo, *los únicos para quienes la infección por SARS-CoV-2 es más peligrosa que la influenza son las personas mayores de 60 años.* Todas las demás personas tienen un menor riesgo de morir por COVID-19 que de influenza.

La coordinadora del grupo de trabajo sobre el coronavirus de la Casa Blanca, la Dra. Deborah Birx, también confirmó esta tasa de mortalidad cuando a mediados de agosto de 2020, declaró que: "cada vez es más difícil" lograr que las personas acaten las medidas de uso de cubrebocas "cuando se enteran que el 99 % de la población no está en riesgo".[12]

¿Quiénes son los más susceptibles a la enfermedad?

En abril de 2020, casi todos los miembros de la tripulación del portaaviones USS *Theodore Roosevelt* se realizaron la prueba para SARS-CoV-2 y a finales de mes, de los casi 4800 tripulantes a bordo, 840 dieron positivo. Pero el 60 % eran asintomáticos, lo que significa que no tenían síntomas y aunque un miembro de la tripulación murió, nadie más terminó en cuidados intensivos.[13]

En un caso similar, entre los 3711 pasajeros y tripulantes a bordo del crucero *Diamond Princess*, 712 (19.2 %) dieron positivo por SARS-CoV-2 y de estos, el 46.5 % eran asintomáticos al momento de la prueba, y entre las personas que presentaban síntomas, solo el 9.7 % requirió cuidados intensivos y el 1.3 % (nueve personas) falleció.[14]

Como era de esperar, el personal militar tiende a ser más saludable que la población en general. Aun así, los datos de estos dos incidentes revelan varios puntos importantes que debemos considerar. Esto sugiere que incluso en lugares cerrados y repletos de personas, la tasa de infección es muy baja.

Solo se infectó el 17.5 % de la tripulación del USS *Theodore Roosevelt*, poco menos del 19.2 % de las personas que iban a bordo del *Diamond Princess*, en donde había más personas de edad avanzada.

En segundo lugar, las personas sanas y en forma tienen más probabilidades de ser asintomáticas: el 60 % del personal naval en comparación con el 46.5 % de los civiles a bordo del Diamond Princess no presentaron síntomas a pesar de dar positivo.

La negligencia médica podría ser responsable de la mayoría de las muertes por COVID-19

Después de dejar claro que las estadísticas oficiales están manipuladas y que el COVID-19 no es responsable de todas las muertes que le atribuyeron, analicemos la causa principal de muerte de la que *no* hablan los medios de comunicación: la negligencia médica.

En 2016, un estudio de Johns Hopkins encontró que, en los Estados Unidos, cada año mueren más de 250 000 personas por errores médicos prevenibles, lo que convierte a la medicina moderna en la tercera causa principal de muerte en el país.[15] Aunque otras estimaciones sitúan el número de muertes por negligencia médica en 440 000.[16] La razón de la diferencia entre ambas cifras es que la negligencia médica rara vez se anota como causa de muerte en los certificados de defunción y los CDC se basan en los certificados de defunción para elaborar sus estadísticas de mortalidad.

Si bien la negligencia médica suele ocultarse, creo que es importante mencionarla y hacerla pública porque también ha influido en el número de muertes que se le han atribuido al COVID-19.

De hecho, un gran número de personas que murieron a causa del COVID-19, en realidad fueron víctimas de negligencia médica. Sobre todo, en el Elmhurst Hospital Center en Queens, Nueva York, que fue "el epicentro del epicentro" de la pandemia de COVID-19 en los Estados Unidos, ya que al parecer maltrataron tanto a los pacientes con COVID-19 que les provocaron la muerte.[17]

Los incentivos financieros también influyeron en el número de muertes

Según la enfermera capacitada por el ejército, Erin Olszewski, que trabajó en Elmhurst durante el todo el apogeo del brote en la ciudad de Nueva York, los administradores del hospital y los médicos cometieron una larga lista de errores, pero el más atroz fue colocar a todos los pacientes con COVID-19, incluso a todos aquellos que solo sospechaban que tenían la enfermedad, bajo ventilación mecánica en lugar de administrarles un tipo de oxigenación menos invasivo.

Durante su estadía, la mayoría de las personas que ingresaron al hospital terminaron siendo tratadas por COVID-19, sin importar si padecían la enfermedad o no, y solo un paciente sobrevivió. El hospital tampoco fue capaz de separar a los pacientes que dieron positivo con los que dieron negativo, lo que provocó que la enfermedad se propagara entre los pacientes que no estaban infectados y que habían llegado al hospital por otro problema de salud.

Al tratar a personas sin COVID-19 con ventilación mecánica, el hospital incrementó la carga de casos y la tasa de mortalidad. Es inquietante que los incentivos financieros fueran el factor que provocó esta situación. Según Olszewski, el hospital recibió $ 29 000 adicionales por cada paciente con COVID-19 que estuvo bajo ventilación, además de otros pagos. En agosto de 2020, el director de los CDC, Robert Redfield, admitió que es posible que los incentivos hospitalarios hayan influido en las tasas de hospitalización y las estadísticas de muertes en todo el país.[18]

Las políticas equivocadas también contribuyeron en el número de muertes

Otro gran error que incrementó el número de muertes fue la decisión de las autoridades estatales de colocar a los pacientes infectados en asilos de ancianos, a pesar de que esta política viola las leyes federales.[19] Según un análisis de Foundation for Research on Equal Opportunity, que incluyó los datos que se habían reportado hasta el 22 de mayo de 2020, un promedio del 42 % de todas las muertes por COVID-19 en los Estados Unidos se produjeron en asilos de ancianos, instalaciones de vivienda asistida y otras instalaciones de cuidados a largo plazo.[20]

Esto resulta sorprendente cuando consideramos que este grupo representa solo el 0.62 % de la población. Además, los asilos de ancianos no cuentan con el equipo necesario para atender a pacientes infectados por COVID-19.[21] Si bien están equipados para atender a pacientes de edad avanzada, ya sea sanos o con enfermedades crónicas, estas instalaciones rara vez están equipadas para poner a los pacientes en cuarentena y atender a personas con enfermedades muy infecciosas.

Así que era de esperar que juntar a personas infectadas con personas no infectadas en un asilo para ancianos, incrementaría las tasas de mortalidad, ya que las personas de edad avanzada son más propensas a morir por cualquier tipo de infección, incluyendo el resfriado común. Desde el principio, también supimos que las personas de edad avanzada tenían mayor riesgo de enfermedad grave por SARS-CoV-2.

A pesar de eso, varios gobernadores como Andrew Cuomo de Nueva York, Tom Wolf de Pensilvania, Phil Murphy de Nueva Jersey, Gretchen Whitmer de Michigan y Gavin Newsom de California, ordenaron que se llevara a los pacientes infectados por COVID-19 a los asilos de ancianos, que es el lugar con la población más vulnerable.[22]

El 16 de junio de 2020, ProPublica publicó una investigación que compara un asilo de ancianos en Nueva York que acató la orden de Cuomo con uno que se negó a hacerlo, y la diferencia fue muy evidente.[23]

Para el 18 de junio, el asilo de ancianos Diamond Hill, que acató las ordenes de Cuomo, había perdido a 18 residentes a causa del COVID-19, debido a la falta de aislamiento y al control inadecuado de las infecciones, mientras que la mitad del personal (cerca de 50 personas) y 58 pacientes también contrajeron la infección.

A diferencia de Van Rensselaer Manor, un asilo para 320 personas mayores que se encuentra en el mismo condado que Diamond Hill, que no registró ni un solo caso de muerte, ya que se negó a seguir las políticas estatales y no admitió a ninguna persona con caso sospechoso de COVID-19. Además, se observó una tendencia similar en otras áreas.

El uso de ventiladores provocó más daños que beneficios

Pero el Elmhurst Hospital Center en Queens no fue el único lugar en el que se hizo un mal uso de los ventiladores. En junio de 2020, los investigadores advirtieron que los pacientes con COVID-19 bajo ventilación mecánica tenían mayor riesgo de muerte, y los principales expertos sugirieron que se le estaba dando un mal uso a estos dispositivos y que era probable que los pacientes tuvieran mejores resultados con tratamientos menos invasivos. Según un estudio, más del 50 % de los pacientes con COVID-19 que se conectaron a un ventilador, murieron.[24]

A pesar de estas cifras, sigue siendo uno de los tratamientos más comunes para esta enfermedad. En una serie de casos que involucraron a 1300 pacientes en estado crítico que ingresaron en la unidad de cuidados intensivos (UCI) en Lombardía, Italia, el 88 % estaba bajo ventilación mecánica y la tasa de mortalidad fue del 26 %.[25] Además, en un estudio de *JAMA* que incluyó a 5700 pacientes hospitalizados por COVID-19 en el área de la ciudad de Nueva York entre el 1 de marzo de 2020 y el 4 de abril de 2020, la tasa de mortalidad para aquellos que recibieron ventilación mecánica varió entre el 76.4 % y el 97.2 %, según la edad.[26]

De manera similar, en un estudio que incluyó a 24 pacientes con COVID-19 que ingresaron en UCI en el área de Seattle, el 75 % recibió ventilación mecánica y en general, la mitad de los pacientes murieron entre 1 y 18 días después de ser ingresados.[27]

Existen muchas razones por las que las personas que usan ventilación mecánica tienen mayor riesgo de mortalidad, incluyendo una enfermedad más grave. Existen riesgos inherentes relacionados con la ventilación mecánica, que incluyen el daño pulmonar que causa la alta presión que utilizan en estas máquinas. En los casos de síndrome de dificultad respiratoria aguda (SDRA), los sacos de aire de los pulmones pueden llenarse de un líquido amarillo que tiene una textura "pegajosa", lo que dificulta la transferencia de oxígeno de los pulmones a la sangre, incluso con ventilación mecánica. Otro riesgo del que es difícil recuperarse para algunos pacientes, sobre todo para las personas de edad avanzada, es la sedación a largo plazo por la intubación.

Un entramado perfecto de errores

Antes de lograr ponerlo bajo control, un virus nuevo produce el mayor número de daños cuando aparece por primera vez. Es decir, un virus nunca antes visto es como si se acercara una chispa a una yesca, al principio la yesca enciende, pero después comienza a apagarse.

Con un virus nuevo, las personas más vulnerables son las más afectadas. En el caso del SARS-CoV-2, los asilos de ancianos fueron la yesca. Si consideramos que a los más vulnerables es a quienes afecta primero, así como el hecho de que la comunidad médica no les dio a los enfermos el cuidado adecuado, podemos decir que el número inicial de muertes fue real, aunque muchas pudieron evitarse.

Si no hubiera sido por la negligencia médica en ciertos hospitales, el mal uso de los ventiladores y la mala toma de decisiones por parte de algunos gobernadores estatales, la cifra inicial de muertos por COVID-19 hubiera sido mucho menor.

Al sumar todos estos factores: el mal manejo de la infección en puntos críticos como Nueva York, la decisión de enviar pacientes infectados a asilos de ancianos, el hecho de que pocas personas sanas murieron a causa de la infección, además de que los tratamientos médicos efectivos y accesibles han sido y siguen siendo censurados: pareciera que se trata de una crisis fabricada.

La sepsis podría estar detrás de muchas muertes por COVID-19 e influenza

La sepsis es un padecimiento potencialmente mortal desencadenado por una infección sistémica que puede ocasionar que el cuerpo reaccione de forma exagerada, así como una respuesta inmune excesiva y muy dañina. Varios estudios demuestran que la sepsis es un problema de salud cada vez más común, ya que, en los Estados Unidos, 1.7 millones de adultos desarrollan sepsis y casi 270 000 mueren a causa de ella.[28] Entre el 2010 y 2012, alrededor del 34.7 y el 55.9 % de los pacientes que murieron en hospitales tenían sepsis al momento de morir.[29]

Según el análisis global más completo hasta la fecha, cada año, la sepsis causa una de cada cinco muertes en todo el mundo, es decir, una tasa dos veces mayor que la estimada. Los investigadores dicen que este hallazgo es "alarmante", ya que según NPR: "en 2017, se calculó que, de un total de 56 millones de muertes a nivel mundial, casi 11 millones de personas tenían sepsis al momento de morir. Esto equivale a casi el 20 % de todas las muertes ".[30]

Uno de los obstáculos principales al estudiar la sepsis es el hecho de que muchos médicos no la ponen en los certificados de defunción como una causa contribuyente de muerte. Pero se sabe que la sepsis es un factor importante en las muertes por influenza.

Uno de los problemas es que los síntomas de la sepsis pueden confundirse con los de un fuerte resfriado, influenza y COVID-19, ya que incluyen deshidratación, fiebre alta, escalofríos, confusión, taquicardia, náuseas o vómitos y piel húmeda y fría. Sin embargo, tienden a progresar más rápido de lo normal y, a menos que se diagnostique y trate con rapidez, la sepsis podría evolucionar en poco tiempo a una falla multiorgánica y la muerte.

Puesto que la sepsis grave suele relacionarse con las enfermedades bacterianas, los virus se están convirtiendo en una causa creciente de sepsis grave en todo el mundo, incluyendo el COVID-19. De hecho, en julio de 2020, el famoso actor de Broadway Nick Cordero murió a causa de complicaciones por COVID-19, que incluyó shock séptico o sepsis. Pero Cordero no es el único que ha muerto por esta complicación, la sepsis contribuye con la muerte de muchos pacientes con COVID-19, y a pesar de esta situación, no le han puesto la atención que merece.

Según la Dra. Karin Molander, presidenta de la junta directiva de Sepsis Alliance, "la sepsis es una de las principales, si no la principal, complicación fatal del COVID-19".[31] La sepsis es tan común en los casos de COVID-19 que el Centro Nacional de Estadísticas de Salud actualizó sus directrices para la codificación médica de estos dos problemas de salud.[32]

Muchos pacientes con enfermedad grave por COVID desarrollan sepsis viral

Investigadores chinos escribieron en *The Lancet*: "en la práctica clínica, observamos que muchos pacientes con COVID-19 grave o críticamente enfermos desarrollaron manifestaciones clínicas típicas de shock séptico como extremidades frías y pulsos periféricos débiles, incluso en ausencia de una hipotensión manifiesta. Se requiere una mayor comprensión sobre el mecanismo de la sepsis viral en el COVID-19 con el fin de encontrar un tratamiento clínico más adecuado para estos pacientes".[33]

Según la Sepsis Alliance, la sepsis viral puede ser muy difícil de tratar porque las pruebas que revelan sepsis bacteriana no ayudan a detectar la sepsis viral. Dicho esto, los signos vitales anormales como la presión arterial, el pulso y la respiración, pueden ser un síntoma de la sepsis bacteriana o viral.

Según Sepsis Alliance, "las personas de edad avanzada, los muy jóvenes y las personas con enfermedades crónicas o sistemas inmunocomprometidos" tienen mayor riesgo de sepsis. Si bien es verdad que los afectados suelen tener problemas de salud subyacentes, incluso las personas sanas pueden padecer este problema de salud. "Cuando una persona sana se enferma gravemente de sepsis, podría deberse a que su sistema inmunológico sano es tan fuerte que produce una tormenta de citoquinas", explicó Sepsis Alliance.[34]

Las citoquinas son un grupo de proteínas que su cuerpo utiliza para controlar la inflamación. Si tiene una infección, su cuerpo liberará citoquinas para combatir la inflamación, pero a veces liberará más de las necesarias. Si este proceso de liberación de citoquinas se sale de control, la "tormenta de citoquinas" resultante se vuelve peligrosa y se relacionará con la sepsis.

El Dr. Paul Marik diseñó un protocolo de tratamiento para la sepsis que involucra administrar vitamina C con hidrocortisona y tiamina (vitamina B_1) por vía intravenosa lo que demostró mayores probabilidades de sobrevivir a esta complicación. Así que, si sospecha que podría tener sepsis, visite el sitio: mercola.com y busque el artículo "La vitamina C, B_1 y la hidrocortisona reducen drásticamente la mortalidad causada por sepsis", ya que esto podría salvar su vida o la de sus seres queridos.

Las comorbilidades son la principal causa de hospitalizaciones y muertes por COVID-19

Aunque es importante destacar que tanto la versión oficial como las estadísticas señalan algo que sí es verdad, los problemas de salud, como la obesidad, las enfermedades cardíacas y la diabetes *son* factores clave en las muertes por COVID-19. Pero los datos demuestran que son más que un factor clave: son la *causa principal* de hospitalizaciones y defunciones.

En un estudio, más del 99 % de las personas que murieron por complicaciones relacionadas con el COVID-19 tenían algún problema de salud preexistente. Entre esas muertes, el 76.1 % tenía presión arterial alta, el 35.5 % tenía diabetes y el 33 % tenía alguna enfermedad cardíaca.[35]

Otro estudio demostró que la obesidad era la afección subyacente más prevalente en las personas hospitalizadas por COVID-19 de 18 a 49 años, justo por delante de la hipertensión.[36] Asimismo, las investigaciones revelan que la mayoría de los pacientes con COVID-19 tienen más de un problema de salud subyacente. Un estudio que analizó a 5700 pacientes de la ciudad de Nueva

York encontró que el 88 % tenía más de una comorbilidad y solo el 6.3 % tenía solamente una afección subyacente, mientras el 6.1 % no tenía ninguna.[37]

La mayoría de las enfermedades crónicas, sobre todo la diabetes y la presión arterial alta, se desarrollan por la disfunción metabólica, ya que las personas con disfunción metabólica tienen sistemas inmunológicos comprometidos. Para obtener información detallada sobre cómo tratar la disfunción metabólica, consulte mi libro, *Contra el Cáncer*.

Ahora, analicemos a detalle algunos de estos cofactores.

Salud metabólica

Algo que tienen en común todas las comorbilidades del COVID-19 es la resistencia a la insulina. La alta prevalencia de la resistencia a la insulina se relaciona estrechamente con la transición a los alimentos procesados y las dietas ricas en carbohidratos y bajas en grasas saludables. Pero el que podría considerarse el factor principal es el alto consumo de un ácido graso poliinsaturado omega-6 que se llama ácido linoleico (LA).

Esta grasa es el ingrediente principal de los aceites vegetales, mejor conocidos como aceites de semillas, que no existían hace 150 años, ya que nuestro consumo era nulo, pero en la actualidad, una cantidad de 80 gramos se consumen al día. Consumir LA en exceso es mucho más peligroso que el azúcar, ya que estas grasas destruyen su sistema metabólico y permanecen en su cuerpo durante años.

El LA es muy perecedero y propenso a la oxidación, y cuando se oxida se descompone en subcomponentes dañinos, que es la forma en que LA contribuye con las tasas elevadas de enfermedades cardíacas, cáncer, diabetes, obesidad y ceguera relacionada con la edad. También producen inflamación y dañan tejidos importantes, en especial a sus mitocondrias, que son responsables de generar casi toda la energía corporal al convertir sus alimentos y combinarlos con oxígeno para crear ATP.

Cuando tiene niveles elevados de LA, sus mitocondrias se dañan y paralizan, por lo que no pueden proporcionarle a su cuerpo el combustible necesario para reparar el daño que causan la inflamación y el estrés oxidativo. Esto provoca resistencia a la insulina, lo que a su vez promueve el desarrollo de todas las comorbilidades que vemos en el COVID-19. En el capítulo 6, revisamos a detalle el impacto del Ácido Linoleico en la salud.

Presión arterial alta

Los médicos en China se dieron cuenta que casi la mitad de las personas que estaban muriendo por COVID-19 tenían presión arterial alta o hipertensión.

Los investigadores utilizaron datos retrospectivos de un hospital dedicado solo al tratamiento de la infección en Wuhan, China, para evaluar la relación.[38]

Después de analizar los datos de, 2877 pacientes, el 29.5 % tenía antecedentes de presión arterial alta y descubrieron que, a diferencia de los pacientes con niveles normales, aquellos con presión arterial alta eran dos veces más propensos a morir por COVID-19.

Ciertos medicamentos pueden influir en los resultados del COVID-19

Para empeorar las cosas, los medicamentos que se utilizan para tratar enfermedades inducidas por el estilo de vida, como la presión arterial alta, la diabetes y las enfermedades cardíacas, también podrían contribuir a los resultados adversos en personas con COVID-19 y según Reuters:

> *Un gran número de pacientes hospitalizados por COVID-19. tienen presión arterial alta. Las teorías sobre por qué este problema de salud los hace más vulnerables han provocado un intenso debate entre los científicos sobre el impacto de los populares medicamentos para la presión arterial.*
>
> *Los investigadores coinciden en que los medicamentos que salvan vidas afectan las mismas vías por las que el nuevo coronavirus ingresa a los pulmones y al corazón. Pero no hay un consenso sobre si esos medicamentos le dan acceso al virus o protegen contra él. Estos medicamentos se conocen como inhibidores de ACE y ARB. En una entrevista reciente para una revista médica, Anthony Fauci, el principal experto en enfermedades infecciosas del gobierno estadounidense, citó un reporte que demostraba tasas similares de hipertensión entre los pacientes con COVID-19 que murieron en Italia y sugirió que podrían ser los medicamentos, y no la afección subyacente, los que actúan como acelerador del virus.*
>
> *Existe evidencia de que los medicamentos podrían incrementar la presencia de la enzima ACE2, que produce hormonas que reducen la presión arterial al dilatar los vasos sanguíneos. Por lo general, eso es algo bueno, pero el coronavirus también afecta la enzima ACE2 y produce la proteína spike que se une a esta enzima y penetra las células. Por lo tanto, mientras más enzimas, más formas tiene el virus de ingresar a las células, lo que incrementa de manera significativa la posibilidad de infección o la hace más grave.*

Aunque otra evidencia sugiere que la interferencia de la infección con la ACE2 podría incrementar los niveles de una hormona que causa inflamación, lo que a su vez puede provocar un síndrome de dificultad respiratoria aguda, que es la acumulación peligrosa de líquido en los pulmones. En ese caso, los ARB podrían ayudar a controlar algunos de los efectos dañinos de la hormona.[39]

Esto representa desafíos importantes para las personas y los médicos, ya que no existe un consenso significativo sobre si las personas deben suspender el uso de estos medicamentos. El Centro de Medicina Basada en la Evidencia de la Universidad de Oxford en Inglaterra recomienda que las personas que tienen presión arterial un poco elevada y tienen un alto riesgo de COVID-19 utilicen otros medicamentos para la presión arterial.

Y aunque un artículo que se publicó en *NEJM* enfatizó los beneficios potenciales de los medicamentos y dijo que los pacientes deberían continuar tomándolos, varios de los científicos que redactaron ese artículo también han realizado "extensas investigaciones a favor de la industria de medicamentos antihipertensivos", señala Reuters.[40] El Dr. Kevin Kavanagh, fundador del grupo de defensa de pacientes Health Watch USA, cree que, en este momento, no es prudente permitir que los científicos financiados por la industria farmacéutica hagan recomendaciones clínicas. "Mejor dejemos que las recomendaciones las hagan personas sin conflicto de interés", dijo.

De manera curiosa, aunque algunos estudios encontraron un mayor riesgo de mortalidad por COVID-19 en personas con diabetes que toman estatinas, otros estudios encontraron un efecto protector. Ya sea que las estatinas incrementen el riesgo de mortalidad en los casos de COVID-19 grave o no, la realidad es que no lo protegen de las enfermedades cardiovasculares como las grandes compañías farmacéuticas quieren hacerlo creer, pero sí incrementan el riesgo de otros problemas de salud. Dado que existen estrategias caseras para reducir el riesgo de enfermedades graves y proteger la salud, por lo general es peligroso buscar medicamentos que contengan estatinas. (En el capítulo 6, hablaremos más sobre este tema.)

Diabetes

Cuando la resistencia a la insulina empeora de forma crónica se convierte en diabetes tipo 2, así que tiene lógica que la diabetes forme parte de las comorbilidades del COVID-19. En el Reino Unido, en un intento para distinguir las características de las personas con mayor riesgo de enfermedad grave por

COVID-19, los investigadores recopilaron datos del Servicio Nacional de Salud de Inglaterra[41] que demostraron que la edad promedio de las personas hospitalizadas por COVID-19 fue de 72 años, con una estadía hospitalaria de alrededor de siete días. Las comorbilidades más comunes fueron enfermedad cardíaca crónica, diabetes y enfermedad pulmonar crónica.

Hasta ahora, no está claro si las personas con diabetes tienen más probabilidades de infectarse, pero lo que sí está claro es que un número desproporcionado de personas con diabetes está hospitalizado con un diagnóstico grave. Se estima que el 6 % de la población del Reino Unido tiene diabetes,[42] pero los datos del NHS de Inglaterra demostraron que el 19 % de los hospitalizados tenían diabetes, que representa más de tres veces el número de la población general.[43]

También es importante considerar que, si bien las personas con diabetes tipo 2 tienen el doble de riesgo de morir por COVID-19, las personas con diabetes tipo 1 tienen una probabilidad 3.5 veces mayor de morir a causa del virus que las personas sin diabetes.[44]

En otro estudio de 174 pacientes, los científicos encontraron que las personas con diabetes tenían mayor riesgo de neumonía grave, inflamación descontrolada excesiva y desregulación del metabolismo de la glucosa.[45] Sus datos respaldan la idea de que las personas con diabetes pueden experimentar una progresión rápida del COVID-19 y un peor pronóstico.

Obesidad

Tener obesidad o sobrepeso también puede incrementar su riesgo de complicaciones por COVID y muerte. La investigación sugiere que incluso la obesidad leve puede influir en la gravedad de la enfermedad por COVID-19, los investigadores de la Universidad Alma Mater Studiorum de Bolonia en Italia realizaron este hallazgo al analizar a 482 pacientes con COVID-19 que estuvieron hospitalizados entre el 1 de marzo y el 20 de abril de 2020, y escribieron: "la obesidad es un factor de riesgo muy fuerte e independiente para la insuficiencia respiratoria, la admisión a la UCI y la muerte por COVID-19", y el grado de riesgo se relacionó con el nivel de obesidad de cada persona.[46]

En este estudio, los investigadores utilizaron el índice de masa corporal (IMC) para definir la obesidad y encontraron que existía un mayor riesgo a partir de un IMC de 30 u obesidad "leve". "Los profesionales de la salud deben saber que las personas con cualquier grado de obesidad, no solo obesidad grave, forman parte de la población en riesgo", dijo el autor principal del estudio, el Dr. Matteo Rottoli, en un comunicado de prensa. "Se debe tener especial cuidado con los pacientes hospitalizados por COVID-19 con obesidad, ya que es probable que experimenten un rápido deterioro que provoque insuficiencia respiratoria y requieran ingreso en la unidad de cuidados intensivos".[47]

De manera concreta, a diferencia de los pacientes que no tienen obesidad, aquellos con obesidad leve tenían un riesgo 2.5 veces mayor de insuficiencia respiratoria y un riesgo 5 veces mayor de ingresar a la UCI. Las personas con un IMC de 35 en adelante tienen una probabilidad 12 veces mayor de morir por COVID-19.

Mientras que, en julio de 2020, un reporte que se publicó en Public Health England, que describe los resultados de dos revisiones sistemáticas, encontró de forma similar que el exceso de peso empeoraba la gravedad de la enfermedad por COVID-19, y que a diferencia de los pacientes que no tienen obesidad, aquellos con obesidad eran más propensos a morir por esta enfermedad.[48]

En comparación con los pacientes con un peso saludable, los pacientes con un IMC superior a 25 kg/m2 tenían una probabilidad 3.68 mayor de muerte, una probabilidad 6.98 veces mayor de necesitar asistencia respiratoria y una probabilidad 2.03 veces mayor de sufrir una enfermedad grave. Este reporte también menciona datos que demuestran que el riesgo de hospitalización, ingreso a la unidad de cuidados intensivos y muerte incrementa de manera progresiva junto con su IMC.

Edad e inflamación

Todos los problemas de salud de los que hemos hablado hasta este momento pueden causar una inflamación crónica y descontrolada que, a su vez, puede incrementar sus probabilidades de desarrollar una tormenta de citoquinas. Esta inflamación suele denominarse envejecimiento inflamatorio o "inflamación crónica de bajo grado que ocurre en ausencia de una infección evidente" y este tipo de inflamación dañina produce un impacto negativo en la inmunidad.[49]

La inflamación crónica podría ayudar a entender por qué la edad es un factor tan importante en las hospitalizaciones y muertes por COVID-19. La inflamación subyacente o basal puede acelerar el proceso de envejecimiento y aumentar el riesgo de enfermedades infecciosas graves, como lo hemos visto con el número de personas de 65 años de edad en adelante que han muerto por COVID-19. Los Centros para el Control y la Prevención de Enfermedades reportan que 8 de cada 10 muertes por COVID-19 son personas mayores de 65 años de edad en adelante.[50]

El envejecimiento del sistema inmunológico, tanto innato como adaptativo, encabeza la lista de factores que hacen a las personas de edad avanzada más susceptibles a morir. Como señalaron los investigadores Amber Mueller,

Maeve McNamara y David Sinclair: "para que el sistema inmunológico combata y elimine de manera efectiva el SARS-CoV-2, debe realizar cuatro tareas principales: 1) reconocer, 2) alertar, 3) destruir y 4) eliminar. Se sabe que, en las personas de edad avanzada, cada uno de estos mecanismos es disfuncional y cada vez más irregular".[51]

Durante el envejecimiento, su sistema inmunológico sufre una disminución gradual en la función que se conoce como inmunosenescencia, que inhibe la capacidad de su cuerpo para reconocer, alertar y eliminar los patógenos y el llamado envejecimiento inflamatorio es el resultado de este proceso. De acuerdo con los investigadores:

> *Una gran cantidad de datos recientes que describen la patología y los cambios moleculares en personas con COVID-19 indican que la inmunosenescencia e inflamación podrían ser las responsables de las altas tasas de mortalidad en las personas de edad avanzada.*
>
> *Los macrófagos alveolares [MA] de las personas de edad avanzada también son incapaces de reconocer partículas virales y activar un estado proinflamatorio, lo que podría empeorar el COVID-19 en sus primeras etapas, mientras que, en sus etapas avanzadas, es probable que los MA sean responsables del daño pulmonar excesivo.*

Además de la tormenta de citoquinas, quizás lo que predice aún más la tasa de mortalidad es una constante elevación de los niveles del dímero D, que es el producto de degradación de la fibrina, que se libera de los coágulos de sangre en la microvasculatura y que ayuda a predecir la coagulación intravascular diseminada (CID). Por lo general, las personas de edad avanzada tienen un mayor nivel de dímero D, lo que parece ser un "indicador clave de la gravedad de la enfermedad por COVID-19 en etapa tardía", afirman los investigadores.[52]

En el caso de las personas de edad avanzada, se cree que estos niveles se relacionan con los altos niveles basales de inflamación vascular que, a su vez, se asocian con enfermedades cardiovasculares, y esto, según los autores, "podría aumentar la predisposición a casos graves de COVID-19". Del mismo modo, las personas dentro de este rango de edad suelen tener un mayor nivel de inflamasomas NLRP3, lo que parece causar las tormentas de citoquinas.

En el capítulo 6 analizaremos cómo nos volvimos tan vulnerables. Para lograr cambiar el futuro, primero debemos comprender el pasado.

CAPÍTULO CINCO

El miedo es su principal arma para arrebatarnos la libertad

Por Ronnie Cummins

A lo único que debemos temer es al temor mismo.

—Franklin D. Roosevelt

Al fin y al cabo, el miedo es el que nos arrebata nuestros derechos humanos y le abre la puerta al totalitarismo, así que la única forma de evitar ese destino final es armarnos de valor y enfrentarlo. Hoy en día, las pandemias mundiales son la forma más efectiva de infundir miedo, ya que, según las versiones oficiales, se producen de forma natural y al principio, no existen defensas para combatirlas.

Además, el miedo es uno de los catalizadores más poderosos del comportamiento humano y, en la actualidad, existe un arma que no tenían otros tiranos en el pasado, la tecnología para seguir, rastrear, controlar y manipular a cualquier persona, en cualquier lugar. Hoy en día, la mayoría de las personas están rodeadas de dispositivos electrónicos inalámbricos que recopilan toda la información sobre su vida personal, para después integrarla a redes de aprendizaje profundo controladas por inteligencia artificial, lo que le permite a la élite tecnocrática determinar cómo manipular a las masas de la manera más efectiva.

Sin embargo, como se mencionó en el capítulo 3, el creciente cuerpo de evidencia ha permitido a los críticos analizar y desacreditar la "versión oficial" sobre los orígenes, la naturaleza, los peligros, la prevención y el tratamiento del COVID-19.

Esta evidencia demuestra con bastante claridad que el COVID-19 y la pandemia *no* son el resultado de un coronavirus de murciélago relativamente inofensivo con transmisibilidad limitada que ya existía y que de alguna manera mutó para que pudiera infectar a los humanos, sino que es mucho más probable que el SARS-CoV-2 sea el producto de un desastroso accidente de laboratorio, por desgracia previsible, que ocurrió en Wuhan, China a finales de 2019.

Por lo que es muy probable que el SARS-CoV-2 sea un virus transgénico que crearon de manera conjunta China y Estados Unidos en un afán por liderar la carrera de armamentos biológicos que comenzó hace décadas y que disfrazan bajo el nombre de investigaciones biomédicas de ganancia de función, vacunas o bioseguridad.

Durante años, las autoridades mundiales nos han asegurado que la ingeniería genética de virus y bacterias que se realiza en laboratorios de armas biológicas no regulados es segura, y que la posibilidad de accidentes, robos y fugas de estos patógenos potencialmente pandémicos (PPP) es muy baja y, por lo tanto, vale la pena correr el riesgo. Pero está muy claro que mintieron y ahora todos debemos lidiar con las catastróficas consecuencias de su negligencia criminal.[1]

Los confinamientos fueron responsables de gran parte del daño causado por el COVID

¿Alguna vez se ha preguntado por qué los medios de comunicación no dicen nada sobre los confinamientos y el daño que han causado? Esto no solo se trata de negacionismo. La narrativa oficial es que la única opción era olvidarnos de la vida como solía ser y encerrarnos en casa. Pero por desgracia, nada podría estar más lejos de la realidad. Jamás, en la historia de la humanidad, había ocurrido algo como esto. Los confinamientos son una descarada violación a los derechos fundamentales, las libertades y el estado de derecho. Y los resultados son muy evidentes.

A pesar de un año entero de confinamientos y toda la información disponible desde febrero de 2020, el público todavía no entiende que los factores principales en las muertes por COVID-19 son la edad y el estado de salud y, según los CDC, incluso al basarse en pruebas poco confiables y exigencias de clasificación de letalidad: la tasa de supervivencia entre personas de 0 a 19 años es del 99.997 %, del 99.98 % entre 20 a 49 años, del 99.5 % entre 50 a 69 años y del 94.6 de 70 años en adelante.[2]

Los asilos de ancianos y los hospitales han sido los principales vectores de enfermedades, no las reuniones sociales ni los eventos al aire libre, además, el riesgo para los niños en edad escolar es casi nulo. Así que mientras más información obtenemos, menos miedo deberíamos tener a virus del SARS-CoV-2. Se trata de una enfermedad respiratoria parecida a la gripe que se convirtió en pandemia antes de volverse endémica, al igual que muchos otros virus respiratorios que han aparecido en los últimos cien años y por los cuales no inmovilizamos a la sociedad y por eso, logramos esquivarlos.

Muchos de nosotros pasamos gran parte de nuestros días estudiando detenidamente las investigaciones más recientes, que demuestran que los confinamientos han tenido un impacto terrible. Ya que muchos de los daños son el resultado directo de los *confinamientos* y no de la pandemia en sí. No existe evidencia de que los confinamientos hayan ayudado a salvar vidas, al contrario, la evidencia demuestra que un gran número de muertes durante esta pandemia han sido el resultado de la sobredosis, la depresión y suicidios, no por el COVID-19.

La evidencia también demuestra el papel de las pruebas de reacción en cadena de la polimerasa (PCR) para impulsar la narrativa de la pandemia, la falsedad de la "transmisión asintomática", la clasificación errónea de enfermedades y la absurda idea de que las soluciones políticas pueden detener y acabar con un virus.

Los confinamientos también influyeron en la transferencia de riquezas

Además de exponer el origen de fuga de laboratorio de estas peligrosas investigaciones de ganancia de función y tomar las medidas necesarias para asegurarnos que no vuelva a suceder, también es muy importante exponer la ciencia defectuosa, las pruebas de laboratorio poco confiables, las estadísticas engañosas, el pánico que impulsa la versión oficial sobre la naturaleza y virulencia del COVID-19 y las desastrosas y autoritarias medidas que implementaron la mayoría de los gobiernos con el pretexto de contener el virus y que solo han beneficiado a los ricos y afectado a la clase trabajadora, las comunidades minoritarias y la juventud.

Como se mencionó en el capítulo 4, hasta ahora la pandemia solo ha causado o contribuido con la enfermedad y la muerte de personas de edad avanzada y personas con enfermedades preexistentes graves, pero eso no es todo, también ha provocado un nivel de pánico y miedo entre la población en general a una escala que no se veía desde la Segunda Guerra Mundial. Este pánico ha permitido que políticos oportunistas, científicos e ingenieros genéticos poco éticos, burócratas de la salud pública y grandes corporaciones, sobre todo las grandes compañías farmacéuticas y los gigantes tecnológicos, lleven su riqueza y poder a niveles sin precedentes.

Por lo anterior, resulta evidente que la pandemia se utilizó para trasladar la riqueza de los pobres y de la clase media a los más ricos. En diciembre de 2020 un estudio que realizó el Instituto de Estudios Políticos, señaló que la riqueza total de los multimillonarios estadounidenses había alcanzado los 4 trillones de dólares, de los cuales más de 1 trillón se obtuvo desde que comenzó la pandemia en marzo de 2020.[3]

Además, otro reporte que publicó este mismo instituto en junio de 2020 señala que, mientras 45.5 millones de personas en los Estados Unidos solicitaban indemnización por desempleo, 29 nuevas personas se sumaron a la lista de multimillonarios, y solo entre el 18 de marzo y el 17 de junio de 2020, los cinco hombres más ricos del país: Jeff Bezos, Bill Gates, Mark Zuckerberg, Warren Buffett y Larry Ellison incrementaron su riqueza en un total de $ 101.7 mil millones de dólares (26 %).[4]

La razón por la que los ricos solo se volvieron más ricos durante la pandemia es que sus negocios nunca cerraron, así que estos cierres solo afectaron a los pequeños negocios de propiedad privada. Hubo una gran desigualdad entre el trato que recibieron las grandes corporaciones y los pequeños minoristas. ¿Por qué es seguro comprar al lado de cientos de personas en un Walmart, pero no es seguro comprar en una tienda que solo atiende a una fracción de esa cantidad?

Otras compañías que también se beneficiaron de esta pandemia incluyen a minoristas en línea y grandes compañías de tecnología como Amazon, Zoom, Skype, Netflix, Google y Facebook, así como Walmart y Target, que en 2020 reportaron ventas récord.[5] Como señaló IPS News: "la pandemia del COVID no ha sido el 'Gran Nivelador' como sugirieron algunas personas como el gobernador de Nueva York, Andrew Cuomo, y miembros del Foro Económico Mundial, al contrario, empeoró las actuales desigualdades de género, raza y de clase económica en todo el mundo".[6]

Como lo declara el Foro Económico Mundial: "alrededor de 2.6 mil millones de personas en todo el mundo están bajo algún tipo de confinamiento, en lo que podría considerarse el experimento psicológico más grande de la historia".[7] Y nuestros aspirantes a jefes supremos admiten de manera descarada que están sentando las bases de lo que de manera indirecta, llaman un Gran Reinicio o una Cuarta Revolución Industrial: una dictadura tecnocrática, que se basa en la vigilancia digital, el control social y la inteligencia artificial, algo que se parece mucho a lo que establece la novela distópica *1984* de George Orwell.

Como resultado directo de las desastrosas respuestas del gobierno, la negligencia médica y el pánico que han generado los medios de comunicación en torno al COVID-19, el mundo es un caos total. Los confinamientos, la censura, la ciencia defectuosa, las estadísticas engañosas, las verdades a medias y las mentiras descaradas han causado más daños que el propio virus.

Si bien la clase multimillonaria se ha beneficiado, las bases mundiales, sobre todo las clases bajas, las minorías raciales y los niños, sufren la peor parte de esta crisis: colapso económico, desempleo masivo, hambre, quiebra de pequeñas empresas, cierres de escuelas, ansiedad masiva, aislamiento social y una polarización política sin precedentes.

En agosto de 2020, *Bloomberg* informó que más de la mitad de los dueños de pequeñas empresas temían que sus negocios no sobrevivieran a esta pandemia[8] y tenían razón. En septiembre de 2020 un reporte[9] de Yelp sobre el impacto económico señaló que, para el 31 de agosto de 2020, 163 735 empresas estadounidenses habían cerrado sus puertas y el 60 % (un total de 97 966 empresas) cerraron para siempre.[10] Obviamente, a los que más afectaron estos cierres fue a las minorías. A finales de abril de 2020, las medidas pandémicas acabaron con casi la mitad de todos los pequeños negocios de personas de raza afroamericana y,[11] según un informe de New York Fed, "a diferencia de los negocios de personas caucásicas, los negocios de personas afroamericanas tenían más del doble de probabilidades de cerrar".[12]

Consecuencias del confinamiento

De la mano del desempleo viene la inseguridad alimentaria, y a pocas semanas de la pandemia, cientos de personas alrededor del mundo hacían largas filas en los bancos de alimentos. El 10 de abril de 2020, *Financial Times* publicó un reporte que citaba los resultados de una encuesta que demostraba que cerca de tres millones de británicos se habían quedado sin comida durante las tres semanas previas y calculaban que un millón de personas habían perdido todas sus fuentes de ingresos.[13]

Las Naciones Unidas estiman que las respuestas a la pandemia "provocaron que otros 150 millones de niños cayeran en la pobreza multidimensional, al privarlos de su educación, salud, vivienda, nutrición, higiene o agua"[14] y a finales de abril de 2020 advirtieron que el mundo se enfrentaba a una "hambruna de proporciones bíblicas", y que quedaba muy poco tiempo para actuar antes de que la hambruna cobrara cientos de millones de vidas.[15]

Tampoco debería sorprendernos que el confinamiento tenga un efecto perjudicial en la salud mental y hay datos que lo demuestran, ya que una encuesta canadiense que se realizó a principios de octubre de 2020 encontró que el 22 % de las personas experimentaron mucha ansiedad, un estimado cuatro veces mayor que la tasa antes de la pandemia, mientras que el 13 % reportó depresión grave.[16]

Del mismo modo, en agosto de 2020, una encuesta que realizó la Asociación Americana de Psicología, encontró que la generación Z es una de la más afectadas, y que los adultos jóvenes de 18 a 23 años reportaron mayores niveles de estrés y depresión.[17]

Más de 7 de cada 10 en dicho grupo etario reportaron síntomas de depresión durante las dos semanas previas a la encuesta. Entre los adolescentes de 13 a 17 años, el 51 % dijo que la pandemia hace que sea imposible planificar su futuro. Mientras que el 67 % de los encuestados en edad universitaria expresaron la misma preocupación.

Con la desesperación vienen los problemas relacionados con las drogas y, según la Asociación Médica Americana (AMA por sus siglas en inglés), la epidemia de sobredosis ha empeorado mucho y este año, la situación se volvió más complicada. El 9 de diciembre de 2020, la AMA informó que: "más de 40 estados han reportado un incremento en la tasa de mortalidad por opioides, así como mayores preocupaciones sobre las personas que sufren de una enfermedad mental o un trastorno por uso de sustancia".[18]

El reporte de la Asociación Médica Americana también incluye una lista de noticias nacionales que tenía reportes de un mayor número de casos de paros cardíacos relacionados con sobredosis, así como información de una mayor tasa de mortalidad por uso de fentanilo y más muertes por uso ilícito de opioides. Además, se han reportado muchas más muertes por sobredosis en Alabama, Arizona, Arkansas, California, Colorado, Delaware, Distrito de Columbia, Illinois, Florida y en muchos otros estados.

Los datos de los Centros para el Control y la Prevención de Enfermedades también demuestran que los confinamientos han producido más daños que beneficios, al señalar que, a diferencia de años anteriores, el exceso de muertes entre las personas de 25 a 44 años aumentó hasta un 26.5 %, a pesar de que este grupo representa menos del 3 % de las muertes relacionadas con COVID-19.[19] En otras palabras, en nuestro esfuerzo por evitar que las personas de edad avanzada y con inmunodepresión mueran a causa del COVID-19, estamos sacrificando a personas que se encuentran en el mejor momento de sus vidas.

Las estadísticas también revelan que los confinamientos incrementaron de forma dramática los casos de abuso doméstico, violación, abuso sexual infantil y suicidios. En julio de 2020, Irlanda reportó un incremento del 98 % en las personas que buscaban asesoramiento por violación y abuso sexual infantil.[20]

Los datos del grupo británico Women's Aid demostraron que el 61 % de las víctimas informaron que el abuso había empeorado durante el confinamiento.[21] Mientras que también en el Reino Unido, el número de mujeres asesinadas por sus parejas también se duplicó durante las primeras tres semanas.[22]

Asimismo, en los Estados Unidos, los datos de un hospital de Massachusetts revelaron que cuando el estado ordenó el cierre de las escuelas entre el 11 de marzo y el 3 de mayo de 2020, los casos de abuso doméstico casi se duplicaron durante estas nueve semanas.[23] Del mismo modo, a principios de abril de 2020, el secretario general de Naciones Unidas, António Guterres, advirtió[24] sobre un "alarmante" incremento de abusos domésticos a nivel mundial que se relacionaron con los confinamientos por la pandemia, porque en algunos países, se duplicó el número de llamadas a las líneas telefónicas de ayuda.[25]

Es menos probable que se detecte y denuncie el abuso infantil debido a la implementación de clases virtuales. Sin embargo, hay indicios de un incremento en el abuso infantil, uno de ellos fue el estudio británico que encontró que, a diferencia de los tres años previos, durante el primer mes del confinamiento, hubo un sorprendente incremento del 1,493 % en la incidencia de traumatismo craneoencefálico por abuso infantil.[26]

Los niños también se ven afectados de manera social y evolutiva, aunque no enfrenten abuso. De acuerdo con un reporte, las diferencias del aprovechamiento académico se hicieron más evidentes en los Estados Unidos y en 2020, la alfabetización temprana entre los niños de preescolar sufrió un marcado deterioro.[27]

Según *The Economist*, en los Estados Unidos, los niños mayores de 10 años redujeron casi a la mitad su nivel de actividad física debido al confinamiento, y pasan la mayor parte del tiempo jugando videojuegos y comiendo comida chatarra.[28] De hecho, cerrar los parques y las playas junto con los pequeños negocios y las escuelas, sin duda fue una de las medidas más ignorantes y dañinas de todas.

Evitar que las personas trabajen y hacer que deban modificar toda su vida también son algunas de las razones por las que se incrementó la tasa de suicidios (como era de esperarse), incluyendo la tasa de suicidio infantil, y este raro incremento se hizo evidente a las pocas semanas del confinamiento. En septiembre de 2020, Cook Children's Medical Center en Fort Worth, Texas, admitió un número récord de 37 pacientes pediátricos por intento de suicido.[29]

En Japón, donde no se implementaron medidas de confinamiento, las estadísticas revelan que se suicidaron más personas en el mes de octubre que las que murieron por COVID-19 en todo el año.[30] Aunque solo 2087 personas en Japón habían muerto por COVID-19 hasta el 27 de noviembre de 2020, el número de suicidios fue de 2153 solo en octubre. Las mujeres constituyen la mayor parte de los suicidios, mientras que las líneas de ayuda también informan que las mujeres tienen pensamientos de matar a sus hijos por desesperación.

Al analizarla de forma detenida, se vuelve evidente que la pandemia se prolonga y se agrava por una razón, y no precisamente porque los gobernantes se preocupen por salvar vidas, sino todo lo contrario. Es una táctica para esclavizar a la población mundial dentro de un sistema de vigilancia digital, por medio de un sistema tan antinatural e inhumano que ninguna población racional lo aceptaría de forma voluntaria.

Su plan para crear pánico

Las autoridades de salud, los virólogos y los ingenieros genéticos que trabajan para los grupos de poder reciben financiamiento por parte de los programas de biodefensa/guerra biológica, las grandes compañías farmacéuticas y el gobierno. Ellos sostienen que el virus SARS-CoV-2 es tan infeccioso y peligroso que no existen medicamentos, protocolos de tratamiento, suplementos, hierbas naturales, prácticas de salud o cambios en la dieta o el estilo de vida que puedan fortalecer su sistema inmunológico de forma natural para protegerlo de la enfermedad grave, hospitalización o incluso la muerte a causa de este virus.

Además, las autoridades gubernamentales dicen que no hay más remedio que acatar las órdenes, obedecer las medidas de uso de cubrebocas y confinamientos, y esperar a que las grandes compañías farmacéuticas entreguen, a "velocidad sin precedentes", sus vacunas transgénicas que aún no se han aprobado de manera correcta. Esta narrativa de pánico no solo es fabricada, sino que es una Gran Mentira y su objetivo es la clase marginada, controlada, encerrada y obediente.

Dado que el órgano político está dividido, mal informado, censurado y viviendo con pánico, los globalistas y la élite económica mundial, pueden consolidar su riqueza y poder a un nivel jamás antes visto, todo con el pretexto de intentar proteger la salud pública, reducir el cambio climático y acabar con la pobreza y el desempleo. Bajo la sombra de esta Gran Mentira, nuestra única esperanza es difundir la verdad, resistir, organizarnos y detener este Nuevo Orden Mundial opresivo.

El poder está en sus manos

Para sobrevivir es muy importante oponerse a la narrativa del pánico, vencer el miedo y tomar control de su salud física y mental. Debemos exponer sus manipulaciones y las deficiencias de las pruebas de laboratorio de PCR que promueven una falsa sensación de pánico.

También es muy importante entender las estadísticas sobre muertes y hospitalizaciones de tal forma que genere conocimiento y no un miedo irracional. Por lo general, los jóvenes y las personas con un metabolismo sano no están en riesgo y por suerte, existe una gran cantidad de estrategias comprobadas que pueden ayudar a proteger a los más vulnerables.

Podemos prevenir la propagación del COVID-19 y reducir los efectos del virus al fortalecer la salud pública, que incluye estrategias simples como eliminar los alimentos procesados de nuestra alimentación, asegurarnos de que todas las personas tengan acceso a alimentos orgánicos y saludables y promover el ejercicio. Así que la solución está en vencer el miedo, educarse y mantenerse cerca de las personas que ama, esto lo ayudará a entender que la solución está en sus manos.

Como lo indicó el defensor de la salud natural, Nate Doromal: "el Covid-19 no va a desaparecer. Sin importar el número de confinamientos y las medidas obligatorias sobre el uso de cubrebocas, el Covid-19 sigue presente entre la sociedad y continuarán apareciendo casos en todo el país. Inclusive la polémica vacuna antiCovid no es una cura milagrosa; las autoridades afirman que no evitará la transmisión, además de que las principales candidatas a la vacuna antiCovid tienen varios problemas de seguridad. Así que la clave está en hacernos más fuertes".[31]

A decir verdad, podemos fortalecer nuestro cuerpo, fortalecer nuestro sistema inmunológico e incluso revertir las enfermedades crónicas preexistentes. Nunca es demasiado tarde para tomar las medidas necesarias para fortalecer su salud y hacerse más resistente a enfermedades infecciosas como el COVID-19.[32]

No obstante, los defensores de la versión oficial continúan desacreditando y difamando a los críticos del COVID-19, incluyendo a los autores de este libro, al catalogarlos como "teóricos de la conspiración contra la ciencia y las vacunas". La evidencia apunta a que el SARS-CoV-2 es un virus que se creó en un laboratorio y se modificó genéticamente para convertirse en un detonador biológico muy transmisible que magnifica y empeora enfermedades y comorbilidades preexistentes. A diferencia de la gripe española de 1918, el COVID-19 no representa una amenaza para los niños, los jóvenes y los estudiantes, y representa una amenaza muy baja para las personas con buena salud en cualquier rango de edad.

Las personas de 65 años en adelante que tienen un metabolismo poco saludable, niveles bajos de vitamina D o una enfermedad crónica preexistente como obesidad, diabetes, enfermedad cardíaca, cáncer, enfermedad pulmonar, enfermedad renal, demencia o hipertensión, necesitan reforzar su capacidad para combatir esta enfermedad al tomar precauciones con el fin de minimizar la exposición tanto al SARS-CoV-2 como a cualquier otro tipo de virus como la gripe estacional.

También es necesario que las personas en asilos de ancianos y hospitales, tomen precauciones especiales. Como señala la Declaración de Great Barrington, que firmaron decenas de miles de médicos y científicos de todo el mundo:

> *El objetivo principal de las respuestas de salud pública al COVID-19 es adoptar medidas para proteger a los vulnerables. A modo de ejemplo, los*

asilos de ancianos deben utilizar personal con inmunidad adquirida y realizar pruebas de PCR de forma regular al resto del personal y a todos los visitantes. Debe minimizarse la rotación del personal.

Las personas jubiladas que viven en casa deben recibir alimentos y otros artículos esenciales en la puerta de su hogar. Cuando sea posible, deben reunirse con los miembros de la familia en lugares al aire libre. Se puede implementar una lista completa y detallada de medidas que incluyen enfoques para hogares multigeneracionales, algo que está dentro del alcance y la capacidad de los profesionales de la salud pública.

A las personas que no son vulnerables se les debe permitir reanudar su vida con normalidad lo antes posible. Todas las personas deben tomar medidas de higiene simples, como lavarse las manos y quedarse en casa cuando están enfermos, con el fin de reducir el umbral de inmunidad colectiva. Las escuelas y universidades deben abrir sus puertas para la enseñanza presencial.

Se deben reanudar las actividades extracurriculares, como los deportes. Los adultos jóvenes de bajo riesgo deberían trabajar de forma normal, en lugar de hacerlo desde casa. Deben abrirse restaurantes y otros negocios, así como también deben reanudarse los eventos artísticos, musicales, deportivos y demás actividades culturales. Las personas que corren un mayor riesgo deberían poder participar si lo desean, mientras que la sociedad como conjunto puede proteger a los más vulnerables gracias a la inmunidad colectiva.[33]

Seguir implementando confinamientos y otras medidas extremas que afectan más a los grupos de bajos ingresos, las comunidades minoritarias, los pequeños negocios y los niños es algo inconveniente y contraproducente. Necesitamos reducir el pánico público, la polarización política y conocer la verdad sobre el origen, la naturaleza, la virulencia, la prevención y el tratamiento del COVID-19.

La narrativa del pánico se basa en pruebas poco confiables, estadísticas engañosas y ciencia defectuosa

Hay varios aspectos fundamentales de la narrativa "científica" oficial sobre la naturaleza, infectividad y virulencia del COVID-19 que tienen como objetivo confundir y crear pánico entre la población. Uno de estos aspectos es el uso de pruebas de laboratorio de PCR poco confiables e imprecisas que disfrazan el número de casos de COVID-19, de lo que hablamos en el capítulo 4.

La realidad es que la mayoría de las personas que dan positivo en la prueba del SARS-CoV-2 permanecen asintomáticas y tienen una baja probabilidad de transmitir la enfermedad a otras personas, ya que simplemente no están enfermos. La prueba de PCR simplemente detecta partículas virales inactivas (no infecciosas).

En un estudio, que analizó a mujeres embarazadas, el 87.9 % dieron positivo a SARS-CoV-2, pero no presentaron síntomas.[34] Otro estudio analizó un refugio para personas sin hogar en Boston y de las 408 personas que evaluaron, 147 (36 %) dieron positivo, pero tampoco desarrollaron síntomas, solo el 7.5 % de los casos desarrollaron tos, el 1.4 % falta de aire y el 0.7 % fiebre. Y de acuerdo con los investigadores, todos los síntomas eran "poco comunes entre las personas con COVID".[35]

Otro ejemplo es un estudio que se publicó en *Nature Communications* que se basó en los datos de un programa de detección masiva en Wuhan, China para evaluar el riesgo que representan las personas asintomáticas. Entre el 23 de enero y el 8 de abril de 2020 la ciudad impuso un confinamiento estricto y entre el 14 de mayo y el 1 de junio de 2020, 9 899 828 de sus residentes mayores de seis años se realizaron pruebas de PCR, 9 865 404 de estas personas no tenían diagnóstico previo a la infección y 34 424 habían padecido la infección en el pasado. En total, no se registraron casos sintomáticos y se detectaron solo 300 casos asintomáticos (la tasa de detección general fue del 0.3 por 10 000). Es importante destacar que, ni una sola persona de las 1174 que había estado en contacto con una persona asintomática contrajo la infección.

Además, de las 34 424 personas con antecedentes de COVID-19, solo 107 (0.310 %) volvieron a obtener un resultado positivo, pero ninguna desarrolló síntomas. Como señalaron los autores: "los cultivos de virus fueron negativos para todos los casos positivos y repositivos asintomáticos, lo que indica que existe 'virus viable' en los casos positivos que se detectaron en este estudio" y resulta curioso que cuando los pacientes asintomáticos se realizaron más pruebas para detectar anticuerpos, descubrieron que 190 de los 300 (63.3 %) habían desarrollado una infección latente que logró producir anticuerpos, a pesar de esto, no contagiaron a ninguna persona cercana. Es decir, aunque los asintomáticos eran (o habían sido) portadores de virus aparentemente vivos, *no* contagiaron a nadie más.[36]

Entonces, si los resultados positivos de las pruebas no nos dicen nada sobre la prevalencia real de la enfermedad y su propagación ¿para qué sirve que realicen estas pruebas de forma masiva? Y es obvio que, si la prueba de PCR no es confiable, entonces las estadísticas y declaraciones públicas de los fabricantes sobre la eficacia de sus vacunas para prevenir o curar el COVID-19 tampoco son válidas, ya que se basan en estas pruebas para obtener sus resultados.

Otra de sus prácticas engañosas es combinar las estadísticas de muertes. Como se analizó en el capítulo anterior, el 94 % de las llamadas muertes por COVID-19 en realidad eran personas que murieron *con* COVID-19, ya que tenían otras enfermedades crónicas o comorbilidades preexistentes.[37] La idea de que el COVID-19 es una pandemia letal también ha sido desmentida por las estadísticas de mortalidad por todas las causas, que demuestran que, durante el 2020, las tasas de mortalidad se mantuvieron estables.[38]

Otras tácticas que provocan miedo incluyen declaraciones públicas que exageran la amenaza que representa el COVID-19 en los niños, jóvenes y estudiantes, así como el riesgo de que los jóvenes transmitan la enfermedad a maestros y adultos mayores. Incluso Anthony Fauci admitió que los estudiantes representan poca o ninguna amenaza para los maestros o personas de edad avanzada, por lo que deberían reabrir las escuelas.[39]

Clasificación de las pruebas positivas de PCR defectuosas como un "caso" de infección activa de COVID

Aunque en un principio se utilizó el número de muertes para infundir miedo, con el tiempo la táctica cambió y se comenzó a decir que "había un número creciente de casos entre personas jóvenes." Estas noticias o declaraciones de salud pública suelen ir acompañadas de gráficas inquietantes, siempre con una tendencia ascendente, así como con advertencias urgentes sobre la llegada de una "segunda o tercera ola" de hospitalizaciones masivas y muertes inminentes si las personas no agachan la cabeza, obedecen a la autoridad y se aíslan de la misma forma en que lo hicieron al principio de la pandemia.

Sin embargo, estas historias casi nunca mencionan que hoy en día se realizan 10 veces más pruebas que al principio de la pandemia, o que cada vez hay más evidencia sobre los falsos positivos debido a que los laboratorios hacen una amplificación excesiva de lo que se supone son muestras virales de hisopos nasales y faríngeos.

De vez cuando, estas noticias alarmantes admiten que, aunque las muertes por COVID-19 han disminuido, esto podría cambiar de la noche a la mañana si las personas dejan de utilizar cubrebocas e intentan hacer su vida lo más normal posible, pero siempre tienen la misma nota optimista, que los casos de infección y muerte comenzarán a disminuir en cuanto se vacune a toda la población.

Pero ¿a qué se refieren los expertos y los medios de comunicación cuando dicen un número creciente de "casos" de COVID-19?

¿Significa que hoy en día se enferman y mueren más personas por COVID-19 que antes? De ser así ¿por qué las estadísticas oficiales de los CDC y otras bases de datos de salud pública demuestran una disminución en el número de muertes por COVID-19 en los Estados Unidos y el mundo, incluso cuando los casos de gripe y neumonía se cuentan de forma engañosa como casos de COVID-19?[40]

O ¿Será que solo significa que en la actualidad cada vez más personas, pero sobre todo los jóvenes, se están haciendo la prueba y terminan con un resultado positivo? Y si ese el caso, entonces ¿qué significa *eso* realmente? Como lo señala el exreportero del New York Times, Alex Berenson, en su libro *Unreported Truths About COVID-19 and Lockdowns*: "se considera un caso de coronavirus cuando se obtiene un resultado positivo en la prueba, pero esto no significa que la persona se enfermará y mucho menos que será hospitalizada, necesitará cuidados intensivos o morirá".[41]

Hoy en día, la prueba de reacción en cadena de la polimerasa es el método principal para detectar COVID-19, pero esta prueba tiene dos grandes problemas. En primer lugar, la prueba de PCR no puede distinguir entre virus inactivos y virus "vivos" o reproductivos[42] y este punto es crucial, ya que, en términos de infectividad, no se puede comparar un virus inactivo con un virus reproductivo, porque si tiene un virus no reproductivo, no se enfermará ni podrá contagiar a los demás. Por esta razón, la prueba de PCR es una herramienta de diagnóstico muy poco confiable.

En segundo lugar, la mayoría de los laboratorios, amplifican el ARN recolectado demasiadas veces, lo que provoca que personas sanas den positivo, así que, en términos de diagnóstico, para que la prueba de PCR sirva de algo, los laboratorios necesitarían reducir de manera considerable el número de ciclos de amplificación que utilizan.

Así son las pruebas de PCR: el hisopo de PCR recolecta ARN de su cavidad nasal, después este ARN se transcribe de forma inversa en ADN. Sin embargo, son tan pequeños que es necesario amplificarlos para que sean visibles y a cada ronda de amplificación se le conoce como ciclo y la cantidad de ciclos de amplificación que utiliza cualquier prueba o laboratorio se denomina umbral de ciclo (CT). Mientras mayor sea el CT, mayor es el riesgo de que las secuencias diminutas de ADN viral se amplifiquen hasta el punto de dar un resultado positivo, incluso si su carga viral es muy baja o el virus es inactivo, lo que no representa una amenaza para nadie.

De hecho, muchos científicos señalan que cualquier ciclo mayor a 35 es científicamente inadmisible.[43] Incluso el Dr. Anthony Fauci que es uno de los principales defensores de los experimentos de ganancia de función y las vacunas obligatorias, admitió que las posibilidades de que un resultado positivo de PCR a 35 ciclos o más sea exacto, "son muy bajas".[44]

El 28 de septiembre de 2020[45] *Clinical Infectious Diseases* publicó un estudio que reveló que cuando se realiza una prueba de PCR con un CT de 35 o más, la precisión es de un 3 %, lo que provoca una tasa de 97 % de falsos positivos. Sin embargo, las pruebas que recomienda la Organización Mundial de la Salud se establecen en 45 ciclos,[46] mientras que en los Estados Unidos, la Administración de Alimentos y Medicamentos y los Centros para el Control y la Prevención de Enfermedades recomiendan realizar pruebas de PCR a un CT de 40.[47] La pregunta es por qué, ya que el consenso científico es que los CT por encima de 35 invalidan la prueba. Es obvio que cuando los laboratorios utilizan umbrales de ciclo tan elevados, terminan con un número exagerado de pruebas positivas, así que no se trata de una pandemia, sino de una "casodemia", que es una epidemia de falsos positivos.[48]

Como señaló el autor y periodista de investigación Jon Rappoport:

> *Todos los laboratorios estadounidenses que siguen las directrices de la FDA están cometiendo fraude, sin importar si lo hacen de manera deliberada o no. Se trata de un fraude sin precedentes, ya que se basan en un resultado falso positivo para decirle a millones de personas que están infectadas con el virus, lo que significa que, en los Estados Unidos, el número total de casos de COVID basados en esta prueba, no son más que una gran mentira. Los confinamientos y otras medidas restrictivas que implementaron también se basaron en este número engañoso de casos.*[49]

Entonces, si un CT por encima de 35 no está científicamente justificado ¿cuál es el CT que debería utilizarse? Ya se han realizado un gran número de estudios sobre este tema, por lo que hay bastante información al respecto. A pesar de esto, la OMS, la FDA y los CDC no redujeron su nivel de CT recomendado, lo que es una clara señal de que no les interesa obtener información más precisa sobre la tasa de infección.

Por ejemplo, en abril de 2020, *European Journal of Clinical Microbiology and Infectious Diseases* publicó un estudio que demuestra que para que todos los casos sean 100 % de positivos confirmados, la prueba de PCR debe realizarse a 17 ciclos, lo que significa que más de 17 ciclos, reducen de manera significativa la precisión de la prueba.[50]

Utilizar 33 ciclos proporciona una tasa de precisión del 20 %, es decir, el 80 % de los resultados son falsos positivos y al superar los 34 ciclos, la tasa de precisión de la prueba se reduce a 0. El 3 de diciembre de 2020 se publicó una revisión sistemática en la revista *Clinical Infectious Diseases*, en la que no se pudieron encontrar virus vivos en las pruebas que utilizaron un CT superior a 24 en la que se obtuvieron resultados positivos.[51]

Lo que estos estudios demuestran es que si realmente tiene síntomas de COVID-19 y da positivo en una prueba de PCR que se realizó a 35 ciclos de amplificación o más, podría significar que está infectado y puede contagiar, si *no* tiene síntomas, pero da positivo a una prueba de PCR que se realizó a un CT de 35 o más, entonces podría tratarse de un falso positivo que no representa ningún riesgo para los demás, ya que la probabilidad de ser portador de algún virus vivo es mínima. De hecho, siempre que sea asintomático, es poco probable que pueda contagiar, incluso si da positivo en una prueba con un CT de 24 en adelante. Esto respalda los hallazgos que presentamos al principio de este capítulo, que demuestran que las personas asintomáticas (aquellas que dan positivo en la prueba, pero no presentan síntomas) tienen muy pocas probabilidades de transmitir el virus vivo a otras personas.

De acuerdo con Stephen A. Bustin, profesor de medicina molecular y reconocido experto a nivel mundial en pruebas de PCR, un resultado positivo con un CT de 35 o más, equivale a una sola copia de ADN viral, por lo que la probabilidad de causar un problema de salud es muy baja.[52]

Así que, si su objetivo es provocar miedo, vender más pruebas de PCR o implementar más confinamientos, todo lo que tiene que hacer es solicitar más pruebas y manipularlas de tal forma que las personas que no están enfermas o no contagian, representen una amenaza para la sociedad, con la capacidad de infectar y propagar el virus. Considerando que son tan pocos los gobiernos que han tomado las medidas necesarias para remediar esta inflación de casos de COVID-19—lo cual es bastante fácil de hacer—la pregunta que debemos hacernos es si mantener a la población bajo un estado constante de miedo forma parte de su plan.

En diciembre de 2020, Florida se convirtió en el primer estado estadounidense en exigir a los laboratorios que informen sobre el umbral de ciclo que utilizan en sus pruebas de PCR.[53] Mientras tanto, en Europa, un tribunal de Portugal dictaminó que la prueba de PCR "no es una prueba confiable para el SARS-CoV-2 y, por lo tanto, cualquier cuarentena que se imponga con base en sus resultados se considera ilegal".[54] Por otro lado, China acabó con todos los problemas relacionados con las pruebas de PCR al realizarlas solo en personas que sí presentan síntomas.

En cuanto a cómo confirmar de forma adecuada un diagnóstico de COVID-19, una revisión de las pruebas de PCR establece categóricamente que:

> *Para determinar si los productos amplificados en realidad son genes del SARS-CoV-2, es esencial la validación biomolecular de los productos de PCR amplificados y para una prueba de diagnóstico, esta validación es una necesidad absoluta.*
>
> *La validación de los productos de PCR se debe realizar al probar el producto de PCR en un gel de agarosa-EtBr al 1% junto con un indicador de tamaño (regla o escalera de ADN) de modo que se pueda estimar el tamaño del producto. El tamaño debe corresponder con el tamaño calculado del producto de amplificación. Aunque lo mejor es secuenciar el producto de amplificación, ya que este proceso proporciona una certeza del 100 % sobre su identidad. Sin validación molecular, no se puede estar seguro de la identidad de los productos de PCR amplificados... [énfasis añadido].*[55]

Una petición de la Agencia Europea de Medicamentos presentó un argumento similar a favor de la secuenciación molecular confirmatoria para detener los ensayos de la vacuna anti-COVID-19 que utilizan pruebas de PCR engañosas.[56]

El artículo en el que se basan las pruebas de PCR tiene graves errores

El 30 de noviembre de 2020, un equipo de 22 científicos internacionales publicó una crítica feroz[57] en la que ponen en evidencia todos los errores del artículo científico escrito por (entre otros) Christian Drosten, PhD y Victor Corman en el que se basan las pruebas de PCR para el SARS-CoV-2.[58] El artículo de Corman-Drosten y el flujo de trabajo que describe había sido rápidamente aceptado por la Organización Mundial de la Salud para ser utilizado como el estándar mundial.

Según Reiner Fuellmich, miembro fundador de la Comisión Extraparlamentaria de Investigación del Coronavirus en Alemania (Außerparlamentarischer Corona Untersuchungsausschuss),[59] Drosten es uno de los culpables principales de la pandemia ficticia del COVID-19.

Los científicos exigieron la retracción del artículo de Corman-Drosten debido a varios "errores graves", como el hecho de que se escribió (y la prueba en sí se desarrolló) antes de que hubiera un aislamiento viral disponible. Todo lo que usaron fue la secuencia genética que científicos chinos publicaron en línea en enero de 2020.

El hecho de que el artículo se publicó solo 24 horas después de enviarse, también sugiere que ni siquiera se sometió a una revisión por pares. En una entrevista de *UncoverDC*, Kevin Corbett, PhD, uno de los 22 científicos que exigieron la retractación del artículo, declaró:

> *. . . este artículo refuta cada fundamento científico que se utilizó para desarrollar esa prueba, es como el Hiroshima y Nagasaki de la prueba del COVID.*
>
> *Cuando Drosten desarrolló la prueba, China no les había proporcionado un aislamiento viral, por lo que la crearon a partir de una secuencia en un banco de genes. ¿qué le parece? China les dio una secuencia genética sin el aislamiento viral, es decir, tenían un código, pero no un sujeto para el código. No tenían morfología viral.*
>
> *Es como si fuera a la pescadería, le dieran unas cuantas espinas y le dijeran, "aquí está su pescado", pero podría tratarse de cualquier pez. Para dejarlo más claro, el artículo de Corman-Drosten, no cuenta con información de ningún paciente, solo se basaron en bancos de genes y los fragmentos de la secuencia del virus que les faltaban, pues se los inventaron, los crearon de forma sintética para rellenar la información que faltaba.*
>
> *El artículo de Drosten tiene 10 errores muy graves, pero el más grave de todos es que no había un aislamiento viral para validar lo que estaban haciendo. Desde entonces, han habido artículos que afirman haber producido aislamientos virales, pero en realidad son poco precisos. En julio, los CDC publicaron un artículo que decía: "aquí está el aislamiento viral". Pero sabe lo que hicieron, solo analizaron a una persona que había estado en China y tenía síntomas de resfriado. Sí, una sola persona. Así que asumieron que tenía [COVID-19]. Así que como puede ver, todo está lleno de fallas.*[60]

En parte, la conclusión de la revisión dice:

> *Reconocer los errores en el artículo de Corman-Drosten ayudará a minimizar el costo humano y el sufrimiento por venir. ¿No cree que a Eurosurveillance le convenga retractarse de este artículo? Nuestra conclusión es clara. A pesar de todos los defectos y errores del diseño del*

> *protocolo de PCR descritos aquí, concluimos que: no se basa en el marco de la integridad y responsabilidad científica.*[61]

Un estudio que se publicó el 20 de noviembre de 2020 en Nature Communications refuerza las críticas contra las pruebas de PCR, que es lo mismo de lo que hemos hablado a lo largo de este capítulo, y es que no se encontró ningún virus viable en las pruebas de PCR positivas.[62]

Demandas colectivas contra las pruebas fraudulentas del SARS-CoV-2

A principios de octubre de 2020, un equipo internacional de abogados de acción colectiva, dirigido por Reiner Fuellmich, anunció que pronto presentarán demandas masivas contra varios gobiernos por utilizar pruebas de anticuerpos y PCR imprecisas, que le generan cuantiosas ganancias a las grandes compañías farmacéuticas y demás instituciones relacionadas con las vacunas y pruebas, para justificar los bloqueos y la violación de las libertades civiles básicas que han afectado de una forma inimaginable la salud pública, los negocios y a los ciudadanos.[63]

Como afirma Fuellmich, las pruebas de PCR, según los folletos que vienen con los kits de prueba, no deben considerarse verdaderas pruebas de diagnóstico para confirmar la enfermedad. Incluso los CDC admitieron en una declaración del 13 de julio de 2020 que es posible que las pruebas de PCR "no siempre indiquen la presencia de un virus infeccioso", "incluso a veces no comprueban que un fragmento del SARS-CoV-2 sea la causa de los síntomas clínicos" y no pueden descartar enfermedades causadas por otros patógenos bacterianos o virales.[64]

El 20 de septiembre de 2020, "médicos y profesionales de la salud enviaron una carta abierta a las autoridades y todos los medios de comunicación en Bélgica, en la que reiteran algunas de las graves deficiencias de las pruebas de PCR en las que se basan las autoridades para afirmar que hay un creciente número de casos en todo Estados Unidos, Europa y el mundo:

> *El uso de la prueba de PCR inespecífica, que produce muchos falsos positivos, contribuyó con el incremento en el número de casos. La aprobaron como procedimiento de emergencia y nunca se aprobó de forma adecuada. El desarrollador advirtió de forma abierta que esta prueba estaba destinada a la investigación y no al diagnóstico.*
>
> *La prueba de PCR funciona con ciclos de amplificación de material genético, en el que cada vez se amplifica una parte del genoma.*

> *Cualquier contaminación (por ejemplo, otros virus, restos de genomas de virus antiguos) puede provocar falsos positivos.*
>
> *Además, la prueba no mide la cantidad de virus en la muestra, una infección viral real significa una presencia masiva de virus, que se conoce como carga viral. Por lo que, si alguien da positivo, no significa que esa persona esté clínicamente infectada, enferma o vaya a enfermarse [énfasis añadido].*[65]

Dado que un resultado positivo en la prueba de PCR no puede indicar de manera confiable o automática una infección activa o infectividad, no hay ninguna justificación para que las medidas sociales que han implementado solo se basen en estas pruebas.

El 20 de enero de 2021, casi una hora después de la toma de posesión de Joe Biden como el 46 ° presidente de los Estados Unidos, de la noche a la mañana, la Organización Mundial de la Salud redujo el umbral del ciclo de PCR (CT) recomendado,[66] lo que hizo que disminuyera el número de "casos", es decir, los resultados positivos de las pruebas de PCR. Al día siguiente, 21 de enero de 2021, el presidente Biden anunció que restablecería el apoyo financiero de Estados Unidos a la OMS.[67] La Dra. Meryl Nass explica: "el 14 de diciembre[68] y una vez más el 20 de enero[69], la OMS dio instrucciones a los usuarios y fabricantes de pruebas de PCR para reducir los umbrales de ciclo. La guía del 14 de diciembre expresó la preocupación de la OMS con respecto a "un riesgo elevado de resultados falsos de SARS-CoV-2" y señaló "que podría causar que una muestra con un resultado de valor umbral de ciclo alto se interprete [*incorrectamente*] como un resultado positivo "".[70] A medida que se redujeron los ciclos de PCR, los nuevos "casos" disminuyeron un 60 %, es decir, en enero pasamos de 250 000 nuevos casos por día a 100 000, mientras que las tasas de hospitalización[71] relacionadas con COVID también disminuyeron de un máximo de 132 500 a 71 500 entre el 6 de enero y 12 de febrero.[72] Por supuesto que las autoridades sanitarias y los medios de comunicación dijeron que esta fuerte caída en el número de "casos" y hospitalizaciones se debía a las vacunas, el uso de cubrebocas y el distanciamiento social, pero jamás mencionaron la modificación que hizo la OMS en las pruebas de PCR.

Las medidas por COVID-19 pusieron a la población al borde de la histeria

El 30 de marzo de 2020, en una entrevista para *The Post*, el juez de la Corte Suprema británica Lord Sumption resume de excelente manera los peligros de provocar miedo. Sumption advirtió que las medidas contra el COVID-19 abren las puertas al despotismo: el ejercicio del poder absoluto de una manera cruel y opresiva.

> *El verdadero problema es que cuando las sociedades humanas pierden su libertad, no suele ser porque los tiranos se la hayan quitado. Por lo general, se debe a que las personas renuncian a su libertad a cambio de protección contra alguna amenaza externa. Y la amenaza suele ser una amenaza real, pero muy exagerada.*
>
> *Eso es lo que me temo que estamos viviendo ahora. La presión sobre los políticos proviene del público. Quieren soluciones. No se detienen a preguntar si lo que hacen funcionará. No se preguntan si valdrán la pena las consecuencias. Quieren soluciones de todos modos. Y quien haya estudiado historia reconocerá los síntomas clásicos de la histeria colectiva.*
>
> *La histeria es contagiosa. El miedo provoca que exageramos la amenaza y dejemos de preguntarnos si la cura podría ser peor que la enfermedad.*[73]

De hecho, en cuestión de meses, pasamos de tener un estado de libertad a un estado de totalitarismo, y esto se logró a través de la ingeniería social, que por supuesto implica la manipulación psicológica.

La censura y la propaganda solo son dos estrategias que dan forma y moldean a una población. Y como puede ver, la "tabla de coerción" del profesor de psiquiatría Albert Biderman[74] que incluye los siguientes métodos, tiene muchas cosas en común con las medidas que implementaron para combatir el COVID-19:

Técnicas de aislamiento: cuarentenas, distanciamiento social, aislamiento de los seres queridos y confinamiento solitario.

Monopolización de la percepción: monopolizar el ciclo de noticias las 24 horas del día, los 7 días de la semana, censurar las opiniones disidentes y crear entornos estériles al cerrar bares, gimnasios y restaurantes.

Técnicas de discriminación: al reprender o avergonzar (o incluso agredir físicamente) a quienes se niegan a usar cubrebocas o hacer distanciamiento social, o que, en pocas palabras, eligen vencer el miedo para recuperar su libertad.

Debilidad inducida: ser obligado a quedarse en casa y no poder hacer ejercicio ni socializar.

Amenazas: amenazas como quitarle a sus hijos, prolongar los confinamientos, cerrar su negocio, ponerle multas por no cumplir las medidas obligatorias de uso de cubrebocas, distanciamiento social, vacunación, etc.

Demostrar omnipotencia: cerrar el mundo entero aprovechándose de su autoridad científica y médica.

Hacer cumplir demandas triviales: algunos ejemplos incluyen a miembros de la familia que se ven obligados a pararse a 2 metros de distancia a pesar de que llegaron juntos en el mismo automóvil, tener que utilizar cubrebocas cuando entra a un restaurante a pesar de que puede quitársela tan pronto como se siente, o tener que usarlo al caminar solo en la playa.

Libertad ocasional: por ejemplo, reabrir algunas tiendas y restaurantes, pero solo a cierta capacidad. Parte del plan de coerción es que le darán libertades, para después volver a quitárselas.

Es momento de hacernos algunas preguntas muy urgentes. ¿Vale la pena esperar a que el gobierno acabe con *todo* el virus y detenga *todas* las muertes? Ya demostraron que no pueden hacerlo, pero seguimos renunciando a más libertades porque afirman que esto mantendrá la seguridad. Es una mentira tentadora, pero una mentira de todos modos.

Tarde o temprano tendrá que decidir qué es más importante: los derechos humanos y las libertades constitucionales, o la falsa seguridad. La buena noticia es que muchas personas finalmente están despertando de esta pesadilla y ya empezaron a ver que nos han engañado y están empezando a elegir la libertad sobre el totalitarismo brutal en nombre de la salud pública.

Recuerde lo que dijo Ben Franklin: "aquellos que pueden dejar la libertad esencial por obtener un poco de seguridad temporal, no merecen, ni libertad, ni seguridad.

La verdad es que volver a la normalidad no forma parte de los planes de los tecnócratas, el plan es cambiar la sociedad *para siempre.* Y parte de ese cambio es desaparecer las libertades civiles y derechos humanos, algo que está sucediendo más rápido de lo que cualquiera podría imaginar.

CAPÍTULO SEIS

Cómo protegerse contra el COVID-19

Por el Dr. Joseph Mercola

El incremento radical en el consumo de alimentos procesados ha provocado la epidemia de enfermedades crónicas de la que hemos sido testigos en los últimos 100 años, algo que es fácil de comprobar al analizar las estadísticas generales de salud, mortalidad, y ahora del COVID-19. Como se mencionó en el capítulo 4, la mayoría de las personas que experimentan una enfermedad grave por COVID no solo tienen una, sino varias enfermedades o comorbilidades subyacentes.

Las más comunes incluyen resistencia a la insulina, obesidad, diabetes e hipertensión, sin embargo, hay otras afecciones como las enfermedades pulmonares, el cáncer y la demencia que también han contribuido con este problema. Pero ¿por qué son estas enfermedades tan comunes?

En muchos aspectos, debemos responsabilizar a las grandes compañías agrícolas, alimentarias y farmacéuticas por esta pandemia, ya que son responsables de la epidemia de mala salud crónica que está detrás de los casos graves por COVID-19. A pesar de que estas industrias nos han hecho creer que es normal tener una enfermedad crónica, es muy importante entender que no hay nada normal en eso, de hecho, ni siquiera debería considerarse algo aceptable. Existen estrategias simples, seguras, muy efectivas y relativamente económicas que pueden estimular su sistema inmunológico para ayudarlo a protegerse no solo del COVID-19 sino de prácticamente todas las enfermedades crónicas.

La responsabilidad recae en las compañías alimentarias, agrícolas y farmacéuticas

En el capítulo 4 mencionamos que no es el virus en sí el que causa la mayoría de las muertes por COVID-19, sino las comorbilidades, que son el resultado directo de una alimentación a base de alimentos ultraprocesados que ha sido implementada, promovida y mantenida por las grandes compañías alimentarias y agrícolas, así como por la dependencia excesiva en las soluciones temporales de las grandes compañías farmacéuticas que solo se enfocan en tratar los síntomas.

La buena noticia es que está en sus manos recuperar su salud. En este capítulo revisaremos el tipo de alimentación que debe implementar con el fin de optimizar salud y bienestar, así como de los suplementos para combatir las enfermedades crónicas y las infecciones virales y otras estrategias que lo hacen más resistente a enfermedades e infecciones de cualquier tipo.

Pero primero quiero hablar un poco de cómo llegamos hasta esta situación. Mencionaré el papel protagónico que han tenido las grandes compañías alimentarias y agrícolas en esta pandemia (reservamos el capítulo 7 para hablar a mayor detalle de las grandes compañías farmacéuticas). Al avanzar en esta lectura, le quedará más claro que nunca que los intereses de estas compañías están detrás tanto de la epidemia de enfermedades crónicas como de la pandemia del COVID-19.

Si le buscáramos un lado positivo a esta pandemia, sería que ha puesto en evidencia las negras intenciones de las grandes compañías agrícolas, alimentarias y farmacéuticas. A pesar de hacer todo lo posible por ocultarlo, se ha demostrado que un estilo de vida saludable proporciona inmunidad básica para este tipo de infecciones y sus catastróficas consecuencias.

Así que, para no depender de medicamentos y vacunas poco confiables, *puede* tomar control de su salud al fortalecer su sistema inmunológico innato. Esta es la realidad: la inmunidad natural es de por vida, pero la inmunidad artificial de vacunas sintéticas y potencialmente dañinas es temporal. A la larga, la única forma de erradicar el COVID-19 es mejorando la salud de la población y para lograrlo, debemos hacer hincapié en la importancia de una alimentación saludable.

Las artimañas de la industria alimentaria para que consuma sus productos

Debemos dejar claro que aquí el verdadero problema son las afecciones subyacentes como la obesidad, las enfermedades cardíacas y la diabetes. Por ejemplo, solo la obesidad duplica el riesgo de ser hospitalizado por COVID-19 e incrementa de 3.68 a 12 veces el riesgo de muerte, según el grado de esta enfermedad. Mientras que los alimentos procesados (cargados con aceites vegetales industrialmente procesados) y las sodas (repletas de azúcar) son una de las causas principales de las enfermedades crónicas, por lo que también desempeñan un papel clave en las hospitalizaciones y muertes por COVID-19.

Más allá del potencial adictivo de estos alimentos y bebidas, está el marketing que emplean para venderlos, que atrae a las personas para comprar y consumir más productos procesados, esto incluye estrategias como colocar la comida chatarra al nivel de los ojos en los estantes de los supermercados.

En un artículo editorial que se publicó en *BMJ*, tres investigadores citaron la importancia que desempeña la industria alimentaria en las tasas de obesidad y en última instancia, en las muertes por COVID-19.[1] Según los autores, "ahora queda claro que la industria alimentaria no solo es uno de los culpables principales de la pandemia de obesidad sino también de la gravedad de la enfermedad por COVID-19 y sus devastadoras consecuencias".

Para demostrarlo, se le pidió a la industria alimentaria que deje de promover alimentos y bebidas poco saludables, y a los gobiernos, que obliguen a todos a crear una nueva formulación de los alimentos para mejorar la salud.

Sin embargo, incluso en medio de la pandemia del COVID-19, las corporaciones multinacionales de alimentos y bebidas se las ingenian para interferir con las políticas públicas y obstaculizar el desarrollo de directrices alimentarias. Según un informe que publicó el grupo de campaña Corporate Accountability,[2] más de la mitad de los miembros designados para el Comité Asesor de Guías Alimentarias 2020 (DGAC) tienen algún tipo de relación con el Instituto Internacional de Ciencias de la Vida (ILSI), una organización sin fines de lucro fundada por un ejecutivo de Coca-Cola hace 40 años[3] y recibe donaciones de empresas multinacionales de comida chatarra como Coca-Cola, PepsiCo, McDonald's, General Mills y Cargill. El reporte advirtió que, con el fin de proteger la salud pública, se debe poner un alto al conflicto de interés.

Se supone que el DGAC es un comité independiente, que revisa la evidencia científica y proporciona un reporte para ayudar a desarrollar las directrices alimentarias para las personas en los Estados Unidos, y como fuente de consulta sobre nutrición, el DGAC determina lo que comen en las escuelas más de 30 millones de niños en edad escolar y establece las recomendaciones nutricionales paras las madres primerizas, personas de edad avanzada, veteranos y otros beneficiarios de educación nutricional y alimentos que ofrece el gobierno federal.

Así que puede ver como su estrecha relación con el ILSI deja muy claro que el DGAC es todo, menos independiente. Se ha demostrado que el ILSI es cómplice de la industria de comida chatarra y los documentos internos revelan que el instituto se unió a los paneles de salud pública de Europa y de las Naciones Unidas en un esfuerzo por promover su propia agenda cuyo objetivo principal es beneficiar a la industria a costa de la salud pública mundial.[4]

Además, un reporte de Corporate Accountability analizó con mayor detalle "la influencia y el conflicto de interés" del ILSI en otros procesos críticos de políticas gubernamentales, como la actualización de las bases de datos nacionales sobre la composición de alimentos.

Pero a pesar de que en un acto sin precedentes los denunciaron públicamente, la influencia de estos gigantes de la comida chatarra sigue siendo omnipresente. "Incluso en tiempos de crisis, como en la pandemia del COVID-19 de hoy, los patrocinadores del ILSI no sienten escrúpulos en hacer cumplir su objetivo", afirmó Corporate Accountability, y agregó:

> *En la India, a pesar de las posibles consecuencias para la salud y el bienestar de los trabajadores y la comunidad, corporaciones como Coca-Cola, PepsiCo y Nestlé enviaron cartas al gobierno para solicitar que la fabricación de alimentos y bebidas esté exenta de los cierres por la pandemia y se considere un "servicio esencial", aunque no vender bebidas endulzadas con azúcar que deterioran el sistema inmunológico durante este tiempo sería lo más beneficioso que podrían hacer estas corporaciones por la salud pública.*[5]

La comida chatarra influye en el creciente número de muertes por COVID-19

Los alimentos procesados, que se elaboran con componentes que se extraen de otros alimentos, como la proteína aislada de soya o la carne de granjas industriales, a los que luego se les agrega sal, azúcar o aceite vegetal industrialmente procesado (o incluso los tres ingredientes), están diseñados para ser atractivos, hiperpalatables y adictivos, lo que se logra a través de aditivos, envases llamativos, estrategias de marketing y claro, el factor de la "practicidad".

Además, este tipo de alimentos procesados contienen muchas calorías, pero carecen de vitaminas, minerales, enzimas vivas, micronutrientes, grasas saludables y proteínas de alta calidad que el cuerpo necesita y también aumentan la rapidez con la que come y retrasan la sensación de saciedad, lo que provoca obesidad y disfunción metabólica.

Pero eso no es todo, también incrementan el riesgo de problemas de salud como obesidad, cáncer, diabetes tipo 2 y enfermedades cardiovasculares que, a su vez, lo hacen más vulnerable al COVID-19 y comprometen el microbioma intestinal que influye en la respuesta inmunológica a las infecciones y en su salud en general.

Incluso antes de que surgiera el SARS-CoV-2, los alimentos procesados ya representaban una amenaza para la salud. De hecho, une estudio de 2019 descubrió que comer más de cuatro porciones de alimentos procesados al día incrementa un 62 % el riesgo de muerte prematura.[6] Inclusive, durante esta pandemia, los efectos dañinos de este tipo de alimentos se han hecho más evidentes que nunca. Dado que las comorbilidades causadas por la alimentación provocan el 94 % de las muertes relacionadas con COVID-19,[7] tomar control de su alimentación es una estrategia muy simple y lógica que lo ayudará a reducir los riesgos que se relacionan con esta infección.

El Dr. Aseem Malhotra, cardiólogo británico, es uno de los que advierte que una mala alimentación puede incrementar el riesgo de morir por COVID-19 y dijo a la BBC que los alimentos procesados constituyen más de la mitad de todas las calorías que consumen los británicos. También tuiteó lo siguiente: "el gobierno y la salud pública de Inglaterra son muy ignorantes y negligentes por no decirle a la población que necesita cambiar su alimentación".[8]

En el lado positivo, también afirma que consumir alimentos nutritivos durante un mes podría ayudarlo a bajar de peso, reducir el riesgo de sufrir diabetes tipo 2 y mejorar su salud, por lo que tendrá muchas más posibilidades de sobrevivir al COVID-19[9] en caso de contraerlo, además solicitó a la industria alimenticia que "detenga la comercialización masiva y la venta de alimentos ultraprocesados".

Por otro lado, el Dr. Robert Lustig, profesor emérito de pediatría en la división de endocrinología de la Universidad de California-San Francisco, también ha hablado de forma abierta sobre la relación entre la alimentación y los riesgos del COVID-19, al afirmar:

> *El COVID-19 no distingue a quién infecta, pero sí distingue a quién mata. Además de las personas de edad avanzada, también afecta a personas de raza negra, así como a personas con obesidad o enfermedades preexistentes. Pero ¿qué tienen en común estos tres factores? Los alimentos ultraprocesados. Y es que este tipo de alimentos produce inflamación en el cuerpo, lo que crea el entorno perfecto para el COVID-19.*
>
> *Así que nunca es demasiado tarde para mejorar su alimentación.*[10]

Los alimentos procesados son especialmente dañinos para las comunidades pobres

Las personas que viven en la pobreza, ya sea en países en desarrollo o desarrollados, son las más vulnerables a los problemas de salud que causan los alimentos procesados y que empeoran el COVID-19 y según Malhotra: "El número desproporcionado de personas de raza negra y minorías étnicas que sucumben ante el virus, en parte podría deberse a que estos grupos tienen un riesgo significativamente mayor de enfermedad metabólica crónica".[11]

Incluso antes de la pandemia del COVID-19, las grandes compañías alimentarias se enfocaban en las personas de bajos recursos para vender sus productos. Tras las iniciativas de Brasil para combatir la tendencia, Ecuador, Uruguay y Perú recomendaron a sus ciudadanos evitar los alimentos procesados y remplazarlos por alimentos naturales.[12]

Los desiertos alimentarios promueven el aprovechamiento alimentario de las personas de bajos recursos, el USDA define *desierto alimentario* como una zona de bajos ingresos donde muchos de sus residentes tienen poco acceso a un supermercado o tiendas de alimentos.[13] Además de la falta de puntos de venta de alimentos que ofrezcan alimentos saludables, la falta de transporte es otro factor importante, ya que los residentes tienen que caminar con sus alimentos o tomar el autobús, lo que significa que deben llevar menos alimentos, y el transportar artículos perecederos puede hacer que sea más difícil obtener ciertos alimentos saludables.

Su alimentación influye en su función inmunológica

Una alimentación saludable puede ayudarlo a combatir la resistencia a la insulina y la obesidad, así como prevenir la mayoría de las enfermedades crónicas. Por supuesto, lo que no se come también es importante. Por esa razón es que su principal prioridad debería centrase en evitar el consumo de alimentos procesados y comida chatarra.

Incluso si solo come alimentos enteros y saludables, es importante saber que 9 de cada 10 personas no tienen una buena salud metabólica. ¿Cómo saber si forma parte de esta mayoría? Si responde de forma afirmativa a cualquiera de estas cuatro preguntas, entonces es muy probable que forme parte de esta mayoría y mientras más respuestas afirmativas, mayor es la probabilidad de que tenga problemas metabólicos.

- ¿Tiene diabetes?
- ¿Tiene presión arterial alta?
- ¿Tiene sobrepeso?
- ¿Sus niveles de triglicéridos en ayunas superan sus niveles de HDL?

Si su salud metabólica no está en buenas condiciones, entonces lo mejor sería limitar su consumo de carbohidratos netos (carbohidratos totales menos fibra) a unos 50 gramos al día o alrededor del 15 % de su consumo total de calorías. La mejor manera de calcular esto sería utilizar una aplicación gratuita Cronometer, de lo que hablaré con mayor detalle en la siguiente sección.

Una vez que recupere su flexibilidad metabólica, resuelva su resistencia a la insulina y asegúrese de estar en un peso ideal. Posteriormente, podrá reincorporar los carbohidratos de forma cíclica, y según la cantidad de ejercicio que realice, podría triplicar su consumo, pero lo repito, lo mejor es hacerlo de forma cíclica. Para algunos, eso podría significar cada dos días, mientras para otros, podría ser una o dos veces por semana.

Para obtener una guía mucho más detallada sobre la cetosis cíclica y una guía sobre cómo prevenir e incluso revertir las enfermedades crónicas que afectan a nuestra sociedad y nos hacen vulnerables al COVID-19, consulte mis dos libros anteriores, *Contra el Cáncer* y *KetoFast*.

La grasa más peligrosa de todas

Mi próximo libro se centrará en el ácido linoleico omega-6 (LA), que es el tipo de grasa omega-6 que más se consume, ya que representa casi el 90 % del consumo total y es una de las causas principales de todas las enfermedades crónicas. Si bien es cierto que consumir mucha azúcar es malo para su salud lo mejor es limitar su consumo por las razones mencionadas en la sección pasada. El ácido linoleico causa muchos más daños oxidativos que el azúcar. Es verdad que es una grasa esencial, pero cuando se consume en grandes cantidades, se convierte en un veneno metabólico que afecta la función de las mitocondrias y destruye las células.

Sus efectos adversos se deben sobre todo a que es una grasa muy perecedera y propensa a oxidarse. A medida que la grasa se oxida, se descompone en subproductos, como los productos finales de oxidación lipídica avanzada (ALE) y los metabolitos de LA oxidados (OXLAM), que son muy dañinos incluso en cantidades bajas. Un tipo de producto final de oxidación lípidica avanzada es 4HNE, un mutágeno conocido por dañar el ADN y, por ejemplo, los estudios demuestran que existe una correlación entre los niveles elevados de 4HNE y la insuficiencia cardíaca. Además, la cantidad de LA en el tejido adiposo y las plaquetas también se relaciona con la enfermedad coronaria. El LA se descompone más rápido en 4HNE cuando se calienta. Por esa razón los cardiólogos recomiendan evitar los alimentos fritos. Por lo que consumir ácido linoleico, así como los ALES y OXLAMS que produce, también representa un factor importante en el cáncer.

Los aceites vegetales procesados son una de las fuentes principales de LA, pero también se puede encontrar en alimentos que afirman ser saludables, como el aceite de oliva, el pollo y el salmón de criadero. En otras palabras, aunque consumir poco LA no causa problemas, hacerlo en exceso sí, y el problema es que casi todas las personas consumen demasiado ácido linoleico y la mayoría no sabe que puede provocar consecuencias devastadoras en su salud. Es importante señalar que consumir más omega-3 no es la respuesta, ya que eso no contrarrestará el daño que causa el exceso de LA, así que lo único que puede hacer para evitar sus efectos dañinos es consumir menos grasas omega-6.

El consumo de ácido linoleico también podría influir en su riesgo de COVID-19

Consumir LA incluso podría tener un impacto directo en su riesgo de COVID-19, ya que según un informe publicado en septiembre de 2020 en la revista *Gastroenterology*, parece que la cantidad de grasas insaturadas que consume influye en su riesgo de morir por COVID-19 debido a que se relacionan con la insuficiencia orgánica.[14] En resumen, consumir grasas poliinsaturadas (PUFA) en exceso, sobre todo LA, incrementó el riesgo de enfermedad grave por COVID-19, mientras que consumir más grasas saturadas lo redujo.

Según los autores, "de manera similar al COVID-19, las grasas insaturadas también causan insuficiencia orgánica". De manera más específica, se sabe que las grasas insaturadas producen pancreatitis lipotóxica aguda, que a su vez provoca sepsis y disfunción orgánica múltiple, que también experimentan las personas con enfermedad grave por COVID-19.

También señalaron que, desde un principio, se observaron casos de hipocalcemia (niveles de calcio inferiores al promedio en sangre o plasma) y la hipoalbuminemia (niveles bajos de albúmina) en pacientes con COVID-19 grave. Además, la presión parcial baja de oxígeno y las proporciones de porcentaje de oxígeno también se relacionaron con un mayor nivel de ácidos grasos libres en la sangre de los pacientes. Durante una enfermedad grave por COVID-19, las grasas insaturadas también pueden causar fugas vasculares, lesiones inflamatorias y arritmias.

En las pruebas en ratones, los animales a los que se les administró LA desarrollaron una variedad de afecciones parecidas a las que experimentan las personas que mueren por COVID-19, que incluyen hipoalbuminemia, leucopenia (recuento bajo de glóbulos blancos), linfopenia (recuento bajo de linfocitos), lesión linfocítica, trombocitopenia (recuento bajo de plaquetas), hipercitocinemia (tormenta de citoquinas), shock e insuficiencia renal. Y la solución que proponen es la suplementación temprana con albúmina de huevo y calcio, ya que se sabe que ambos se unen a las grasas insaturadas, lo que reduce las lesiones en los órganos.

Cómo calcular el consumo de ácido linoleico

Si consideramos el daño que causa el LA, suena lógico que pueda influir en la gravedad de la enfermedad por COVID-19. Como se mencionó, casi todas las comorbilidades relacionadas con el COVID-19 que también se relacionan con la alimentación, comparten muchos de los mismos factores de riesgo y pueden ser causados o agravados por el alto consumo de LA.

Por suerte, no es necesario gastar cientos de dólares para conocer su consumo de LA. Todo lo que necesita hacer es ingresar los alimentos que consume en Cronometer, un rastreador de nutrición gratuito que le proporcionará su consumo total de LA. La clave para una entrada precisa es pesar muy bien los alimentos con una báscula digital para que pueda ingresar el peso al gramo más cercano.

Cronometer es gratuito cuando usa la versión de escritorio (www.cronometer.com), pero si prefiere utilizar su teléfono celular (que no se recomienda) para ingresar sus datos, entonces deberá pagar una suscripción. Lo mejor es ingresar todos los alimentos antes de consumirlos, la razón de esto es simple: es imposible eliminar los alimentos una vez que los coma, pero podría ser posible eliminar los alimentos del menú si los niveles exceden el límite recomendado. Una vez que haya ingresado la comida del día, vaya a la sección "Lípidos" (Lipids) en la parte inferior izquierda de la aplicación (consulte la figura 6.1), ahí puede determinar la cantidad de LA que consumió ese día, todo lo que necesita saber es la cantidad de omega-6 en gramos, casi el 90 % de omega-6 que consume es LA.

Lipids			
Fat	350.6	g	125%
Monounsaturated	62.8	g	No Target
Polyunsaturated	11.6	g	No Target
Omega-3	2.5	g	157%
Omega-6	7.7	g	54%
Saturated	242.7	g	n/a
Trans-Fats	6.3	g	n/a
Cholesterol	1271.8	mg	127%

Figura 6.1. Perfil de lípidos de Cronometer

Para descubrir el porcentaje de calorías que representa el omega-6 o LA en su alimentación, vaya a la sección "Resumen de calorías" (Calories Summary). En este ejemplo, el recuento total de calorías es 3 887 y dado que hay 9 calorías por gramo de grasa, para obtener la cantidad total de calorías de omega-6 deberá multiplicar la cantidad de omega-6 en gramos (7.7) por 9, en este caso, son 69.3 calorías.

Luego, divida las calorías de LA por el total de calorías. En este ejemplo, sería 69.3/3887 = 0.0178. Si multiplica ese número por 100 o mueva el punto decimal dos espacios a la derecha, obtendrá el porcentaje como un número entero, en este ejemplo, es el 1.8 % de LA. Esta cantidad se encuentra dentro del rango de porcentaje ideal de LA, que es entre el 1 y el 2 % de su consumo total de calorías. En 2021, Cronometer actualizará su aplicación para calcular y mostrar automáticamente el porcentaje de omega-6, por lo que se volverá aún más fácil de usar.

La forma casi mágica de mejorar su salud

Hay una investigación novedosa y emocionante que demuestra que existe una forma de alimentación, que se conoce como alimentación con restricción de tiempo (TRE) o ayuno intermitente, que es una de las estrategias más efectivas para recuperar su flexibilidad metabólica.

Promueve la sensibilidad a la insulina, disminuye la resistencia a la insulina y mejora el control de los niveles de azúcar al incrementar las tasas de absorción de glucosa mediada por insulina.[15] Esto no solo ayuda a controlar la diabetes tipo 2, sino también la presión arterial alta y la obesidad, además, promueve la autofagia, que es una gran herramienta de desintoxicación, es decir, cuando su cuerpo elimina las partes celulares dañadas y las recicla para producir unas nuevas. Sin este proceso, digamos que su cuerpo es como un automóvil muy viejo al que no le han hecho mantenimiento regular.

Por lo general, la TRE implica restringir su período de alimentación a solo seis u ocho horas, lo que imita los hábitos alimenticios de nuestros antepasados. Y aunque existen varios protocolos de TRE, mi favorito es ayunar todos los días durante 16 a 18 horas y comer todas las comidas dentro de un período de seis a ocho horas.

Si no había escuchado sobre la TRE, considere comenzar por saltarse el desayuno y almorzar y cenar dentro de un período de tiempo de seis a ocho horas, digamos de 11 a.m. a 7 p.m. y asegurarse de dejar de comer tres horas antes de irse a la cama. Esta es una herramienta poderosa que puede funcionar en lugar de hacer otros cambios en su alimentación. En un estudio, cuando

15 hombres en riesgo de diabetes tipo 2 restringieron su alimentación a un periodo de tiempo de nueve horas, redujeron sus niveles de glucosa en ayunas, sin importar a qué hora reanudaron el consumo de alimentos.[16] Aunque lo mejor es elegir los horarios que más le convengan según su estilo de vida, por lo general, cuanto más tiempo deje entre su última comida y la hora de acostarse, mayores serán los beneficios.

Otro beneficio importante de la TRE es que mejora la función mitocondrial, la mayoría de sus células producen casi toda su energía a través de las mitocondrias, que también son responsables de la apoptosis (muerte celular programada) y actúan como moléculas de señalización que ayudan a regular su expresión genética. Cuando sus mitocondrias están dañadas o son disfuncionales, no solo disminuirán sus reservas de energía, lo que provocará fatiga y confusión mental, sino que también se volverá vulnerable a enfermedades degenerativas como el cáncer, enfermedades cardíacas, diabetes y deterioro neurodegenerativo.

El ejercicio mejorará su función inmunológica

Además de consumir alimentos naturales (idealmente orgánicos) e implementar una alimentación con restricción de tiempo, el ejercicio es una estrategia fundamental para reforzar su función inmunológica.[17] Según una investigación que se publicó en la edición del 19 de marzo de 2020 de *Redox Biology*, hacer ejercicio con regularidad también puede ayudar a prevenir el síndrome de dificultad respiratoria aguda (SDRA), que es muy común en la enfermedad por COVID-19.[18] Otra forma en que la actividad física puede ayudar a proteger contra el COVID-19 es al combatir la inmunosenescencia, que es el deterioro del sistema inmunológico que suele ocurrir con la edad.[19] Se cree que la inmunosenescencia es una de las razones por las que las personas de edad avanzada tienen mayor riesgo tanto de infecciones virales como de COVID-19.

Lo mejor que puede hacer es ejercicio al aire libre, algo que produce beneficios tanto en su salud mental como física, ya que su cuerpo sintetiza vitamina D a partir de la exposición directa a la luz solar, lo que mejora la función inmunológica. En el capítulo 7, hablaremos sobre el impacto positivo de la vitamina D en el COVID-19.

Si bien existen muchos tipos de ejercicio, mi favorito es un tipo de entrenamiento de resistencia que se llama entrenamiento de restricción del flujo sanguíneo (BFR) y que implica restringir un poco el flujo arterial y obstruir el retorno venoso del músculo al corazón, esto se logra al colocar bandas en los brazos o piernas mientras se ejercita con muy poco peso durante varias repeticiones.

Una de las razones por las que es mi ejercicio favorito se debe a que es la estrategia casi perfecta para que cualquier persona mayor de 50 o 60 años incremente su masa muscular con un riesgo mínimo de lesión y ni siquiera necesita pesas. Este libro no se enfoca en esto, pero en bfr.mercola.com podrá encontrar más de 100 páginas sobre cómo hacerlo, que vienen con videos demostrativos, pero en mi opinión, el BFR es una de las estrategias más poderosas para mantenerse saludable a largo plazo.

Otra alternativa simple y económica es usar bandas de resistencia, bandas de goma elásticas o cuerdas disponibles en diferentes formas, tamaños y niveles de resistencia, la mayoría de las marcas ofrecen bandas ligeras, medias y duras que son ajustables, además de que le permiten ser creativo con sus entrenamientos.

Cómo prevenir la enfermedad al disminuir el estrés

Una alimentación saludable y la actividad física regular no son las únicas formas en que puede reforzar su salud y bienestar y, por consiguiente, la forma en que su cuerpo responde a la infección por SARS-CoV-2. Otro factor muy importante es mantener el estrés bajo control. Por supuesto que, durante esta pandemia, muchas personas han vivido bajo mucho estrés.

Incluso los CDC reconocen que el COVID-19 ha incrementado los sentimientos de ansiedad y estrés.[20] Cuando está estresado, su sistema inmunológico tiene una menor capacidad para combatir las infecciones.[21] El estrés también promueve la inflamación.[22]

Algunos de los efectos del estrés son directos, por ejemplo, la hormona cortisol, que se libera durante los momentos de estrés, puede suprimir la eficacia de la respuesta inmunológica al reducir la cantidad de linfocitos que combaten las infecciones que circulan en su cuerpo. Sin embargo, los efectos también pueden ser indirectos, como interferir con el sueño o provocar estrategias de manejo de estrés conductual poco saludables como comer bocadillos, consumir alcohol y fumar.

Por ello es que, para tratar los problemas relacionados con el estrés, es importante implementar las técnicas de relajación.[23] De hecho, un ensayo controlado aleatorio concluyó que a diferencia de los participantes que no hacían ejercicio ni meditaban, aquellos que sí lo hacían tenían menos enfermedades respiratorias graves.[24]

Meditar, leer, escuchar música, realizar algún pasatiempo absorbente y hablar con amigos, incluso si es a través de Internet, así como hacer crucigramas, caminar al aire libre y practicar yoga, son algunas de las actividades que pueden ayudarlo a relajarse. Cualquier cosa que lo distraiga cuenta como relajación, así que busque la que mejor le funcione, pero tampoco descarte dejar de leer o ver las noticias. La desinformación provoca el miedo que con el tiempo se convierte en pánico, así que deje de leer o ver noticias negativas o bien, transforme sus pensamientos sobre lo que ve o escucha.

También puede practicar la Técnica de Libertad Emocional (EFT), la cual le ayuda a eliminar patrones de pensamientos negativos en cuestión de minutos, para instrucciones detalladas, consulte mi sitio web, Mercola.com y busque "EFT".

La suplementación también puede ayudarlo a mejorar su función inmunológica

Hay algunos suplementos muy beneficiosos que pueden ayudarlo a protegerse del COVID-19 y reducir sus posibilidades de padecer una enfermedad grave por este virus.

Vitamina D

Decidí comenzar con la vitamina D a propósito, ya que la evidencia que demuestra que los niveles bajos de vitamina D se relacionan con peores resultados por COVID-19 es realmente abrumadora. De hecho, además de la resistencia a la insulina, la deficiencia de vitamina D es uno de los principales factores de riesgo de enfermedad grave por COVID-19 y muerte. Incluso se ha demostrado que tener niveles elevados de vitamina D reduce el riesgo de dar positivo en la prueba del virus.

Por esa razón, cree el sitio web StopCOVIDCold.com, donde puede encontrar un documento de 40 páginas, que contiene muchas ilustraciones, gráficas y cientos de referencias, que profundizan en la ciencia sobre la vitamina D, pero también hay una versión más corta para el público no especializado. Además, StopCOVIDCold.com tiene dos excelentes pruebas de un minuto que puede realizar para descubrir su riesgo de desarrollar COVID.

El 17 de septiembre de 2020, la revista *PLoS One* publicó el estudio observacional más grande hasta la fecha sobre la vitamina D y el COVID-19[25] que presenta datos de 191 779 pacientes con una edad media de 50 años que se sometieron a pruebas de detección del SARS-CoV-2 entre marzo y junio de 2020 y que se habían realizado una prueba de vitamina D en algún momento de los 12 meses anteriores. El estudio encontró que:

- El 12.5 % de los pacientes que tenían un nivel de vitamina D por debajo de 20 ng/ml (deficiencia) dieron positivo al SARS-CoV-2.

- El 8.1 % de los que tenían un nivel de vitamina D entre 30 y 34 ng/ml (suficiente) dieron positivo al SARS-CoV-2.
- Y solo el 5.9 % de los que tenían un nivel óptimo de vitamina D de 55 ng/ml o más dieron positivo al SARS-CoV-2.

Lo que llevó a los investigadores a concluir que las personas con un nivel de vitamina D por debajo de 55 ng/ml (138 nmol/L) tenían una tasa de positividad de SARS-CoV-2 47 % menor que aquellas con un nivel por debajo de 20 ng/ml (50 nmol/L).

Además, los suplementos de vitamina D son fáciles de conseguir y son uno de los suplementos más económicos. A fin de cuentas, optimizar los niveles de vitamina D es la estrategia más sencilla y beneficiosa para minimizar el riesgo de COVID-19 y otras infecciones, ya que puede fortalecer su sistema inmunológico en cuestión de semanas.

Cada vez hay más evidencia que demuestra que la vitamina D es muy importante para prevenir las enfermedades y mantener una buena salud. Una de las razones por las que la vitamina D es tan beneficiosa podría ser porque afecta a casi 3000 de sus 30 000 genes, además, también tiene receptores de vitamina D en todo su cuerpo.

Según un estudio a gran escala, mantener niveles óptimos de vitamina D puede reducir el riesgo de cáncer y prevenir al menos 16 tipos diferentes de cáncer, incluyendo los de páncreas, pulmón, ovario, próstata y piel. La vitamina D que se obtiene por la exposición a los rayos del sol, también podría disminuir de forma radical su riesgo de enfermedades autoinmunes, como la esclerosis múltiple (EM) y la diabetes tipo 1, así como ayudar a prevenir la osteoporosis, que afecta principalmente a las mujeres.

Recuerde que la mejor forma de aumentar sus niveles de vitamina D es por la exposición al sol, ya que su piel está diseñada para producir vitamina D en respuesta al sol, pero por desgracia, muchas personas no pueden hacerlo debido a su geografía o restricciones laborales, y si este es su caso, su segunda mejor opción un suplemento de vitamina D_3 de alta calidad.

Optimizar el nivel de vitamina D es aún más importante para las personas de piel oscura, ya que cuanto más oscura es la piel, más exposición al sol se necesita para alcanzar un nivel óptimo de vitamina D y una mayor pigmentación cutánea reduce la eficacia de los rayos UVB porque la melanina bloquea el sol de manera natural.

Entonces, si tiene la piel muy oscura, es posible que deba exponerse al sol cerca de 1.5 horas al día para obtener un efecto notable, aunque para muchos adultos que trabajan y niños en edad escolar esto no es muy factible. Por otro lado, las personas de piel clara, solo necesitan un total de 15 minutos de exposición al día, lo que es mucho más fácil de lograr.

Aun así, también experimentarán dificultades para mantener los niveles necesarios durante el invierno. Durante los meses de invierno en latitudes superiores a 40 grados norte, llega muy poca o nada de radiación UVB a la superficie de la tierra. Dicho esto, vivir en latitudes bajas tampoco garantiza niveles adecuados de vitamina D, ya que las normas sociales y culturales pueden limitar su exposición al sol.[26]

Se considera un nivel saludable de vitamina D si es de al menos 40 ng/ml, mientras que el nivel recomendado está en el rango de 40 a 60 ng/ml. Sin embargo, para una salud óptima y prevenir el COVID-19, el número recomendado es entre 60 y 80 ng/mL. Esto es lo que debe hacer para optimizar su nivel de vitamina D:

1. **Primero, mida su nivel de vitamina D:** una de las formas más fáciles y económicas de medir su nivel de vitamina D es participar en el proyecto de nutrición personalizado de GrassrootsHealth, que incluye un kit de prueba de vitamina D o su médico también puede solicitar un análisis de sangre en cualquier laboratorio local.
2. **Determine su dosis personalizada de vitamina D:** otra herramienta muy efectiva es Vitamin D*Calculator de GrassrootsHealth, para calcular la cantidad de vitamina D que puede obtener de la exposición regular al sol además los suplementos que toma, puede utilizar la aplicación DMinder.[27]
3. **Realice la prueba una vez más después de tres a seis meses:** por último, deberá volver a medir su nivel de vitamina D en tres a seis meses con el fin de evaluar cómo le está funcionando la exposición al sol o el suplemento. Ajuste su dosis según sea necesario y vuelva a realizar la prueba en otros tres a seis meses y una vez que haya determinado la dosis necesaria para alcanzar un nivel óptimo, puede realizarse la prueba solo una vez al año.

Aspectos importantes de la suplementación con vitamina D

Algunas cosas que debe considerar al momento de tomar un suplemento de vitamina D: GrassrootsHealth ha realizado varios estudios con más de 15 000 personas que demuestran que si no se expone al sol, el adulto promedio necesitará de 6000 a 8000 unidades de vitamina D al día, pero los niños necesitarán mucho menos.

Además, dado que más de la mitad de la población no obtiene suficiente magnesio, y es probable que muchas más personas tengan deficiencia, lo más recomendables es que cuando toma suplementos de vitamina D, también tome algún suplemento de magnesio. Esto se debe a que el magnesio ayuda a activar la vitamina D. En promedio, a diferencia de aquellos que toman al menos 400 mg de magnesio junto con su suplemento de vitamina D, quienes no toman magnesio suplementario necesitan un 146 % más de vitamina D al día para alcanzar un nivel saludable de 40 ng/ml (100 nmol/L).[28]

De hecho, cuando toma dosis altas de vitamina D, también es importante consumir más vitamina K_2 con el fin de evitar las complicaciones relacionadas con una calcificación arterial excesiva. Además, consumir magnesio y vitamina K_2 tiene un mayor efecto sobre la vitamina D que cualquiera de los dos por separado, ya que, si no toma magnesio ni vitamina K_3 de manera simultánea, entonces necesitará 244 % más vitamina D oral.[29]

Otros suplementos importantes

Además de la vitamina D, hay muchos otros suplementos nutricionales que pueden ayudar a prevenir (y en algunos casos tratar en etapas tempranas) el COVID-19, y las vitaminas NAC, zinc, melatonina, vitamina C, quercetina y B parecen estar entre las mejores opciones. En la página 107, incluyo una lista de otros nutrientes populares para mejorar la función inmunológica y combatir las enfermedades virales.

N-acetilcisteína (NAC)

La NAC es un precursor del glutatión reducido, que parece influir en el COVID-19, ya que, según un análisis de la literatura, la deficiencia de glutatión podría relacionarse con la gravedad del COVID-19, lo que llevó al autor a concluir que la NAC podría ayudar tanto a prevenir como tratar esta enfermedad.[30]

La idea de que la NAC puede ayudar a combatir las infecciones virales no es una novedad, ya que estudios previos encontraron que reduce la replicación viral de ciertos virus, incluyendo el virus de la influenza.[31] En uno de esos estudios, el número necesario a tratar (NNT) fue 0.5, lo que significa que por cada dos personas tratadas con NAC, una estará protegida contra la influenza sintomática.[32] Eso es aún mejor que las vacunas contra la influenza, que tienen un NNV (número necesario a vacunar) de 71, lo que significa que se deben vacunar 71 personas para prevenir un solo caso confirmado de influenza.[33] De hecho, es incluso mejor que la vitamina D, que tiene un NNT de 33.[34]

Es importante destacar que se ha demostrado que la NAC inhibe la cascada dañina que se relaciona con las tormentas de citoquinas, que es una de las principales causas de muerte por COVID-19. Los estudios también demuestran que la NAC ayuda a mejorar una variedad de problemas relacionados con los pulmones, como la neumonía y el SDRA,[35] que son problemas de salud característicos del COVID-19.

Muchos pacientes con COVID-19 también experimentan coágulos sanguíneos graves, y la NAC no solo contrarresta la hipercoagulación, ya que tiene propiedades anticoagulantes e inhibidoras de plaquetas,[36] sino que también desintegra los coágulos de sangre.[37] Como se señaló en un artículo que se publicó en la edición de octubre de 2020 de Medical Hypotheses: "suponemos que la NAC podría actuar como un posible agente terapéutico para tratar el COVID-19 a través de una variedad de mecanismos potenciales, que incluyen incrementar los niveles de glutatión, mejorar la respuesta de las células T, y controlar la inflamación".[38]

Al momento de redactar esto, ClinicalTrials.gov enlistó 11 estudios que relacionan la NAC con el COVID-19.[39] De forma irónica, justo cuando empezamos a darnos cuenta de sus beneficios contra este virus pandémico, la Administración de Alimentos y Medicamentos decidió atacar a la NAC, al afirmar que no puede considerarse un suplemento alimenticio.

Zinc

El zinc desempeña un papel muy importante en la capacidad de su sistema inmunológico para prevenir infecciones virales, además se ha demostrado que el gluconato de zinc[40], el acetato de zinc[41], y el sulfato de zinc[42] reducen la gravedad y la duración de infecciones virales como el resfriado común. Al parecer el zinc también es un ingrediente clave en los protocolos de tratamiento contra el COVID-19 que utilizan hidroxicloroquina (HCQ). Además de que también es un componente clave del protocolo MATH +. En el capítulo 7, encontrará más información sobre estos dos protocolos de tratamiento.

Al igual que la vitamina D, el zinc ayuda a regular su función inmunológica.[43] y en 2010 se demostró que una combinación de zinc con un ionóforo de zinc, como hidroxicloroquina o quercetina, inhibió el coronavirus del SARS in vitro. Asimismo, bloqueó la replicación viral en un cultivo celular, en cuestión de minutos.[44] De manera importante, se ha demostrado que la *deficiencia* de zinc afecta la función inmunológica.[45]

Como tratamiento temprano para el COVID-19 y otras infecciones virales, tome de 7 mg a 15 mg de zinc cuatro veces al día, de preferencia con el estómago vacío o con alimento sin fitatos, aunque no se recomienda tomar esta dosis a largo plazo, así que tómela hasta que se recupere de la enfermedad. También es importante obtener al menos 1 mg de cobre de los alimentos y suplementos por cada 15 mg de zinc, ya que la suplementación con zinc puede ser contraproducente si no mantiene una proporción saludable entre el zinc y el cobre.

Solo considere que hay muchas fuentes alimenticias de zinc, por lo que tal vez no sea necesario recurrir a un suplemento. En lo personal, para obtener 20 mg de zinc, como alrededor de 12 onzas de carne molida de bisonte o cordero al día, por lo que no necesito suplementos. Si suele seguir los consejos sobre alimentación que se comparten en este capítulo, entonces solo debe asegurarse de consumir la cantidad adecuada de zinc, pero si tiene poco tiempo desde que comenzó a llevar una alimentación más saludable, en este momento, un suplemento podría ser su mejor opción.

Melatonina

La melatonina es una hormona que se sintetiza en la glándula pineal y muchos otros órganos.[46] Si bien es más popular por sus beneficios al momento de dormir, también estimula la función inmunológica de muchas formas diferentes y ayuda a reducir la inflamación. La melatonina también podría combatir la infección por SARS-CoV-2 al:

- Incrementar los niveles de glutatión (la deficiencia de glutatión se ha relacionado con la gravedad de la enfermedad por COVID-19).[47]
- Regular la presión arterial (un factor de riesgo del COVID-19 grave).
- Mejorar los defectos metabólicos relacionados con la diabetes y la resistencia a la insulina (factores de riesgo del COVID-19 grave) al inhibir el sistema renina-angiotensina (RAS).
- Promover la síntesis de células progenitoras de macrófagos y granulocitos, células asesinas naturales (NK) y células T auxiliares (células inmunológicas).
- Optimizar la señalización de vitamina D.

Es un poderoso antioxidante[48] que también tiene la rara capacidad de ingresar a sus mitocondrias,[49] donde ayuda a "prevenir el deterioro mitocondrial, el fallo energético y la apoptosis de las mitocondrias dañadas por oxidación".[50] Además, la melatonina refuerza la salud cardiovascular y, como ya sabe, existe una relación muy estrecha entre el riesgo de COVID-19 y las enfermedades cardíacas/hipertensión,[51] e incluso puede ayudar a prevenir o mejorar las enfermedades autoinmunes, como la diabetes tipo 1.[52]

La melatonina no solo puede ser un tratamiento eficaz contra el COVID-19 debido a los beneficios que le acabo de mencionar, sino que también parece proteger contra la infección por SARS-CoV-2 en primer lugar. En un estudio, los pacientes que tomaban suplementos de melatonina tenían un riesgo 28 % menor de obtener un resultado positivo de COVID-19 y las personas de raza negra que tomaban melatonina tenían una probabilidad 52 % menor de obtener un resultado positivo en la prueba.[53]

Aunque es difícil recomendar una dosis específica de melatonina, ya que aún no hay suficiente evidencia disponible al respecto, recomiendo comenzar con una dosis baja, de 1 mg o menos, pero asegúrese de tomarla en la noche, justo antes de acostarse. La razón por la que le da sueño por la noche, es porque suben su nivel de melatonina, por lo que no se recomienda tomarla por la mañana o durante el día, cuando los niveles naturales son más bajos. Si se despierta en medio de la noche, es posible tomar un poco de melatonina para conciliar el sueño, en especial si está expuesto a un poco de luz.

La mejor forma de melatonina es la sublingual, en forma de aerosol o tableta sublingual, ya que de esta manera puede ingresar al torrente sanguíneo y no tiene que pasar por el tracto digestivo. Como resultado, el efecto se sentirá más rápido.

Sin embargo, es importante recordar que no tiene sentido tomar un suplemento a menos que también mejore la producción natural del cuerpo. En el caso de la melatonina, esto incluye dormir bien con regularidad y una buena dosis de luz solar natural alrededor del mediodía para sincronizar su reloj circadiano para que su cuerpo produzca melatonina en el momento apropiado (tarde por la noche). Al terminar la noche, cuando se pone el sol, debe evitar la luz brillante y toda la luz azul, ya que este tipo de luz inhibe la síntesis de melatonina, la luz azul es común en las luces LED y los focos fluorescentes que son "blancos", así que lo mejor es evitar este tipo de productos a esta hora del día.

Vitamina C

Varios estudios demuestran que la vitamina C puede ayudar a tratar las enfermedades virales, sepsis y SDRA,[54] que también se relacionan con el COVID-19. Sus propiedades básicas incluyen actividades antiinflamatorias, inmunomoduladoras, antioxidantes, antitrombóticas y antivirales. En dosis elevadas, actúa como un medicamento antiviral que puede matar el virus. La vitamina C y la quercetina funcionan de manera sinérgica.[55]

En marzo de 2020, Northwell Health, el sistema hospitalario más grande de Nueva York, informó que la vitamina C se estaba utilizando para tratar el COVID-19 en sus 23 hospitales, al igual que la hidroxicloroquina y la azitromicina (un antibiótico). En diciembre de 2020, se publicó una revisión de la literatura que también recomienda el uso de vitamina C como terapia complementaria para infecciones respiratorias, sepsis y COVID-19, y como lo explicó este artículo:

> *Los efectos antioxidantes, antiinflamatorios e inmunomoduladores de la vitamina C la convierten en un posible candidato terapéutico, tanto para prevenir como tratar la infección por COVID-19, y como terapia complementaria en los cuidados intensivos a causa de esta enfermedad.*
>
> *La evidencia que existe hasta la fecha indica que la vitamina C oral (2 a 8 g/día) podría reducir la incidencia y la duración de las infecciones respiratorias, además, se ha demostrado que la vitamina C por vía intravenosa (6 a 24 g/día) reduce la mortalidad, ingreso a la unidad de cuidados intensivos (UCI) y hospitalización, así como el tiempo de ventilación mecánica por infecciones respiratorias graves.*
>
> *Dado el perfil de seguridad favorable, el bajo costo y la frecuencia de la deficiencia de vitamina C en las infecciones respiratorias, valdría la pena analizar el estado de vitamina C de los pacientes y tratarlos según sus resultados, ya sea con la administración por vía intravenosa dentro de las UCI o administración oral en personas hospitalizadas por COVID-19.*[56]

Los efectos antivirales beneficiosos de la vitamina C producen un impacto tanto al sistema inmunológico innato como el adaptativo. Cuando tiene una infección, la vitamina C mejora su función inmunológica al promover el desarrollo y la maduración de los linfocitos T, un tipo de glóbulo blanco que es una parte esencial de su sistema inmunológico. Los fagocitos, células inmunes que matan a los microbios patógenos, también pueden absorber la vitamina C oxidada y convertirla en ácido ascórbico.

Pero con respecto al COVID-19 específicamente, la vitamina C:[57]

- Ayuda a reducir los niveles de citoquinas inflamatorias, por lo que reduce el riesgo de una tormenta de citoquinas. También reduce la inflamación al activar el NF- κ B e incrementar los niveles de superóxido dismutasa, catalasa y glutatión. Y desde el punto de vista epigenético, la vitamina C regula los genes que producen proteínas antioxidantes e inhiben las citoquinas proinflamatorias.
- Protege su endotelio de las lesiones oxidantes.
- Ayuda a reparar los tejidos dañados.
- Promueve la expresión de los interferones de tipo I, su principal mecanismo de defensa antiviral, que se ve afectada por el SARS-CoV-2.

- Elimina la producción de ACE2 inducida por IL-7 y es muy importante mencionar esto porque el receptor ACE2 es la puerta de entrada para el SARS-CoV-2 (la proteína spike del virus se une a ACE2).
- Parece ser un poderoso inhibidor de M^{Pro}, una proteasa (enzima) clave en el SARS-CoV-2 que activa las proteínas virales no estructurales.
- Regula la formación de trampas extracelulares de neutrófilos (NETosis), una respuesta inadecuada que provoca daño tisular y falla orgánica.
- Mejora la función de la barrera epitelial pulmonar en un modelo animal de sepsis al promover la expresión epigenética y transcripcional de los canales de proteínas en la membrana capilar alveolar que regulan el lavado alveolar.
- Participa en la respuesta al estrés adrenocortical, sobre todo en la sepsis.

La vitamina C es un componente básico del protocolo MATH + del grupo de trabajo de cuidados críticos COVID-19 de Front Line,[58] del que hablaré en el capítulo 7, que, si se usa como profiláctico, se recomienda en una dosis de 500 mg al día.[59]

Aunque para tratar enfermedades agudas se requieren dosis superiores. Pero cuando se trata la sepsis o COVID-19, las dosis necesarias son tan altas que suelen administrarse por vía intravenosa. Si está en casa con una enfermedad grave, puede simular los niveles de administración por vía intravenosa al tomar más de 6 gramos (6000 mg) de vitamina C liposomal por hora. Las dosis superiores a 20 gramos de vitamina C no liposomal al día, suelen producir heces blandas. El uso de vitamina C liposomal o intravenosa le permitirá tomar hasta 100 gramos (100 000 mg) al día sin sufrir ese tipo de efectos.

Sin embargo, en términos de prevención, no se recomienda tomar dosis tan altas. De hecho, no considero prudente que las personas que no están enfermas tomen dosis tan elevadas de vitamina C de forma regular, ya que en ese nivel de dosis se convierte en un medicamento, lo que podría provocar alteraciones nutricionales. Así que, en lugar de tomarlo todo el tiempo, simplemente comience con dosis elevadas al primer signo de síntomas de enfermedad y continúe hasta que los síntomas desaparezcan, por lo general, cuando se sienta bien no necesita más de 200 mg a 400 mg al día.

La única contraindicación para el tratamiento con altas dosis de vitamina C es si tiene deficiencia de glucosa-6-fosfato deshidrogenasa (G6PD), que es un trastorno genético.[60] La G6PD es necesaria para que su cuerpo produzca NADPH, que, a su vez, es necesaria para transferir el potencial reductor con el fin de mantener en buen funcionamiento los antioxidantes, como la vitamina C.

Debido a que sus glóbulos rojos no contienen mitocondrias, la única forma en que pueden proporcionar glutatión reducido es a través de NADPH, y dado que la G6PD la elimina, hace que los glóbulos rojos se rompan debido a la incapacidad de compensar el estrés oxidativo.

Por fortuna, la deficiencia de G6PD es poco común y se puede analizar, aunque las personas de ascendencia mediterránea y africana corren un mayor riesgo.

Quercetina

La quercetina es un poderoso refuerzo inmunológico y antiviral de amplio espectro que se menciona en una revisión de la investigación emergente sobre el COVID-19 que se publicó en la revista *Integrative Medicine* en mayo de 2020.[61]

Al principio se descubrió que la quercetina brindaba protección de amplio espectro contra el coronavirus del SARS después de la epidemia de SARS que estalló en 2003,[62] y la evidencia sugiere que también podría ayudar a prevenir y tratar el SARS-CoV-2.

La capacidad antiviral de la quercetina es el resultado de cinco mecanismos principales:

1. Inhibe la capacidad del virus para infectar células al transportar zinc a través de las membranas celulares.
2. Inhibe la replicación de células ya infectadas.
3. Reduce la resistencia de las células infectadas al tratamiento con medicamentos antivirales.
4. Inhibe la agregación plaquetaria, y muchos pacientes con COVID-19 sufren una coagulación sanguínea anormal.
5. Promueve SIRT2, lo que inhibe el conjunto del inflamasoma NLRP3 que se relaciona con la infección por COVID-19.

Con respecto a la infección por SARS-CoV-2 en específico, se ha demostrado que la quercetina:

- Inhibe la interacción de la proteína spike de SARS-CoV-2 con las células humanas.[63]
- Inhibe la producción de las citoquinas relacionadas con el SARS-CoV-2.[64]
- Regula las propiedades funcionales básicas de las células inmunológicas y suprime las vías y funciones inflamatorias.[65]
- Actúa como un ionóforo de zinc, un compuesto que transporta zinc a las células,[66] y este mecanismo podría explicar la eficacia observada con la hidroxicloroquina, que también es un ionóforo de zinc.

- Incrementa la respuesta del interferón a los virus, incluyendo el SARS-CoV-2,[67] e inhibe la replicación de virus de ARN.[68]
- Modula el inflamasoma NLRP3 que es un componente del sistema inmunológico involucrado en liberar las citoquinas proinflamatorias que ocurre durante una tormenta de citoquinas.[69]
- Ejerce una actividad antiviral directa contra el SARS-CoV.[70]
- Inhibe la proteasa principal del SARS-CoV-2.[71]

Al igual que la vitamina C, la quercetina también forma parte del protocolo MATH +. Para uso profiláctico, el protocolo MATH + recomienda tomar de 250 mg a 500 mg de quercetina al día.[72]

Vitaminas B

Las vitaminas B también pueden influir en varios procesos patológicos específicos del COVID-19, que incluyen:[73]

- Replicación e invasión viral.
- Activación de la tormenta de citoquinas.
- Inmunidad adaptativa.
- Hipercoagulabilidad.

En la edición de febrero de 2021, la revista *Maturitas* publicó un artículo que detalla cómo cada una de las vitaminas B puede ayudar a controlar varios síntomas del COVID-19:[74]

Vitamina B_1 (tiamina): la tiamina mejora la función del sistema inmunológico, protege la salud cardiovascular, inhibe la inflamación y promueve las respuestas saludables de los anticuerpos. La deficiencia de vitamina B_1 puede causar una mala respuesta de anticuerpos, lo que provoca síntomas más graves. También hay evidencia que sugiere que la B_1 podría ayudar a controlar la hipoxia.

Vitamina B_2 (riboflavina): se ha demostrado que la riboflavina en combinación con la luz ultravioleta reduce el título infeccioso del SARS-CoV-2 por debajo del límite detectable en la sangre, el plasma y los productos plaquetarios humanos.

Vitamina B_3 (niacina/nicotinamida): la niacina es un componente fundamental de NAD y NADP, que son vitales para combatir la inflamación. Según una revisión, la niacina podría tener un gran impacto en el proceso de la enfermedad COVID-19 al impulsar NAD + e inhibir la tormenta de citoquinas y el daño que causa. Como se indica en el resumen:

> *Se demostraron las propiedades antivirales definitivas de la niacina, es decir, el ácido nicotínico (NA), como terapia de la enfermedad por coronavirus 2019 (COVID-19) tanto para la recuperación como para la prevención de la misma, hasta el nivel en que la reversión o progresión de su patología sigue como una función intrínseca del suministro de NA.*
>
> *Se puede reducir la propagación de la inflamación que causa la infección por SARS-CoV-2 con una suplementación dinámica bien tolerada de NA (es decir, ~ 1-3 gramos por día), lo que ayuda a restaurar la salud del cuerpo.*[75]

Además de la marcada disminución de las citoquinas proinflamatorias, la niacina también ha demostrado:[76]

- Reducir la replicación de varios virus, incluyendo el virus vaccinia, el virus de la inmunodeficiencia humana, los enterovirus y el virus de la hepatitis B.
- Reducir la infiltración de neutrófilos.
- Producir un efecto antiinflamatorio en pacientes con lesión pulmonar inducida por el ventilador.
- Modular las tormentas de bradicinina, responsables de algunos de los síntomas más raros del COVID-19, como los extraños efectos que produce en el sistema cardiovascular.

Vitamina B_5 (ácido pantoténico): la vitamina B_5 promueve la cicatrización de heridas y reduce la inflamación.

Vitamina B_6 (piridoxal 5′-fosfato/piridoxina): el piridoxal 5′-fosfato (PLP), la forma activa de vitamina B_6, es un cofactor en varias vías inflamatorias. La deficiencia de vitamina B_6 se relaciona con una mala regulación de la función inmunológica. La inflamación aumenta la necesidad de PLP, lo que puede provocar que se agote. En pacientes con COVID-19 con altos niveles de inflamación, la deficiencia de B_6 podría ser un factor. Y la B_6 también podría ayudar a prevenir la hipercoagulación que se presenta en algunos pacientes con COVID-19.

Vitamina B_9 (folato/ácido fólico): el folato, la forma natural de la vitamina B_9 que se encuentra en los alimentos, es necesario para la síntesis de ADN y proteínas en su respuesta inmunológica adaptativa

Hace poco se descubrió que el ácido fólico, la forma sintética que por lo general se encuentra en los suplementos, inhibe la furina, una enzima relacionada con las infecciones virales, lo que evita que la proteína spike del SARS-CoV-2 se una a las células e ingrese en ellas.[77] Por lo tanto, la investigación sugiere que el ácido fólico podría ser efectivo durante las primeras etapas del COVID-19.[78]

Otro artículo reciente encontró que el ácido fólico tiene una afinidad de unión fuerte y estable contra el SARS-CoV-2, lo que también sugiere que podría ser un tratamiento adecuado contra el COVID-19.[79]

Vitamina B_{12} (cobalamina): la vitamina B_{12} es necesaria para la síntesis saludable de glóbulos rojos y ADN. Una deficiencia de B_{12} incrementa la inflamación y el estrés oxidativo al elevar los niveles de homocisteína. Su cuerpo puede eliminar la homocisteína de forma natural, siempre y cuando, tenga niveles adecuados de vitamina B_9 (folato), B_6, y B_{12}.[80]

La hiperhomocisteinemia, un problema de salud que se caracteriza por niveles anormalmente altos de homocisteína, causa disfunción endotelial, activa las cascadas de plaquetas y coagulación y disminuye las respuestas inmunológicas. La deficiencia de B_{12} también se relaciona con ciertos trastornos respiratorios. La edad avanzada puede disminuir la capacidad de su cuerpo para absorber la vitamina B_{12} de los alimentos,[81] así que podría ser que entre más años tenga, mayor será su necesidad de tomar un suplemento.

Como se indica en un artículo:

> *Un estudio reciente demostró que los suplementos de metilcobalamina tienen el potencial de reducir el daño orgánico y los síntomas relacionados con el COVID-19. Mientras que otro estudio clínico que se realizó en Singapur demostró que los pacientes con COVID-19 que recibieron suplementos de vitamina B_{12} (500 μ g), vitamina D (1000 UIs) y magnesio habían experimentado síntomas menos graves de COVID-19 y los suplementos redujeron de forma significativa la necesidad de oxígeno e ingreso a cuidados intensivos.*[82]

Otros suplementos nutricionales

En febrero de 2020, se publicó un artículo en la revista Progress in Cardiovascular Diseases, en el que Mark McCarty de la Catalytic Longevity Foundation y James DiNicolantonio, PharmD, científico de investigación cardiovascular del Saint Luke's Mid America Heart Institute, revisaron varios nutracéuticos que podrían ser efectivos contra virus de ARN como la influenza y el SARS-CoV-2,[83] que incluyen varios de los que se acaban de mencionar. Pero también incluyen otros como:

Extracto de saúco: se sabe que acorta la duración de la influenza de dos a cuatro días y reduce la gravedad de esta enfermedad, la dosis diaria que se recomienda de forma temporal: 600-1500 mg.

Espirulina: en estudios con animales, reduce la gravedad y motilidad de la infección por influenza, la dosis diaria que se recomienda de forma temporal es de: 15 gramos.

Betaglucanos: en estudios con animales, reduce la gravedad y motilidad de la infección por influenza, la dosis diaria que se recomienda de forma temporal es de: 250–500 mg.

Glucosamina: regula la proteína de señalización antiviral mitocondrial y en estudios con animales, reduce la gravedad y motilidad de la infección por influenza, la dosis diaria que se recomienda de forma temporal es de: 3000 mg o más.

Selenio: la deficiencia de selenio incrementa la tasa de mutación viral, lo que promueve la creación de más cepas patógenas capaces de evadir su sistema inmunológico, la dosis diaria que se recomienda de forma temporal es de: 50-100 microgramos.

Ácido lipoico: ayuda a estimular la respuesta al interferón tipo I, que es importante tanto para el sistema inmunológico innato como para el adaptativo. Como se explica en un artículo de 2014, los interferones tipo I:

> *... inducen estados antimicrobianos intrínsecos en las células infectadas y vecinas que limitan la propagación de agentes infecciosos, sobre todo patógenos virales. En segundo lugar, modulan las respuestas inmunológicas innatas de tal forma que promueve la activación de antígenos y las funciones de las células asesinas naturales mientras inhiben las vías proinflamatorias y la producción de citoquinas. En tercer lugar, puede activar el sistema inmune adaptativo, así como promover el desarrollo de la respuesta de las células T y B específicas del antígeno de alta afinidad y memoria inmunológica.*[84]

Sulforafano: ayuda a reforzar la respuesta al interferón tipo I (ver arriba).

Tiamina: aunque no se incluye en la lista de McCarty y DiNicolantonio, la tiamina (vitamina B_1) ayuda a regular la inmunidad innata y es un componente importante del protocolo MATH + (consultar capítulo 7). Además, al igual que la quercetina, funcionan de manera sinérgica con la vitamina C. La deficiencia de tiamina se relaciona con infecciones graves y comparte muchas similitudes con la sepsis, una causa principal de mortalidad por

COVID-19. La deficiencia de tiamina también es relativamente común en personas enfermas de gravedad.

Resveratrol: un estudio de 2005 que se publicó en *Journal of Infectious Diseases* encontró que el resveratrol tiene el poder de inhibir la replicación del virus de la influenza A, lo que mejoró la supervivencia en ratones infectados por este virus y según los autores, el resveratrol "inhibe una función celular, en lugar de viral", lo que sugiere que "podría utilizarse como un medicamento anti-influenza muy valioso".[85]

Otras estrategias de prevención

Aunque la alimentación, el ejercicio y el control del estrés, además de los buenos hábitos de sueño y los suplementos, son estrategias de estilo de vida simples y efectivas para estimular su sistema inmunológico, revertir las enfermedades crónicas y prevenir el COVID-19, existen otras estrategias específicas que podría ayudar a prevenir la infección por COVID-19 y que debe conocer.

Humidificación

La combinación de bajas temperaturas y baja humedad es un entorno ideal para la propagación de infecciones virales, razón por la que los cambios estacionales influyen tanto en las infecciones virales como la influenza. Y este también podría ser el caso para el COVID-19. Por eso es importante señalar que la baja humedad puede incrementar la capacidad del coronavirus de propagarse entre las personas.

La humedad es la concentración de vapor de agua en el aire y es un factor importante que suele ignorarse. Durante los meses de invierno, las bajas temperaturas y la calefacción interior hacen que el aire sea más seco y con poca humedad y este tipo de aire provoca que las membranas de los senos nasales se sequen e irriten, lo que puede aumentar la sensación de congestión. Los autores de un estudio encontraron que la alta humedad contribuía con la permeabilidad nasal, la experiencia de respirar a través de fosas nasales despejadas.[86]

La baja humedad también puede contribuir a la resequedad e irritación de los ojos y puede ser un factor que promueve la evaporación de las lágrimas. Aunque las temperaturas más frías y la humedad más baja también tienden a resecar la piel.

Sin embargo, todo esto no es algo nuevo, porque ya se sabía que la humedad influía en la tasa de infecciones respiratorias. En un estudio que se publicó hace más de tres décadas, los investigadores encontraron que mantener un nivel medio de humedad podría ayudar a reducir la tasa de infecciones respiratorias y alergias.[87]

De la misma manera, en un artículo que se publicó en *Journal of Global Health*, los científicos hicieron una revisión de la literatura y propusieron que la humedad no solo podría reducir la transmisión de infecciones virales, sino que también influye en la respuesta inmunológica,[88] y sugirieron que las crecientes tasas de infecciones virales durante los meses de invierno se deben al daño que provoca el aire seco a la barrera mucosa. Dentro de las membranas mucosas se encuentran los glucanos, que son estructuras químicas que están unidas a la mayoría de las proteínas, y cuando los patógenos ingresan al cuerpo, los glucanos entran en acción.

Las mucinas añaden otra capa de protección. Estas proteínas glicosiladas que se encuentran en las barreras mucosas son una trampa para los virus. Cuando los atrapan, los virus se expulsan de las vías respiratorias y aunque estas barreras son muy efectivas, requieren una hidratación adecuada para funcionar de manera correcta.

Cuando las membranas mucosas se exponen al aire seco, su función protectora se deteriora. Los resultados de un estudio en animales demostraron que elevar la humedad relativa al 50 % disminuyó la mortalidad por infecciones de gripe. Los investigadores encontraron que los animales que vivían en el aire seco experimentaban un deterioro en la función mucociliar, así como en su capacidad para reparar el tejido, y también eran más susceptibles a las enfermedades.[89]

Hay varias formas de incrementar entre un 40 y 60 % la humedad en su hogar y según varios expertos, este es el nivel que ayuda a hidratar sus membranas y reducir el riesgo de infección.[90] Algunas de las estrategias que puede implementar para ayudar a mantener sus membranas nasales y sinusales saludables, incluyen:

- Utilice un vaporizador o humidificador de habitación (considere la advertencia que se hace en la parte de abajo).
- Respire el vapor de una taza de té o café caliente.
- Hierva agua en su estufa para aumentar la humedad en la habitación.
- Coloque recipientes con agua alrededor de su casa para que aumente la humedad a medida que se evaporan.

Si decide utilizar un humidificador de habitación, tenga mucho cuidado de mantener los niveles de humedad entre el 40 y el 60 %, ya que tener niveles elevados de humedad de forma constante podría incrementar el riesgo de crecimiento de moho, lo que puede tener un efecto devastador en su salud.

El ambiente cálido y húmedo dentro de un humidificador también promueve el crecimiento de bacterias y hongos, así que debe limpiar su humidificador según las instrucciones del fabricante al menos cada tercer día. El agua del depósito debe cambiarse todos los días.

Optimizar su salud es la mejor defensa a largo plazo

En realidad, no pasó mucho tiempo antes de que se hiciera evidente que detrás de la pandemia del COVID-19 había otras epidemias, como la de la resistencia a la insulina y la inflexibilidad metabólica.

Todas las comorbilidades que incrementan los riesgos de sufrir consecuencias graves por el COVID-19 (como el riesgo de enfermedad sintomática, hospitalización y muerte) son causadas por la resistencia a la insulina. Ya que sin resistencia a la insulina y deficiencia de vitamina D, excepto por las personas de edad avanzada y en estado frágil, el riesgo de enfermarse por SARS-CoV-2 es muy bajo.

Así que hoy, más que nunca, es muy importante fortalecer su salud metabólica, así como evitar la resistencia a la insulina y la deficiencia de vitamina D, ya que una población sana simplemente no será tan vulnerable a las enfermedades infecciosas como el COVID-19.

Si queremos estar preparados para la próxima pandemia, sea la que sea, mejorar la salud pública debe ser la prioridad número uno en el futuro. Esperar una cura o una vacuna es algo irracional. Las instituciones de salud necesitan comenzar a recalcar las estrategias que ayuden a mejorar la salud general en lugar de lanzar medicamentos que no tratan las causas subyacentes. Necesitamos fortalecer el sistema inmunológico para combatir el COVID-19, y lo mismo aplica con todas las demás enfermedades infecciosas.

CAPÍTULO SIETE

El fracaso de la industria farmacéutica ante la crisis del COVID-19

Por el Dr. Joseph Mercola

Existe un largo historial de corrupción y fraude en la industria farmacéutica. El 7 de diciembre de 2019, *The Lancet* publicó un artículo en el que la Dra. Patricia García, profesora afiliada de salud global en la Universidad Cayetano Heredia en Lima, Perú, y exministra de salud, dijo que "la corrupción se ha convertido en uno de los cimientos de los sistemas de salud".[1]

Según ella, la deshonestidad y el fraude en el sistema de atención médica en su conjunto, lo que incluye sus comunidades académicas y de investigación, es "uno de los mayores obstáculos para implementar la cobertura universal de salud", sin embargo, nunca o rara vez se habla sobre este tema y mucho menos se analiza a fondo.

De acuerdo con García:

> *Los decidores políticos, los investigadores y los financiadores deben ver la corrupción de la misma forma que vemos las enfermedades, como un área importante de investigación. Si realmente queremos alcanzar los Objetivos de Desarrollo Sostenible y garantizar que todos tengan una vida saludable, entonces la corrupción en el sector salud a nivel mundial debe dejar de ser un secreto a voces.*
>
> *La corrupción es sistémica y se propaga rápidamente y sí, es un secreto a voces conocido en todo el mundo. De hecho, Transparencia Internacional señala que más de dos tercios de los países del mundo se consideran endémicamente corruptos. La corrupción en el sector de la salud es más peligrosa que en cualquier otro sector porque es literalmente mortal.*
>
> *Se estima que cada año, la corrupción cobra la vida de al menos 140 000 niños, empeora la resistencia a los antimicrobianos y se interpone en nuestros esfuerzos para controlar las enfermedades transmisibles y no transmisibles. La corrupción es una pandemia de la que nadie habla.*[2]

García resume la historia de la corrupción, cómo comenzó y por qué nadie hace nada por detenerla. Por lo general, mientras menos transparente es un sistema de salud, más corrupto se vuelve, y esto es justo lo que sucede cuando no se respeta el estado de derecho. La falta de mecanismos de control es otra de las causas principales de la corrupción, lo que provoca que el sistema de salud tenga un pobre desempeño, una mala calidad y muy poca efectividad.

García también señala el costo económico de la corrupción médica:

> *Se estima que, a nivel mundial, se gastan más de $ 7 mil billones de dólares en servicios de salud, y que, debido a la corrupción, se pierde al menos entre el 10 y 25 % de esta cantidad, lo que representa una pérdida de cientos de miles de millones de dólares al año.*
>
> *Así que, estos miles de millones de dólares que se pierden debido a la corrupción superan las estimaciones de la OMS sobre la cantidad anual que se requiere para cubrir la brecha en la garantía de la cobertura sanitaria universal para el 2030, pero es imposible cuantificar el verdadero impacto que ha tenido la corrupción en la población porque muchas veces puede significar la diferencia entre el bienestar y la enfermedad, así como entre la vida y la muerte.*

También hay mucha evidencia que sugiere que el fraude científico no solo provocó la pandemia del COVID-19, sino que se sigue utilizando para que todo esto no llegue a su fin. Aparte de las pruebas de PCR fraudulentas y la clasificación errónea de las pruebas positivas como "casos" médicos, otro ejemplo de malversación científica, sin el que esta pandemia jamás hubiera existido, fue la redefinición del término *pandemia* por parte de la Organización Mundial de la Salud.

La definición original de la OMS era: "cuando aparece un nuevo virus de influenza contra el cual la población humana no tiene inmunidad, provoca varias epidemias de forma simultánea alrededor del mundo que causan un gran número de muertes y enfermedades".[3]

La parte clave de esa definición es "un gran número de muertes y enfermedades", sin embargo, decidieron cambiarla un mes antes de la pandemia de gripe porcina de 2009. Este cambio fue simple pero sustancial: solo eliminaron los criterios de gravedad y alta mortalidad, lo que dejó la definición de *pandemia* como "una epidemia mundial de una enfermedad".[4]

Esto permitió a la OMS declarar la gripe porcina como una pandemia después de que solo murieran 144 personas a causa de la infección en todo el mundo, y es por esa misma razón que el COVID-19 aún se considera una pandemia, a pesar de no haber causado una mortalidad excesiva.[5] Ahora tenemos muchos datos que demuestran que la letalidad del COVID-19 está a la par con la gripe estacional.[6] Puede ser diferente en términos de síntomas y complicaciones, pero la letalidad real es casi la misma y el riesgo absoluto de muerte es equivalente al riesgo de morir en un accidente automovilístico.[7]

Al eliminar el criterio de enfermedad grave que causa una alta morbilidad y dejar casos de infección alrededor del mundo como el único criterio para una pandemia, la OMS y los líderes tecnocráticos del mundo lograron su objetivo de que la población mundial renunciara no solo a sus medios de vida, sino a su vida en general. De no ser por este movimiento, el COVID-19 jamás se hubiera considerado una pandemia.

Aunque lo más alarmante de todo podría ser que en diciembre de 2020 la Organización Mundial de la Salud decidió modificar su definición de *inmunidad colectiva*. Sin duda, este cambio tiene como objetivo promover las campañas draconianas de vacunación masiva y al hacerlo, ¡están pisoteando la esencia misma de la inmunología! Según el Instituto Americano de Investigación Económica:

> *Por razones desconocidas, la Organización Mundial de la Salud cambió de forma repentina su definición de un aspecto básico de la inmunología: la inmunidad colectiva. La inmunidad colectiva apela y explica la observación empírica de que los virus respiratorios son muy comunes y por lo general, se consideran leves (resfriado común) o muy graves y de corta duración (SARS-CoV-1).*
>
> *La razón es que cuando un virus mata a su huésped, el virus no se transmite a otras personas. Así que, mientras más ocurre, menos se propaga. Cuando infecta a suficientes personas, el virus deja de ser pandémico y se vuelve endémico, es decir, predecible y controlable.*
>
> *Esto es lo que se aprende en los libros de texto de Virología/Inmunología 101. Es lo que se ha enseñado en biología celular de noveno grado durante unos 80 años. Y el descubrimiento de esta fascinante dinámica en la biología celular es una de las razones principales por las que la salud pública evolucionó tanto en el siglo XX. Mantuvimos la calma. Controlamos los virus con ayuda de los profesionales médicos: relación médico/paciente. . . .*
>
> *Que un día, de la noche a la mañana, esta extraña institución llamada Organización Mundial de la Salud, decidió eliminar todo lo que acabo de escribir sobre los conceptos básicos de biología celular. De forma*

> *muy literal, cambió la ciencia al puro estilo soviético, presionó la tecla suprimir y eliminó de su sitio web, todo lo que tuviera que ver con la inmunidad natural. No solo eso, también decidió caracterizar erróneamente la estructura y el funcionamiento de las vacunas.*[8]

Hasta el 9 de junio de 2020, el sitio web de la Organización Mundial de la Salud exponía el término *inmunidad colectiva* como "la protección indirecta contra una enfermedad infecciosa que ocurre cuando una población es inmune, ya sea por vacunación o por la inmunidad que se desarrolla después de una infección previa".

Luego, a mediados de noviembre de 2020, actualizó su sitio web y eliminó todo lo que diera a entender que los humanos tienen sistemas inmunológicos que los protegen de forma natural contra las enfermedades. Ahora, según la Organización Mundial de la Salud, la *inmunidad colectiva* es "un concepto que se utiliza para la vacunación, en el que una población puede protegerse de un virus determinado si se alcanza un umbral de vacunación".

Además, afirman que la "inmunidad colectiva se logra al proteger a las personas de un virus, no al exponerlas a él" y esto es todo lo contrario a lo que sucede en la vida real. En pocas palabras, es una *mentira*. Como señaló el Instituto Americano de Investigación Económica:

> *Este cambio de la OMS ignora e incluso borra 100 años de avances médicos en virología, inmunología y epidemiología. Eso no tiene respaldo científico, solo lo hicieron para beneficiar a la industria de las vacunas, tal y como los teóricos de la conspiración dicen que lo ha estado haciendo la OMS desde el comienzo de esta pandemia.*
>
> *Pero lo más extraño es que afirmen que una vacuna protege a las personas de un virus sin exponerlas a él. Esta afirmación es sorprendente porque eso es justo lo que hace una vacuna, activa el sistema inmunológico a través de la exposición al virus, es algo que se sabe desde hace siglos. Así que no hay forma de que la ciencia médica reemplace por completo el sistema inmunológico humano. Lo único que hacen es un juego de palabras sobre algo que solían llamar inoculación.*[9]

La medicina moderna es la culpable de un gran número de muertes

En su libro, *Death by Modern Medicine*, la Dra. Carolyn Dean analiza cómo en los últimos 100 años la mayoría de la práctica del "cuidado de la salud" se ha basado en tratar los síntomas con medicamentos[10] y al final, esto se ha convertido en una industria de enfermedades que, anualmente, mata a más personas de las que podría imaginar, y los medios de comunicación simplemente no hablan sobre este tema.

En 2000, la Dra. Barbara Starfield publicó un artículo en el que señalaba que anualmente en los Estados Unidos mueren 225 000 personas por causas iatrogénicas, es decir, su muerte es causada por la actividad, la técnica o la terapia de un médico.[11] De manera irónica, Starfield murió por un error médico más de 10 años después, cuando sufrió una reacción letal a un medicamento antiplaquetario que le recetaron de forma inapropiada.

Por desgracia, nada ha cambiado desde entonces. Un estudio de 2016 que se publicó en *BMJ* estimó que tan solo en los Estados Unidos, los errores médicos matan hasta 250 000 personas cada año.[12] Eso representa un incremento anual de casi 25 000 personas del estimado de Starfield, y esta cifra podría ser aún mayor, ya que no se incluyeron las muertes que ocurrieron en el hogar o asilos de ancianos.

De hecho, cuando incluyeron muertes relacionadas con errores de diagnóstico, errores de omisión y errores por no seguir las directrices establecidas, el número de muertes hospitalarias que pudieron evitarse alcanzó las 440 000 por año, una señal de que se trata de un problema muy grave. Además, este número tampoco incluye las muertes a causa del mal manejo de la pandemia del COVID-19.

Los conflictos de interés son una amenaza para la salud pública

Los conflictos de interés son otro problema muy común que amenaza la integridad y validez de la mayoría de los estudios. Las investigaciones que evalúan la prevalencia del fraude científico y su impacto demuestran que el problema es más común de lo que se pensaba y tiene un impacto muy grave, incluso hasta el punto de convertir la mayor parte de la medicina "basada en la ciencia" en un muy mal chiste.

En varias ocasiones ya nos habíamos enfrentado a hallazgos de estudios que están claramente contaminados con sesgos de la industria. Por ejemplo, un estudio de 2014 que financió la American Beverage Association, supuestamente encontró que las sodas de dieta lo ayudan a bajar más de peso a diferencia que si no bebiera ninguna, este hallazgo contradice de manera abierta una gran cantidad de investigaciones que demuestran que los endulzantes artificiales alteran su metabolismo y causan más aumento de peso que las bebidas endulzadas con azúcar.[13]

Pero lo más preocupante de todo es que los conflictos de interés están presentes en todos los niveles, incluyendo a nuestras agencias de salud pública más prestigiosas. Aunque durante mucho tiempo, los Centros para el Control y la Prevención de Enfermedades han querido dar una imagen de independencia, al afirmar que no aceptan fondos de intereses especiales,[14] D la agencia ha pactado con las grandes compañías farmacéuticas al aceptar millones en donaciones corporativas a través de su fundación autorizada por el gobierno, la Fundación CDC, que canaliza esas contribuciones a los CDC después de descontar una comisión.[15]

Varios grupos de vigilancia, como US Right to Know (USRTK), Public Citizen, Knowledge Ecology International, Liberty Coalition y Project on Government Oversight, presentaron una petición solicitándole a los CDC dejar de hacer este tipo de declaraciones falsas.[16]

Según esta petición, entre 2014 y 2018, los CDC aceptaron $ 79.6 millones por parte de las compañías farmacéuticas y fabricantes comerciales. Esto es más que inaceptable, ya que los CDC se crearon para ser un organismo de control de salud pública, no un cómplice de las corporaciones. Tiene una enorme influencia dentro de la comunidad médica, y parte de esta influencia depende del concepto de que no tenga sesgos de la industria, así como de conflictos de interés.

A pesar de que la industria farmacéutica afirma que cualquiera que cuestione su integridad forma parte de una "guerra sucia contra la ciencia", la evidencia sobre las cosas que ha hecho para conseguir sus objetivos es simplemente demasiado grande y perturbadora como para ignorarla.

Las vacunas son una de las principales fuentes de ganancias para la industria farmacéutica.[17] Por ejemplo, Merck, que es solo uno de varios fabricantes de vacunas, reportó más de $ 6.1 mil millones en ventas de sus vacunas infantiles solo durante los primeros tres trimestres de 2019.[18]

Un informe de enero de 2020 sobre el mercado de vacunas indica que, a partir de 2019, el mercado mundial de vacunas alcanzó un valor de $ 41.7 mil millones y se estima que para 2024, alcance los $ 58.4 mil millones.[19] Uno de los factores detrás de este rápido incremento es "el creciente interés en la inmunización". Así que cualquiera que crea que este enfoque no ha sido planeado por la propia industria farmacéutica es un ingenuo.

Existe un conflicto cultural entre muchas industrias y agencias reguladoras federales, lo que ha provocado que escondan la verdad sobre problemas vitales de salud. Y si no les ponemos un alto, perderemos nuestros derechos individuales por los que tanto lucharon nuestros antepasados.

Remdesivir: una estafa más del COVID

Las compañías farmacéuticas suelen aparentar una imagen de entidades benévolas que invierten miles de millones de dólares en investigaciones con el fin de poder crear nuevos medicamentos y vacunas por el bien de la humanidad. Pero la verdad es que gastan mucho más en campañas de marketing que en investigaciones. De acuerdo con una columna que se publicó en *New York Times* sobre el medicamento antiviral Remdesivir en enero de 2020, el gigante biotecnológico Gilead Sciences comenzó a distribuir Remdesivir bajo el llamado uso compasivo.[20]

El hecho de que las compañías farmacéuticas ofrezcan medicamentos a pacientes en crisis es algo noble y altruista. La columna del *Times* incluso señaló: "dado lo que está en juego, sería perverso no apoyar el éxito de Gilead. . . . Durante las pandemias, las grandes compañías farmacéuticas no deberían tener enemigos".[21] Pero la realidad es que la industria farmacéutica desarrolla medicamentos con dinero de los contribuyentes, a quienes luego les da la espalda y les vende sus productos a precios demasiado elevados.

La "donación" real para tratar a los pacientes de manera compasiva es casi insignificante, ya que el medicamento no les cuesta mucho dinero. La prensa positiva de publicaciones como la del *New York Times* les da la imagen bondadosa que les permite convencer a los médicos que prescriban este costoso medicamento, que jamás ha demostrado producir algún beneficio clínico establecido y tampoco reducir el potencial de muerte en personas con enfermedad grave. Como tal, es un claro ejemplo que a las grandes compañías farmacéuticas les importan más las ganancias que la salud de las personas.

El 29 de junio de 2020, Gilead Sciences anunció el tan esperado precio de Remdesivir. Si bien el medicamento solo ha demostrado beneficios cuestionables, Daniel O'Day, presidente y director ejecutivo de Gilead Sciences, cree que Gilead hizo todo lo posible para equilibrar las ganancias corporativas y beneficiar la salud pública con el precio de $ 520 por frasco, lo que equivale a $ 3120 por el tratamiento recomendado de cinco días. (el primer día se administra una dosis doble).[22]

Mientras tanto, el 1 de mayo de 2020, el Instituto de Revisión Clínica y Económica (ICER) publicó el costo total calculado de producción, empaquetado y un pequeño margen de ganancia, que se redondeó a $ 10 por frasco.[23] Así que, aunque el exorbitante precio del Remdesivir en parte se basa en la suposición de que reducirá cuatro días la duración de la estancia hospitalaria, algunos médicos, como el Dr. George Ralls de Orlando Health, informan que el medicamento en realidad *incrementa* la duración de las estancias hospitalarias y tal como declaró a ABC News: "el tratamiento con este medicamento dura cinco días, así que los pacientes deben permanecer en el hospital por más tiempo del que habrían estado sin el tratamiento. Esa podría ser una de las razones por las que nuestro número de pacientes hospitalizados ha aumentado un poco".[24]

Los estudios sobre el Remdesivir carecen de resultados positivos

Aunque Gilead Sciences sigue distribuyendo el medicamento Remdesivir, existe evidencia científica que no respalda su uso. En un estudio que se publicó en *New England Journal of Medicine*,[25] los científicos cambiaron las medidas de los puntos finales del estudio, al mover todas las medidas de resultado secundarias excepto el número de días hasta la recuperación, que fue la única y principal medida del resultado al final del estudio.[26]

Sin importar que el diseño de la investigación presentaba problemas evidentes y en consecuencia también sus datos, la publicación generó entusiasmo y desencadenó una acción inmediata por parte de muchos países, incluyendo Estados Unidos, hasta el punto que el 1 de mayo de 2020, la Administración de Alimentos y Medicamentos emitió una autorización de uso de emergencia para el Remdesivir, lo que le dio luz verde al uso compasivo de este medicamento.[27]

Sin embargo, una investigación aleatorizada, doble ciego y controlada por placebo sobre el Remdesivir demostró que no funciona. Esta investigación incluyó a doscientos treinta y siete pacientes de 10 hospitales que se asignaron al azar a un grupo de tratamiento o un grupo de placebo. Los resultados demostraron que el Remdesivir no produce beneficios clínicos estadísticamente significativos, además de que se tuvo que interrumpir el tratamiento antes de lo esperado porque se creía que había causado eventos adversos.[28]

En otro artículo, que se publicó en International *Journal of Infectious Diseases*, los científicos reportaron los resultados de cinco de los primeros pacientes tratados con Remdesivir en Francia.[29] Todos los pacientes habían ingresado con neumonía grave relacionada con la infección por SARS-CoV-2. De los cinco, cuatro experimentaron eventos adversos graves.

Un estudio controlado aleatorizado que se publicó en la edición del 16 al 22 de mayo de 2020 de *The Lancet* tampoco logró encontrar un beneficio clínico del tratamiento con remdesivir.[30] Es importante mencionar que, a diferencia del grupo de control, más del doble de los pacientes del grupo que toman Remdesivir interrumpieron su tratamiento debido a efectos adversos (12 % en comparación con 5 % de los que recibieron un placebo).

A pesar de toda esta evidencia, al momento de escribir esto, incluso después de más de un año de tratamientos sin mejores datos que respalden su eficacia, el Remdesivir es el único tratamiento aprobado por la FDA.[31]

El mejor tratamiento para la enfermedad grave por COVID-19

Como podrá imaginar, no creo que el Remdesivir sea la respuesta para el COVID-19, pero por suerte, ya hay varias opciones de tratamiento que han demostrado ser muy eficaces, le hablaré de todos ellas, pero primero quiero comenzar por la que creo es la más efectiva de todas.

Peróxido de hidrógeno nebulizado: la terapia más efectiva contra el COVID-19 grave

El Dr. Charles Farr utilizó el peróxido de hidrógeno nebulizado por primera vez en la década del noventa y hoy en día, podría considerarse la intervención más efectiva para quienes padecen COVID-19 grave. Es mi intervención favorita para las enfermedades virales agudas en general, y creo firmemente que, si se utilizara, podría salvar a muchas personas del COVID-19.

Si utiliza el motor de búsqueda de mercola.com para buscar "peróxido de hidrógeno nebulizado", encontrará una explicación muy detallada de por qué esta terapia es tan efectiva y cómo realizarla. De manera alternativa, puede encontrar un video instructivo en Bitchute.com, ya que YouTube decidió censurarlo.

En términos de funcionamiento, es muy probable que el peróxido produzca una respuesta de señalización muy poderosa que estimule el sistema inmunológico para vencer cualquier amenaza viral. De hecho, sus células inmunológicas producen peróxido de hidrógeno. En parte, así es como matan las células infectadas con un virus. Parece que lo que hace el peróxido de hidrógeno nebulizado es permitir que las células inmunológicas realicen su función natural, pero de una forma mucho más efectiva.

Además de ser muy efectivo, también es económico y no produce efectos secundarios cuando se utiliza en las dosis muy bajas recomendadas (0.1 %, que es 30 veces menos concentrado que el peróxido al 3 % que venden en las farmacias).

La clave es tener el nebulizador listo, de modo que pueda utilizarlo ante los primeros síntomas. También puede utilizarlo junto con la vitamina C, ya que podrían tener una gran sinergia y utilizar diferentes mecanismos que cuando se combinan se vuelven más poderosos.

En general, existen dos tipos de nebulizadores: pequeños dispositivos portátiles que utilizan baterías AA y dispositivos que se enchufan a la pared.

Concentración inicial de peróxido	Peróxido de hidrógeno	+	Agua (filtrada)	=	Concentración final de peróxido
3%	¼ de cucharadita	+	7¼ cucharadita	=	0.1%
12%	¼ de cucharadita	+	5 onzas	=	0.1%
36%	¼ de cucharadita	+	15 onzas	=	0.1%

Figure 7.1. Plan de dilución del peróxido de hidrógeno.

Los que se enchufan a la pared son mucho más efectivos, así que asegúrese de conseguir uno de estos. El PARI Trek S es mi favorito y solían venderlo en Amazon, pero ahora se necesita una cuenta corporativa para adquirirlo. Una opción es comprarlo en justnebulizers.com y decir que el Dr. Mercola lo recomendó, ya que el dispositivo se vende bajo prescripción médica. Desde ya quiero aclarar que no recibo ningún tipo de comisión por los pedidos.

En cuanto al peróxido de hidrógeno, dado que lo está diluyendo de 30 a 50 veces (consulte la figura 7.1), lo más probable es que los estabilizadores no causen ningún problema, pero para estar seguros, lo mejor es usar peróxido de *grado alimenticio*. Además, no lo diluya con agua pura, ya que la falta de electrolitos en el agua puede dañar sus pulmones si la nebuliza. Mejor utilice una solución salina o agregue una pequeña cantidad de sal al agua para eliminar este riesgo.

Necesita agregar alrededor de una cucharadita de sal en medio litro de agua o media cucharadita en una taza de ocho onzas. Esto creará una solución fisiológica que no dañará sus pulmones cuando la inhale. Puede usar sal de mesa normal, pero lo ideal es usar una sal saludable, como la sal de Himalaya, celta o Redmond.

Los protocolos MATH + e I-MASK

Hasta la fecha, el protocolo MATH +, que desarrolló el grupo Front Line COVID-19 Critical Care (FLCCC), es uno de los protocolos más efectivos de cuidados críticos para el COVID-19. En abril de 2020, se lanzó el primer protocolo MATH +,[32] desde entonces, se ha actualizado varias veces para incluir quercetina, así como otros nutrientes y medicamentos opcionales.

Además del protocolo clínico completo de cuidados intensivos hospitalarios (MATH +), también hay un protocolo para la profilaxis y el tratamiento ambulatorio temprano (I-MASK +), que se basa en la ivermectina, un medicamento contra el gusano del corazón que ha demostrado inhibir la replicación in vitro del SARS-CoV-2.[33] El tratamiento MATH + se creó a partir del protocolo de sepsis del Dr. Paul Marik que se basa en la vitamina C, ya que él y otros médicos notaron que había muchas similitudes entre la sepsis y la infección grave por COVID-19, pero la más parecida era la cascada inflamatoria que producen.

Este protocolo se actualiza de forma constante a medida que sale más información, así que le recomiendo visitar el sitio web de FLCCC, covid19criticalcare.com, para obtener las versiones y dosis actualizadas. En el momento de la publicación de este libro, el protocolo de profilaxis I-MASK + incluye los siguientes medicamentos y suplementos:[34]

- Ivermectina
- Vitamina D_3
- Vitamina C
- Quercetina
- Zinc
- Melatonina

El protocolo ambulatorio temprano para pacientes con síntomas leves es idéntico excepto por las dosis, además se incluyó el uso de aspirina y el monitoreo de la saturación de oxígeno. El protocolo de tratamiento hospitalario MATH + para COVID-19 (al momento de la publicación) incluye:[35]

- Metilprednisolona (un medicamento esteroide)
- Vitamina C por vía intravenosa
- Tiamina
- Heparina (un anticoagulante)
- Ivermectina
- Vitamina D
- Atorvastatina
- Melatonina
- Zinc
- Famotidina
- Recambio plasmático terapéutico

Además de estos medicamentos, el protocolo necesita la oxigenoterapia de alto flujo con el fin de evitar la ventilación mecánica. Recuerde que es muy importante evitar el uso de ventilador, ya que, en la mayoría de los pacientes, tiende a empeorar el problema de salud, ya que puede dañar los pulmones y en algunos centros, se relaciona con una tasa de mortalidad de casi el 98 %.[36]

Es importante señalar que, aunque la heparina forma parte importante del protocolo debido a las complicaciones de la coagulación en la microvasculatura del pulmón, la N-acetilcisteína (NAC), que se menciona en el capítulo 6, podría ser una mejor opción, ya que tiene un mejor perfil de seguridad y podría ser igual de efectiva. Además, aunque muchos les temen a los esteroides, son un componente crucial del tratamiento anti-COVID-19. En un breve ensayo coescrito por todo el equipo de FLCCC, señalan que:

El FLCCC creó el protocolo MATH + con base en las ideas de que el COVID19 es una enfermedad sensible a los esteroides. Esta recomendación de tratamiento fue en contra de las principales sociedades nacionales e internacionales de atención médica que habían malinterpretado la literatura médica, un conjunto de evidencia publicada que, tras una revisión cuidadosa y profunda, en realidad apoyó el uso de corticosteroides en pandemias previas.

Miles de pacientes con enfermedad grave por COVID-19 que sufrían de inflamación masiva podrían haberse salvado si les hubiera dado este medicamento antiinflamatorio.[37]

Ivermectina

El hecho de que se haya agregado la ivermectina en los protocolos MATH + e I-MASK + tiene mucho sentido, ya que la evidencia preliminar parece sugerir que puede producir beneficios en todas las etapas de la infección por SARS-CoV-2. Con lo anterior, parece ser muy efectiva como enfoque preventivo.

El 8 de diciembre de 2020, el presidente de la FLCCC, el Dr. Pierre Kory, ex profesor de medicina en el Aurora St. Luke's Medical Center en Milwaukee, Wisconsin, testificó ante la comisión del Senado de Seguridad Nacional y Asuntos Gubernamentales, donde analizó la evidencia que respalda el uso de este medicamento. Como se indica en el sitio web de FLCCC:

Los datos demuestran la capacidad del medicamento ivermectina para prevenir el COVID-19, con el fin de evitar que las personas con síntomas tempranos progresen a la fase hiperinflamatoria de la enfermedad e incluso para ayudar a los pacientes en estado crítico a recuperarse.

El Dr. Kory testificó que, en efecto, la ivermectina es un "medicamento milagroso" contra el COVID-19 y solicitó a las autoridades médicas del gobierno, los NIH, los CDC y la FDA, revisar con urgencia los datos más recientes y luego emitir directrices para que médicos, enfermeras practicantes y asistentes médicos receten ivermectina para tratar el COVID-19.

Varios estudios clínicos, que incluyen ensayos controlados aleatorios revisados por pares, demostraron que la ivermectina produce grandes beneficios en la profilaxis, el tratamiento temprano y también en la etapa tardía de la enfermedad. En conjunto, las docenas de ensayos clínicos que se han realizado alrededor del mundo deberían ser suficientes para evaluar la eficacia clínica de este medicamento.

> *Los datos de 18 ensayos controlados aleatorios que incluyeron a más de 2100 pacientes, demostraron que la ivermectina acelera la eliminación viral y la recuperación clínica, acorta el tiempo de estancia hospitalaria y reduce en un 75 % las tasas de mortalidad.*[38]

Si bien una reducción del 75 % en las tasas de mortalidad es algo bastante impresionante, una revisión patrocinada por la OMS sugiere que la ivermectina puede reducir hasta en un 83 % la mortalidad por COVID-19.[39] Al igual que la hidroxicloroquina, la ivermectina es un medicamento antiparasitario con un perfil de seguridad bien documentado y "propiedades antivirales y antiinflamatorias comprobadas"[40] que ha estado en el mercado desde 1981 y forma parte de la lista de medicamentos esenciales de la Organización Mundial de la Salud.

También es económico, ya que cuesta menos de $ 2 dólares en países como la India y Bangladesh.[41] A pesar de que la FDA no ha aprobado el uso de ivermectina para prevenir o tratar el SARS-CoV-2,[42] los estudios demuestran que este medicamento:[43]

- Inhibe la replicación de muchos virus, incluyendo el SARS-CoV-2 y los virus de la influenza estacional. En mi artículo "Medicamento antiparasitario podría ayudar a combatir el coronavirus", explico los datos que demuestran que una sola dosis de ivermectina eliminó el 99.8 % del SARS-CoV-2 en tan solo 48 horas.
- Inhibe la inflamación a través de varias vías.
- Reduce la carga viral.
- Protege contra el daño de órganos.
- Previene la transmisión del SARS-CoV-2 cuando se toma antes o después de la exposición; acelera la recuperación y reduce el riesgo de hospitalización y muerte en pacientes con COVID-19.

El 6 de enero de 2020, los miembros del FLCCC presentaron evidencia ante el Panel de Directrices de Tratamiento de COVID-19 de los Institutos Nacionales de Salud, que es el departamento que se encarga de actualizar las directrices de los NIH.[44] Una semana después, los Institutos Nacionales de Salud actualizaron su postura sobre el uso del medicamento con una declaración que decía que no tenía ningún tipo de recomendación, ni favorable, ni desfavorable.[45] Como señaló el FLCCC: "al dejar de recomendar el uso de la ivermectina, los médicos deberían sentir mayor libertad para recetarla como otra opción terapéutica para tratar el COVID-19, ya que esto podría ayudar a que la FDA apruebe su uso de emergencia".[46]

Hidroxicloroquina: ¿Tratamiento revolucionario o mortal?

Uno de los ejemplos más claros de que la ciencia se ha manipulado con el fin de promover y empeorar la pandemia de COVID-19, es el cese anticipado del uso de hidroxicloroquina. A pesar de que en un principio muchos médicos que trabajan en la primera línea de la pandemia elogiaron su efectividad, de pronto, se desató una campaña que desprestigió a este medicamento.

En España, donde el 72 % de los médicos utilizaba hidroxicloroquina, el 75 % la consideraba "la terapia más efectiva". La mayoría de los médicos utilizaron una dosis de 400 miligramos al día.

Didier Raoult, microbiólogo francés, experto en enfermedades infecciosas y ganador de un premio científico, así como fundador y director del hospital de investigación Institut Hospitalo-Universitaire Méditerranée Infection, informó[47] que, cuando a los pacientes se les administró una combinación de hidroxicloroquina y azitromicina inmediatamente después de su diagnóstico, se produjo la recuperación y la "cura virológica", es decir, cuando ya no se detecta SARS-CoV-2[48] en los hisopos nasales, en el 91.7 % de los pacientes.

Según Raoult, en la mayoría de los casos, la combinación de medicamentos "evita el empeoramiento, la persistencia y la contagiosidad del virus". Además, no se observó toxicidad cardíaca a dosis de 200 mg tres veces al día durante 10 días, en combinación con 500 mg de azitromicina durante el primer día de tratamiento, seguido de 250 mg diarios durante los siguientes cuatro días. El riesgo de toxicidad cardíaca se redujo al examinar cuidadosamente a los pacientes y realizar electrocardiogramas en serie.

Según el Dr. Meryl Nass, toda la controversia alrededor de la hidroxicloroquina parece tener poco que ver con su seguridad y eficacia contra el COVID-19, y más bien parece ser un esfuerzo concertado y coordinado para evitar su uso. De hecho, hay varias razones por las que ciertas personas y compañías no quieren que un medicamento genérico de bajo costo ayude a combatir esta enfermedad pandémica. Para que se dé una idea, fabricar un suministro para 14 días solo cuesta 2 dólares[49] y puede venderse por tan solo 20 dólares.[50]

Una de las razones más obvias es porque podría eliminar la necesidad de la vacuna u otro de los medicamentos antivirales que se encuentran en la fase de desarrollo.[51] Ya se han invertido cientos de millones de dólares, además, los fabricantes de vacunas esperan recibir ganancias de miles de millones, o trillones de dólares.

En los Estados Unidos, varios médicos han intentado desmentir las difamaciones contra la hidroxicloroquina, incluyendo al médico general Dr. Vladimir Zelenko quien fue coautor de un estudio que encontró que los pacientes que dieron positivo por COVID-19 y que comenzaron un tratamiento con dosis bajas de zinc, hidroxicloroquina y azitromicina "tan pronto como aparecieron los síntomas", tuvieron menos probabilidades de ser hospitalizados y redujeron cinco veces su riesgo de mortalidad por cualquier causa".[52]

Como señaló Zelenko, en esta combinación el verdadero asesino del virus es el zinc. La hidroxicloroquina solo es el transportador del zinc que le permite entrar en la célula. Mientras tanto, el antibiótico ayuda a prevenir infecciones secundarias.

Otros defensores de los protocolos que se basan en la hidroxicloroquina incluyen a America's Frontline Doctors, un grupo de médicos que formaron esta coalición para contrarrestar la falsa narrativa de que la hidroxicloroquina es demasiado peligrosa de usar para el COVID-19. Además de usar el medicamento en pacientes hospitalizados, también enfatizan que la hidroxicloroquina en combinación con zinc (solo una tableta de 200 miligramos de hidroxicloroquina cada dos semanas con zinc diario) es un profiláctico eficaz que podría administrarse a cualquier persona con alto riesgo de infección. Sin embargo, todos los miembros del grupo fueron víctimas de censura por parte de las plataformas de redes sociales y al menos uno de ellos perdió su trabajo. Zelenko terminó siendo investigado por un fiscal federal de Baltimore.

Pero debe considerar que, aunque la hidroxicloroquina es una herramienta efectiva, debe utilizarse en las etapas tempranas de la enfermedad, lo ideal es justo después de la exposición, porque ralentiza la replicación viral. También vale la pena señalar que en los lugares en donde la hidroxicloroquina es difícil de conseguir, la quercetina podría ser la mejor alternativa, incluso es menos costosa, ya que su principal mecanismo de acción es idéntico al del medicamento, además de que produce muchos otros beneficios antiinflamatorios.

Ambos son ionóforos de zinc, lo que significa que transportan zinc a las células. Según Zelenko, existe evidencia convincente que sugiere que el beneficio principal de este protocolo proviene del zinc, que inhibe la replicación viral. El problema es que el zinc no ingresa tan fácil a las células, por lo que se necesita un ionóforo de zinc.

El Dr. Harvey A. Risch, profesor de epidemiología en la Facultad de Salud Pública de Yale, también ha defendido el uso de la hidroxicloroquina. El 23 de julio de 2020, *Newsweek* publicó un artículo de opinión en el que señala:

> *He escrito más de 300 publicaciones revisadas por pares y en la actualidad ocupo puestos de responsabilidad en los consejos editoriales de varias revistas líderes. Estoy acostumbrado a defender posturas dentro de la*

medicina convencional, por lo que me desconcertó descubrir que, en medio de una crisis, tenga que defender un tratamiento que tiene evidencia que lo respalda y que están difamando por razones que no tienen nada que ver con una correcta comprensión de la ciencia. Como resultado, hay decenas de miles de muertes por COVID-19 que pudieron prevenirse.

Me refiero al medicamento hidroxicloroquina. Cuando este medicamento oral y económico se administra al inicio de la enfermedad, antes de que el virus se multiplique de forma descontrolada, ha demostrado ser muy eficaz, en especial cuando se administra en combinación con los antibióticos azitromicina o doxiciclina y el suplemento nutricional de zinc.[53]

La tecnocracia médica hizo posible la pandemia

Todos los esfuerzos para evitar que los profesionales médicos utilicen la hidroxicloroquina es otra prueba de que la pandemia de COVID-19 tiene un motivo oculto. Es simple, si al sistema médico le importara la vida de las personas, utilizarían cualquier cosa que funcione. El hecho de que hicieron todo lo posible para difamar un medicamento que ha existido durante décadas y que tiene excelente perfil de seguridad demuestra que no se trata de un sistema médico real, sino de la tecnocracia médica. La censura y manipulación de la información médica es parte fundamental de la ingeniería social de este sistema.

En 2005, los Institutos Nacionales de Salud publicaron una investigación que demuestra que la cloroquina inhibe la infección y la propagación del coronavirus del SARS, y produce beneficios tanto profilácticos como terapéuticos.[54] De hecho, el director del Instituto Nacional de Alergias y Enfermedades Infecciosas (NIAID) desde 1984, Anthony Fauci quien forma parte de los NIH, debería tener conocimiento sobre estos hallazgos, pero en varias ocasiones ha dicho que estos medicamentos no funcionan, que no hay evidencia suficiente o que la evidencia es solo anecdótica.

Ahora, además de tratar a los pacientes con COVID-19 y minimizar las muertes, se ha demostrado que el medicamento relacionado con la cloroquina inhibe la influenza A, y esta podría ser otra de las razones por las que lo han desacreditado tanto.[55] Si un medicamento genérico y económico puede prevenir la influenza ¿para qué necesitaríamos las vacunas contra la influenza estacional?

En pocas palabras, este medicamento representa una gran amenaza para la industria farmacéutica. También podría representar una forma de acabar con el poder geopolítico que tienen los tecnócratas, es decir, el terrorismo biológico. Si sabemos cómo tratarnos y protegernos de los virus diseñados, su capacidad para mantenernos con miedo se desvanece.

Todo esto explica por qué se han publicado tantos estudios fraudulentos sobre la hidroxicloroquina, que luego se utilizaron con fines propagandísticos para asustar al público, mientras censuraban y desaparecían todos los estudios que demostraban los beneficios de este medicamento. Incluso hubo un caso en el que los autores sacaron los datos de la manga, es decir, ellos los inventaron. Aunque al final hubo una retracción del estudio, ya había cumplido su objetivo, hacerle mala publicidad a este medicamento. En otros casos, utilizaron dosis *conocidas por* ser tóxicas.

Aunque los médicos que informan sobre el éxito del medicamento utilizan dosis estándar de alrededor de 200 mg al día durante unos días o quizás un par de semanas, estudios como el que financiaron Bill y Melinda Gates[56], el ensayo RECOVERY, utilizaron 2400 mg de hidroxicloroquina durante las primeras 24 horas, que es de tres a seis veces más que la dosis diaria recomendada,[57] seguida de 400 mg cada 12 horas durante 9 días más para obtener una dosis acumulada de 9200 mg durante 10 días.

De manera similar, el Solidarity Trial, dirigido por la Organización Mundial de la Salud, utilizó 2000 mg el primer día y una dosis acumulada de 8800 mg durante 10 días.[58] Estas dosis son demasiado altas y no necesariamente mejores. Es una dosis muy alta y ¿adivine qué? Podría matar al paciente.

La hidroxicloroquina no es el único remedio prometedor contra el COVID-19 que ha sido víctima de las autoridades. Justo cuando surgieron datos que demostraban los beneficios de la NAC en el COVID-19, de pronto la Administración de Alimentos y Medicamentos comenzó a atacarla, al afirmar que no puede considerarse como un suplemento alimenticio.

Si bien la agencia aún no ha tomado represalias contra este medicamento en temas relacionados con el COVID-19 (su principal objetivo han sido las compañías que venden la NAC como un remedio para la resaca), los miembros del Consejo para la Nutrición Responsable han expresado su preocupación de que la FDA termine por prohibir su uso. Esperemos que la FDA *no* termine prohibiendo los suplementos de NAC de la misma forma que lo hizo con la hidroxicloroquina.

El protocolo suizo: quercetina y zinc

Si no confía por completo en la hidroxicloroquina, o no puede conseguirla, entonces la quercetina es una alternativa viable e incluso mejor. Al igual que la hidroxicloroquina, la quercetina es un ionóforo de zinc, por lo que tiene el mismo mecanismo de acción que el medicamento: mejora la absorción celular de zinc.

Entonces, en lugar de tomar hidroxicloroquina y zinc, podría tomar quercetina y zinc. Estos también son los ingredientes principales del protocolo suizo,[59] desarrollado por el grupo Swiss Coverage Analysis, un grupo de análisis no partidista y sin fines de lucro que investiga la "propaganda geopolítica en los medios de comunicación suizos y mundiales" y que basa sus informes en investigaciones publicadas, estudios de casos y "testimonios médicos". El protocolo completo, que se recomienda tomar durante cinco a siete días, también incluye un anticoagulante, un antibiótico y un mucolítico, además de hidroxicloroquina (aunque, le repito, la quercetina tiene acciones y beneficios casi idénticos).

Es mejor tomar quercetina y zinc por la noche, justo antes de acostarse y varias horas después de su última comida. Esto debido a que tanto la quercetina como el ayuno son senolíticos, lo que significa que matan selectivamente las células senescentes, células zombies viejas y dañadas que se acumulan con la edad y aceleran el daño inflamatorio. Mientras duerme, practica el ayuno (con suerte) durante ocho horas más o menos, por lo que es mejor tomar la quercetina antes de acostarse con el fin de maximizar estos beneficios anti edad.

CAPÍTULO OCHO

Protocolos efectivos que prefieren mantener en secreto

Por el Dr. Joseph Mercola

Durante miles y miles de años, las enfermedades infecciosas han sido una grave amenaza para la salud de la humanidad. Pero el arma principal de nuestros antepasados para combatir este tipo de amenazas era su sistema inmunológico. En los últimos 150 años, los avances en nutrición y salud han aminorado bastante el daño que causan este tipo de infecciones.

Sin embargo, en los últimos 60 años la industria farmacéutica ha hecho todo lo posible para que el público crea que las vacunas son la mejor forma de prevenir las enfermedades infecciosas. Como se indica en el capítulo 7, la Organización Mundial de la Salud incluso llegó al extremo de cambiar la definición de *inmunidad colectiva* con el fin de que las personas crean que las vacunas son *necesarias* para protegernos de las enfermedades virales, al borrar el término "sistema inmunológico" y su importancia en la salud humana.

Con la implementación de la Ley Nacional de Protección contra Lesiones Causadas por Vacunas en la Niñez promulgada en 1986, se les otorgó a los fabricantes de medicamentos una protección parcial de responsabilidad por los daños que pudieran causan sus productos, se comenzó a cuestionar por primera vez el uso obligatorio de las vacunas. La ley fue un reconocimiento histórico por parte del gobierno estadounidense de que las vacunas infantiles autorizadas y recomendadas por el gobierno federal e impuestas por el estado pueden causar lesiones e incluso la muerte. Se creó un programa federal de compensación por lesiones causadas por vacunas como una alternativa administrativa a una demanda por parte de los padres que no querían recurrir a los tribunales para demandar a las compañías farmacéuticas o los médicos.

Luego, durante un período de 30 años, el Congreso y las agencias federales enmendaron la ley a través de la autoridad normativa, al quebrantar las disposiciones de información, registro, informes e investigación de la ley aseguradas por los padres en la legislación, lo que provocó que la compensación federal sea casi imposible de obtener, de este modo, cada vez menos personas lesionadas por las vacunas reciben algún tipo de compensación.

En 2011, la Corte Suprema de los Estados Unidos en una decisión dividida en *Bruesewitz c. Wyeth*, con el desacuerdo de las juezas Sonia Sotomayor y Ruth Bader Ginsburg, exentó de toda la responsabilidad a los fabricantes por los daños que causen sus vacunas. De esta manera, a partir de 2011, los fabricantes de vacunas ya no se hacen responsables por ninguna lesión o muerte causadas por sus vacunas, incluso si hubiera evidencia de que la compañía podría haber hecho que una vacuna tuviera menos probabilidades de causar daño.

Las compañías farmacéuticas han recibido multas de decenas de miles de millones de dólares por daños debido a los efectos secundarios que causan los medicamentos que fabrican, así que esta protección de responsabilidad para las vacunas que recomienda el gobierno e impone el estado, podría explicar su éxito financiero. En el caso del COVID-19, la protección de responsabilidad es aún mayor, ya que según la Ley de preparación Pública ante Emergencias (PREP), ahora están protegidos de indemnizar por las lesiones que causen sus vacunas.

Las primeras vacunas anti-COVID-19 en salir al mercado fueron las vacunas experimentales de ARN mensajero fabricadas por Pfizer/BioNTech y Moderna, a las que la Administración de Alimentos y Medicamentos (FDA) les otorgó una autorización de uso de emergencia en diciembre de 2020 para comenzar a distribuirlas en los Estados Unidos, el Reino Unido y Canadá. En tanto, la vacuna anti-COVID-19 "Sputnik" se distribuyó en Rusia. Aunque estas novedosas vacunas antiCOVID han recibido muchos comentarios positivos por parte de los medios de comunicación, no se ha dicho mucho sobre sus problemas de seguridad.

Es una imprudencia que las autoridades administren vacunas experimentales con aprobación de vía rápida a millones de personas, cuando solo se cuenta con datos limitados de seguridad a corto plazo. No se han realizado estudios de seguridad a largo plazo para evaluar si podrían causar convulsiones, cáncer, enfermedades cardíacas, alergias o enfermedades autoinmunes, ya que todos estos fueron algunos de los efectos secundarios que se reportaron en los ensayos en animales de otras vacunas contra el coronavirus.

En el caso de la vacuna anti-COVID-19, se omitieron por completo los estudios en animales gracias al programa Operation Warp Speed del gobierno estadounidense que se lanzó a principios de 2020 y como resultado, millones de humanos, con todo tipo de problemas de salud subyacentes que podrían hacerlos más propensos a reacciones, daño permanente o incluso la muerte a causa de la vacuna, se han convertido en conejillos de indias de este gran experimento.

Sin embargo, los investigadores han tratado de desarrollar una vacuna contra el coronavirus desde el brote del síndrome respiratorio agudo severo (SARS-1) en 2002, pero no han tenido éxito porque muchos de esos intentos causaron efectos secundarios graves e incluso fatales. También es importante recordar que nunca antes se había autorizado el uso de vacunas de ARNm en humanos. Esto se debe a que no existen datos en humanos que nos ayuden a darnos una idea sobre qué tipos de efectos producen las vacunas anti-COVID-19 a largo plazo, así que no sabemos que nos depara el futuro. Por ello, es una locura esperar que estas vacunas experimentales de vía rápida contra el coronavirus tengan éxito cuando otras que han sido estudiadas durante largos períodos han fallado una y otra vez.

Aunque muchas personas tenían la esperanza de que las vacunas anti-COVID-19 ayudarían a "regresar a la normalidad" y les darían una sensación de seguridad, poco después de su lanzamiento, comenzaron a surgir reportes de efectos secundarios graves, lo que hizo que nos preguntáramos si sus supuestos beneficios realmente superan sus daños potenciales. Investigadores independientes que han analizado los datos de ensayos clínicos disponibles también señalan que la eficacia de estas vacunas no es tan alta como afirman.

Los porcentajes de efectividad son muy engañosos

A principios de noviembre de 2020, Pfizer hizo que el mercado de valores se disparara cuando anunció que el análisis de los datos de los ensayos clínicos demostró que la eficacia de su vacuna era superior al 90 %. Poco después, se anunció una tasa de eficacia del 95 %.[1] Mientras que Moderna presumió de un éxito similar con una *eficacia* del 94.5 % en sus ensayos clínicos,[2] pero jamás mencionan su definición de eficacia.

Si lee los comunicados de prensa de Pfizer y Moderna, así como otra información sobre ensayos clínicos, notará que omiten información crucial. Por ejemplo:[3]

- No especifican el umbral de ciclo que utilizaron para las pruebas de PCR en las que basan su recuento de casos de COVID-19, que es información muy importante para determinar la precisión de esas pruebas.
- No mencionan nada sobre las hospitalizaciones o muertes.
- No hay información sobre si las vacunas previenen la infección asintomática y la transmisión del virus SARS-CoV-2, ya que, si la tasa de eficacia de la vacuna solo previene la enfermedad sintomática de moderada a grave y no la infección y la transmisión, será imposible que la vacuna ayude a alcanzar la inmunidad colectiva.

- No establecen cuánto dura la protección contra la enfermedad sintomática de moderada a grave. Algunos investigadores sugieren que se requerirán dosis de refuerzo frecuentes, quizás cada tres a seis meses o cada año.

Número de personas que deben vacunarse para prevenir un solo caso

En una carta al editor publicada en la revista médica *BMJ*, el Dr. Allan Cunningham, un pediatra jubilado de Nueva York, señaló que a la persona promedio se le dificulta comprender la calificación de efectividad de Pfizer, por lo que decidió hacer un estimado de la cantidad de personas que necesitan recibir la vacuna de Pfizer para prevenir un solo caso. Este número ayudará a entender mejor lo que nos espera (énfasis añadido):

> *Aunque no se proporcionan datos específicos, es fácil dar los números aproximados, es decir, con base en los 94 casos en un ensayo que involucró a 40 000 participantes: 8 casos en el grupo de vacuna de 20 000 participantes y 86 casos en el grupo de placebo de 20 000 participantes.*
>
> *Esto produce una tasa de incidencia de COVID-19 de 0.0004 en el grupo de vacuna y 0.0043 en el grupo de placebo. Riesgo relativo (RR) de vacunación = 0.093, lo que se traduce en una "eficacia de la vacuna" del 90.7 % [100 (1- 0,093)]. Este número parece impresionante, pero la reducción absoluta del riesgo para una persona solo es de alrededor del 0.4 % (0.0043 - 0.0004 = 0.0039).*
>
> *El número necesario de personas a vacunar (NNTV) = 256 (1/0.0039), lo que significa que para prevenir un solo caso de COVID-19, 256 personas deben recibir la vacuna; las otras 255 no obtienen ningún beneficio, pero sí pueden sufrir sus efectos adversos, sean los que sean y siempre y cuando salgan a la luz.*[4]

En un artículo que publicó el Instituto Mises, el Dr. Gilbert Berdine, profesor asociado de medicina en el Centro de Ciencias de la Salud de la Universidad Texas Tech, ayuda a explicar cómo Moderna también manipuló esta estadística al realizar el mismo cálculo con su vacuna (énfasis añadido):

> *El estudio de Pfizer involucró a 43 538 participantes y comenzó su análisis a partir de los 164 casos. Lo que significa que solo unos 150 de 21 750 participantes (menos del 0.7 %) obtuvieron un resultado*

positivo en la prueba de PCR en el grupo de control y alrededor de una décima parte de ese número obtuvo un resultado positivo en la prueba de PCR en el grupo de vacuna.

El ensayo de Moderna contó con 30 000 participantes. Hubo 95 "casos" en los 15 000 participantes de control (alrededor del 0.6 %) y cinco "casos" en los 15 000 participantes de la vacuna (alrededor de una vigésima parte del 0.6%). Las cifras de "eficacia" que se citan en estos reportes es la razón de momios.

Cuando el riesgo de un evento es bajo, la razón de momios puede ser engañosa con respecto al riesgo absoluto. Una medida de eficacia más precisa sería el número [necesario] de personas a vacunar para evitar una hospitalización o una muerte. Sin embargo, esas cifras no están disponibles.

Una estimación del número[necesario] de personas a tratar del ensayo Moderna para prevenir un solo "caso" sería vacunar a 15 000 personas para prevenir 90 "casos" o vacunar a 167 para prevenir un solo "caso", lo que no suena tan bien como una eficacia del 94.5 %.[5]

Otro dato importante que se ha ocultado es la reducción del riesgo absoluto que brindan estas vacunas. Las compañías farmacéuticas son expertas en confundir a los médicos y al público al combinar riesgos absolutos y relativos. Ya lo habían hecho muchas veces con las estatinas, de las que obtuvieron miles de millones en ganancias. El 26 de noviembre de 2020, en un artículo que se publicó en *BMJ*, Peter Doshi, editor asociado de la revista, señaló que, aunque Pfizer afirma que su vacuna tiene una tasa de eficacia del 95 %, este porcentaje se refiere a la reducción del riesgo *relativo*. La reducción del riesgo *absoluto* en realidad es de menos del 1 %.[6]

En otro artículo, Doshi mencionó otras inconsistencias.[7] Para empezar, señala que Pfizer nunca confirmó si los participantes del grupo de prueba que presentaban síntomas de COVID-19 habían obtenido un resultado positivo en su PCR. En cambio, la mayoría se clasificaron como "sospecha de COVID-19", el problema aquí es que la calificación de eficacia del 95 % se basa solo en casos confirmados por PCR.

Según Doshi, dado que los datos demuestran que hay 20 veces más casos sospechosos que casos confirmados, la reducción del riesgo relativo podría ser tan baja como el 19 %, que está muy por debajo de la eficacia del 50 % que se requiere para obtener la autorización de uso de emergencia por parte de las autoridades competentes. Es más, si se produjeran casos sospechosos en personas con resultados falsos negativos, la eficacia de la vacuna sería aún menor.

Otro dato más que podría influir en la tasa de eficacia de Pfizer fue la exclusión de 371 participantes de su análisis de eficacia debido a "desviaciones importantes del protocolo en o antes de 7 días después de su segunda dosis". De ellos, 311 eran del grupo de vacuna, mientras que solo 60 estaban en el grupo de placebo.

¿Por qué se excluyó a más personas del grupo de la vacuna que del grupo de placebo? ¿Y cuáles fueron estas «desviaciones del protocolo» que provocaron su exclusión? Es como si hubieran arreglado todo para poder obtener los resultados deseados con el fin de "comprobar" la efectividad, cuando solo se trata de una manipulación estadística.

¿La vacuna anti-COVID-19 salvará vidas, reducirá las hospitalizaciones o evitará la transmisión?

Doshi también señaló que los ensayos actuales no están diseñados para decirnos si las vacunas realmente salvarán vidas. De lo contario, preguntó en su artículo del 26 de noviembre ¿realmente valen la pena los riesgos que representan? "¿Qué es lo que realmente significa cuando declaran una vacuna como efectiva?". "Para el público, esto parece bastante obvio. El objetivo principal de una vacuna anti-COVID-19 es evitar que las personas se enfermen de gravedad y mueran", se dijo sin rodeos en una transmisión de National Public Radio.... Sin embargo, los ensayos de fase III no están diseñados para demostrar este punto. Ninguno de los ensayos se diseñó para detectar una reducción en cualquier resultado grave, como ingresos hospitalarios, uso de servicios de cuidados intensivos o muertes".[8]

Los ensayos tampoco nos dicen nada sobre la capacidad de la vacuna para prevenir la infección y la transmisión asintomática, ya que esto requeriría realizar pruebas a los voluntarios dos veces por semana durante largos períodos de tiempo, una estrategia que es "operacionalmente insostenible", según Tal Zaks, director médico de Moderna.[9]

Cuestiones de seguridad que aún prevalecen

Además de esclarecer si las vacunas anti-COVID-19 funcionan como dicen, aún quedan muchas interrogantes sobre la seguridad. Cuando se trata de seguridad, es importante aclarar que solo unos pocos miles de voluntarios sanos verificados estuvieron expuestos a la vacuna real. El verdadero grupo de prueba está conformado por todas aquellas personas que están esperando recibir estas vacunas.

Se puede hacer una lista bastante larga de preguntas de seguridad, pero podemos comenzar con: "¿qué efecto tendrán las vacunas de ARN en el

ADN?" Según un artículo de Phys.org que se publicó el 29 de enero de 2020, las investigaciones demuestran que el ARN produce un "efecto directo en la estabilidad del ADN".[10]

¿Podrían las vacunas COVID-19 alterar los genes y, de ser así, cuáles? Este podría ser un detalle muy importante. Por ejemplo, cuando se eliminan genes que son importantes para el compuesto químico 6-metiladenina, se ha demostrado que se produce una neurodegeneración, tanto en ratones como en humanos.[11]

Otra cuestión de seguridad tiene que ver con las nanopartículas lipídicas que utilizan este tipo de vacunas. En 2017, Stat News analizó los problemas a los que se enfrentó Moderna para desarrollar un medicamento a base de ARNm para tratar el síndrome de Crigler-Najjar, una enfermedad que puede provocar ictericia, degeneración muscular y daño cerebral:

> *Para proteger las moléculas de ARNm de las defensas naturales del cuerpo, los desarrolladores de medicamentos deben envolverlas en una cubierta protectora. En el caso de Moderna, eso significó poner su terapia contra el Crigler-Najjar en nanopartículas hechas de lípidos. Para sus químicos, esas nanopartículas representaron todo un desafío porque si se administra muy poco, no se obtiene suficiente enzima para combatir la enfermedad y si se administra demasiado, el medicamento se vuelve tóxico para los pacientes.*
>
> *Desde el principio, los científicos de Moderna sabían que utilizar ARNm para estimular la producción de proteínas sería una tarea difícil, por lo que buscaron en la literatura médica enfermedades que pudieran tratarse solo con pequeñas cantidades de proteína adicional, "y esa lista de enfermedades es muy, muy corta", dijo el ex empleado.*
>
> *El síndrome de Crigler-Najjar era la opción más viable. Sin embargo, Moderna no pudo hacer que su terapia funcionara, ya que, en estudios en animales, la dosis segura era demasiado débil y las inyecciones repetidas de una dosis fuerte como para ser eficaz provocaron efectos secundarios preocupantes en el hígado".*[12]

Entonces ¿las nanopartículas de lípidos que se utilizan en las vacunas anti-COVID-19 actuales son más seguras que las que se consideraron demasiado peligrosas en ensayos en humanos que se realizaron hace algunos años? Como lo analizaremos más adelante en este capítulo, las reacciones anafilácticas fueron uno de los primeros efectos secundarios que se produjeron de forma generalizada y es posible que estas nanopartículas hayan causado estos efectos. Dado que el ARNm se degrada rápidamente, se debe unir a lípidos o polímeros.

Las vacunas anti-COVID-19 utilizan nanopartículas lipídicas PEGiladas y se ha demostrado que el polietilenglicol (PEG) puede causar anafilaxia.[13] También existe el riesgo de problemas autoinmunes.

En su artículo, Berdine señala que "los colegas están preocupados por los posibles efectos secundarios autoinmunes que pueden aparecer meses después de vacunarse" y es importante señalar que ninguno de los ensayos incluyó voluntarios inmunodeprimidos, por lo que se desconoce por completo qué efectos podrían causar estas vacunas en las personas con mala función inmunológica.

Esto representa un problema importante, ya que se estima que, en los Estados Unidos, entre 14.7 y 23.5 millones de personas padecen alguna forma de enfermedad autoinmune,[14] y estas personas también tienen un mayor riesgo de sufrir complicaciones y muerte por COVID-19. Si la vacuna empeora los problemas autoinmunes, el resultado podría ser devastador para una gran cantidad de personas.

Las reacciones paradójicas de las vacunas representan un problema grave

Si los ensayos previos de las vacunas contra otros coronavirus son una señal de alerta, entonces los posibles efectos secundarios graves de estas vacunas anti-COVID-19 deberían activar todas las alarmas. Uno de los problemas más comunes en esos estudios fue la mejora inmunológica dependiente de anticuerpos, una reacción que conocemos desde la década de 1960. En pocas palabras, esto es cuando una vacuna viral lo vuelve *más* propenso a enfermedades graves y que, además, podría causar la muerte si después se infecta con el virus.

Como lo explicó James Odell, OMD, ND, L.Ac., en un artículo que publicó el Bioregulatory Medicine Institute el 28 de diciembre de 2020:

> *Durante un periodo de 18 años se han realizado muchos estudios en animales con la vacuna contra el coronavirus, en los que, por desgracia, se produjeron varios efectos secundarios graves. Es posible que los animales no estuvieran completamente protegidos ya que se enfermaron de gravedad o murieron debido a algún problema autoinmune.*
>
> *Los efectos secundarios y las muertes de los animales se atribuyeron principalmente a lo que se conoce como mejora dependiente de anticuerpos (ADE). El fenómeno ADE es un mecanismo bioquímico en el que los anticuerpos específicos del virus (por lo general, de una vacuna) permiten la entrada o la replicación de otro virus en los glóbulos blancos, como los monocitos/macrófagos y las células granulocíticas.*

Lo que después produce una respuesta inmunológica demasiado fuerte (una mejora anormal) que provoca inflamación crónica, linfopenia o una "tormenta de citoquinas", y se sabe que todas estas reacciones causan enfermedades graves e incluso la muerte. En esencia, la ADE es un ciclo de diseminación de la enfermedad que hace que las personas con una infección secundaria produzcan una respuesta inmunológica más fuerte que durante su primera infección (o vacunación previa) por una cepa diferente.

La ADE de la enfermedad es uno de los problemas más comunes a los que se enfrentan al desarrollar vacunas y terapias con anticuerpos porque los mecanismos que subyacen a la protección de los anticuerpos contra cualquier virus tienen un potencial teórico de amplificar la infección o desencadenar una inmunopatología dañina. Se ha observado ADE de la entrada viral y se ha descrito su mecanismo para muchos virus, incluyendo los coronavirus.

Es decir, se demostró que los anticuerpos se dirigen a un serotipo de virus, pero solo subneutralizan a otro, lo que provoca la ADE de los últimos virus a los que estuvo expuesto. Debido a que se produjo la ADE en los animales de estudio, la investigación de la vacuna contra el coronavirus nunca progresó a ensayos en humanos, al menos no hasta la reciente campaña de vía rápida del SARS-cov-2.[15]

También se habló sobre el riesgo de mejora inmunológica dependiente de anticuerpos, que también se conoce como mejora inmunológica paradójica (PIE), en el artículo "Informed Consent Disclosure to Vaccine Trial Subjects of Risk of COVID-19 Vaccine Worsening Clinical Disease,", que se publicó el 28 de octubre de 2020 en *International Journal of Clinical Practice* : "las vacunas anti-COVID-19 diseñadas para producir anticuerpos neutralizantes pueden sensibilizar a los receptores de la vacuna a una enfermedad más grave que si no estuvieran vacunados" y también señala:

Las vacunas contra el SARS, MERS y RSV jamás han sido aprobadas y los datos que se obtuvieron del desarrollo y las pruebas de estas vacunas sugieren un grave problema: las vacunas que se diseñaron de forma empírica según el enfoque tradicional (que consisten en la proteína spike viral del coronavirus sin modificar o mínimamente modificada para provocar anticuerpos neutralizantes), ya sean compuestos de proteína, vector viral, ADN o ARN y sin importar el método de administración, pueden empeorar la enfermedad por COVID-19 a través de la mejora dependiente de anticuerpos (ADE).[16]

Riesgos de seguridad en las pruebas anteriores de la vacuna contra coronavirus

Sin embargo, a los participantes de los ensayos clínicos de Pfizer y Moderna no se les informó sobre este riesgo. Si una o más vacunas anti-COVID-19 comienzan a causar este tipo de mejora inmunológica, podríamos estar ante una avalancha de enfermedades graves y muertes, lo que ocurrirá a medida que las personas comiencen a exponerse a cualquier cantidad de cepas mutadas del SARS-CoV-2.

Pero lo más triste de todo, es que ya sabían esto, pero decidieron mantenerlo en secreto. En mayo de 2020 entrevisté a Robert F. Kennedy, Jr., sobre este mismo tema, y dijo lo siguiente:

El desarrollo de la vacuna contra el coronavirus comenzó después de que estallaran tres epidemias de SARS, es decir, a principios de 2002. Los chinos, los estadounidenses y los europeos se reunieron y dijeron: "necesitamos desarrollar una vacuna contra el coronavirus" y para 2012, tenían alrededor de 30 vacunas que parecían prometedoras.

Tomaron los cuatro mejores y fabricaron las vacunas, las administraron a los hurones, que son la analogía más cercana a los humanos, en términos de las infecciones pulmonares.

Los hurones tuvieron una respuesta de anticuerpos muy buena, y esa es la métrica por la cual la FDA autoriza las vacunas. Entonces pensaron que habían tenido un gran éxito porque las cuatro vacunas funcionaron de maravilla, pero de pronto, sucedió algo terrible. Después de exponer a esos hurones al virus salvaje, desarrollaron inflamación en todos sus órganos y sus pulmones dejaron de funcionar.

Los científicos recordaron que lo mismo había sucedido en la década de los 60s cuando intentaron desarrollar una vacuna contra el RSV, que es una enfermedad de las vías respiratorias superiores muy similar al coronavirus. Esa vez, no la probaron en animales.

Realizaron las pruebas en seres humanos. Las probaron en 35 niños y sucedió lo mismo. Los niños desarrollaron una excelente respuesta de anticuerpos que fue duradera. Parecía perfecto, pero cuando los niños estuvieron expuestos al virus, todos se enfermaron. Dos murieron. Por lo que cancelaron la vacuna. Fue una vergüenza para la FDA y los NIH.

Cuando analizaron estos hechos de manera más detallada, los científicos se dieron cuenta que los coronavirus producen dos tipos de anticuerpos. Hay anticuerpos neutralizantes, que son del tipo deseado, que combaten la enfermedad y luego están los anticuerpos de unión.

Los anticuerpos de unión en realidad crean una vía para la enfermedad en el cuerpo, y desencadenan una respuesta paradójica o respuesta inmunológica paradójica. Lo que eso significa es que todo parece estar bien hasta que se contrae la enfermedad, y el resultado es mucho peor. Las vacunas contra coronavirus pueden ser muy peligrosas, y es por eso que incluso nuestros enemigos (Peter Hotez, Paul Offit, Ian Lipkin) afirman que: "se debe tener mucho, pero mucho cuidado con esta vacuna"

Los primeros ensayos plantearon inquietudes sobre los efectos secundarios de la vacuna de ARNm

Ahora que se lanzaron los primeros lotes de la vacuna anti-COVID-19, estamos comenzando a ver una serie de efectos preocupantes, pero no es algo nuevo, ya que hubo motivos de preocupación desde el comienzo de los ensayos fase 1 de Moderna, cuando el 80 % de los participantes en el grupo de dosis de 100 microgramos sufrieron efectos secundarios sistémicos.[17]

Después de la segunda dosis, el 100 % experimentó efectos secundarios. A pesar de eso, esta fue la dosis que Moderna eligió para avanzar a la siguiente fase de sus ensayos. (En el grupo de la dosis más alta, en el que recibieron 250 mcg, todos los participantes sufrieron efectos secundarios después de la primera y la segunda dosis.)

El 20 de mayo de 2020, Robert F. Kennedy, Jr., advirtió que "los resultados de los ensayos clínicos son muy desalentadores" y escribió: "Moderna no dio a conocer su estudio de ensayo clínico o datos sin procesar, pero en su comunicado de prensa, que estaba lleno de inconsistencias, reconoció que tres voluntarios desarrollaron eventos sistémicos grado 3, que la FDA define como "incapacidad para realizar actividades diarias y necesidad de intervención médica".

Si una vacuna con esas tasas de reacción se administra a 'todas las personas del mundo', podría causar lesiones graves en 1,500 millones de seres humanos, pero para comprender por qué las vacunas anti-COVID-19 de ARNm son tan alarmantes es necesario entender la forma en la que se diseñaron para realizar su función. Las vacunas de Moderna y Pfizer utilizan tecnología de ARN mensajero (ARNm) que le indican a sus células producir la proteína spike de SARS-CoV-2. Esta es la glicoproteína que se adhiere al receptor ACE2 de sus células, lo que permite que el virus lo infecte.

La idea detrás de las vacunas de ARNm es engañar a su cuerpo para que produzca la proteína spike del SARS-CoV-2 y en respuesta, su sistema inmunológico comenzará a producir anticuerpos. Pero este tratamiento no está diseñado para detener la producción de estas proteínas una vez que ya no se necesitan. Entonces ¿qué sucede cuando su cuerpo se convierte en una fábrica de proteínas virales que puede activar la producción de anticuerpos de forma continua sin poder detenerla?

Como se menciona en la cita de Kennedy, hay dos tipos de anticuerpos: anticuerpos de unión y anticuerpos neutralizantes. Los anticuerpos de unión son incapaces de prevenir la infección viral, más bien, desencadenan una respuesta inmunológica exagerada, como lo expliqué en secciones anteriores. En un comunicado de prensa, Moderna señaló que los receptores de la vacuna tenían *anticuerpos de unión* "a niveles observados en muestras de sangre de personas que se han recuperado del COVID-19" pero al momento de ese comunicado de prensa, los datos de 25 de los 45 participantes solo mostraban el resultado de este anticuerpo de unión.

Mientras tanto, los datos de anticuerpos neutralizantes estaban disponibles para solo 8 de los 45 participantes, y es probable que los anticuerpos neutralizantes sean los más importantes, ya que son los que se encargan de combatir la infección. Así que si consideramos los problemas que causaron los anticuerpos de unión en los ensayos previos de las vacunas contra coronavirus, entonces estos resultados deberían ser una señal de alerta.

Como señaló Robert Kennedy, Jr:

> *Moderna no explicó por qué solo reportó las pruebas de anticuerpos positivas de ocho participantes. Estos resultados son muy decepcionantes porque aún no se sabe qué problemas provocará; lo que complica las cosas en los participantes con infección por COVID salvaje.*
>
> *Los intentos previos por desarrollar vacunas antiCOVID siempre han fallado en esta etapa, ya que tanto los humanos como los animales primero lograron una respuesta de anticuerpos sólida y luego se enfermaron y murieron cuando se expusieron al virus salvaje.*[18]

Los ensayos de última fase, tanto de Moderna como de Pfizer, también han producido tasas elevadas de efectos secundarios. Como señaló Doshi en noviembre de 2020: "el comunicado de prensa de Moderna afirma que el 9 % experimentó mialgia de grado 3 y el 10 % fatiga de grado 3; la declaración de Pfizer reportó que 3.8 % experimentó fatiga de grado 3 y el 2 % dolor de cabeza de grado 3. Los efectos secundarios de grado 3 se consideran graves y se definen como dificultad para realizar actividades cotidianas. Aunque es posible que las reacciones de gravedad leve y moderada sean mucho más comunes".[19]

Además de todo esto, aunque los datos aún son limitados, los investigadores de la Universidad de Pensilvania y la Universidad de Duke mencionan una serie de posibles efectos adversos de las vacunas de ARNm, que incluyen inflamación local y sistémica, producción de anticuerpos autorreactivos, autoinmunidad, edema (hinchazón) y coágulos de sangre.[20]

Algunos de estos efectos, como la inflamación sistémica y los coágulos sanguíneos, son similares a los síntomas graves del COVID-19. Lo que podría ser una indicación de que las vacunas de ARNm pueden empeorar la infección por COVID-19 y provocar reacciones de mejora inmunológica paradójica similares a las que mataron a los hurones que recibieron la vacuna y que después se expusieron al virus.

Efectos secundarios de la vacuna anti-COVID-19

El efecto secundario más inquietante que se ha reportado en las últimas fases de los ensayos de vacunas fue la mielitis transversa: inflamación de la médula espinal.[21] Sin embargo, ahora que las vacunas de Moderna y Pfizer se han administrado a decenas de miles de personas con todo tipo de problemas de salud subyacentes, estamos comenzando a ver una serie de efectos secundarios aún más preocupantes.

A las pocas semanas de que las vacunas estuvieran disponibles (sobre todo para los trabajadores de atención médica de primera línea y los residentes de asilos de ancianos) los medios de comunicación y redes sociales más populares comenzaron reportar efectos secundarios graves que incluyeron:

- Malestar persistente[22] y agotamiento extremo.[23]
- Reacciones anafilácticas.[24]
- Síndrome inflamatorio multisistémico.[25]
- Ataques y convulsiones crónicas.[26]
- Parálisis,[27] incluyendo casos de parálisis de Bell.[28]
- Al menos 75 casos de muerte súbita (55 en los Estados Unidos y 20 en Noruega), muchos de los cuales ocurren en cuestión de horas o días.[29]

Según un informe de los Centros para el Control y la Prevención de Enfermedades, para el 18 de diciembre de 2020, 112 807 personas ya habían recibido su primera dosis de la vacuna anti-COVID-19. De ellos, 3150 sufrieron uno o más "eventos que afectaron la salud", que se definen como "incapacidad para realizar las actividades diarias normales, incapacidad para trabajar, necesidad de atención de un médico o profesional de la salud"; lo que arroja una tasa de efectos secundarios del 2.79 %.[30]

Si lo extrapolamos a la población total de Estados Unidos de 328.2 millones y si todos los hombres, mujeres y niños reciben la vacuna, entonces podemos esperar que más de 9. 156 000 personas sufran algún efecto secundario. Si lo extrapolamos a la población mundial, el daño sería incalculable.

Uno de los presuntos culpables de las reacciones alérgicas que experimentan las personas es el polietilenglicol, al grado que los CDC han recomendado a las personas con alergia conocida al PEG o al polisorbato evitar todas las vacunas anti-COVID-19 de ARNm.[31]

Se manipularon los ensayos de la vacuna anti-COVID-19

Aunque los fabricantes de vacunas insistan que si una vacuna llega al mercado significa que se sometió a pruebas rigurosas, el diseño de los protocolos de prueba demuestra todo lo contrario.

Las vacunas se aprobaron incluso cuando no existía ninguna eficacia para prevenir la infección. De hecho, prevenir la infección ni siquiera formó parte de los criterios para aprobar una vacuna anti-COVID-19. El único criterio para aprobarlas fue reducir los síntomas del COVID-19 de moderados a graves, e incluso bajo esas circunstancias, la reducción requerida era mínima. En septiembre de 2020, en un artículo de *Forbes*, William Haseltine destacó los parámetros cuestionables de estos ensayos: "todos esperamos una vacuna efectiva para prevenir enfermedades graves en caso de infectarnos. Tres de los protocolos de vacunas, Moderna, Pfizer y AstraZeneca, *no* requieren que su vacuna prevenga enfermedades graves, solo que prevengan síntomas moderados que pueden ser tan leves como tos o dolor de cabeza".[32]

Para obtener una "aprobación" en el análisis provisional limitado, una vacuna tiene que demostrar una eficacia del 70 %, sin embargo, esto no significa que prevendrá la infección en 7 de cada 10 personas. Como explica Haseltine: "Para Moderna, el análisis provisional inicial se basará en los resultados de la infección de solo 53 personas. El veredicto final en el análisis provisional depende de la diferencia en el número de personas con síntomas, el grupo con vacuna y el grupo sin vacuna. Moderna considera que su vacuna es exitosa si 13 o menos de esos 53 participantes desarrollan síntomas, en comparación con los 40 o más del grupo de control".

Los demás fabricantes de vacunas basan sus resultados en un protocolo similar, en el que solo un número limitado de participantes vacunados se exponen al virus con el fin de evaluar el alcance de sus síntomas del COVID-19 de moderados a graves.

Pero eso no es todo, la calificación mínima para un "caso de COVID-19" equivale a una sola prueba de PCR positiva y uno o dos síntomas leves, como dolor de cabeza, fiebre, tos o náuseas leves. En pocas palabras, todo lo que están haciendo es ver si las vacunas anti-COVID-19 minimizan los síntomas del resfriado común.

Pero no se sabe si evitarán las hospitalizaciones y muertes. De hecho, ninguno de los ensayos incluyó no prevenir la hospitalización o la muerte, como medida de éxito. El ensayo de Johnson & Johnson es el único que requiere que el análisis provisional incluya al menos cinco casos graves de COVID-19. La lógica sería que, si las vacunas no pueden prevenir o reducir la infección y la transmisión, la hospitalización o la muerte, entonces no es posible que acaben con la pandemia.

Las vacunas ya han empeorado las enfermedades pandémicas en fechas pasadas

La idea de que la vacuna anti-COVID-19 podría empeorar la enfermedad se basa principalmente en los factores de los que ya hablamos en este capítulo, como el riesgo de mejora inmunológica dependiente de anticuerpos. Pero también podemos analizar otras campañas de vacunación para llegar a esa misma conclusión. Por ejemplo, hay muchos estudios que demuestran que la vacuna contra la influenza estacional en realidad puede incrementar su riesgo de influenza pandémica.

Las investigaciones que plantean serias dudas sobre las vacunas anuales contra la gripe y su impacto en las enfermedades virales pandémicas incluyen una revisión de 2010 que se publicó en *PLoS Medicine*, que descubrió que recibir la vacuna contra la gripe estacional incrementaba el riesgo de que las personas contrajeran la gripe porcina pandémica H1N1, así como de desarrollar complicaciones más graves.[33]

A diferencia de las personas que no recibieron la vacuna contra la influenza estacional, aquellas que recibieron la vacuna trivalente contra la influenza durante la temporada de influenza 2008-09 tuvieron una probabilidad 1.4 y 2.5 veces mayor de infectarse con la H1N1 pandémica durante la primavera y el verano de 2009. Un equipo que realizó un estudio en hurones confirmó estos hallazgos. *MedPage Today* citó a la Dra. Danuta Skowronski, experta canadiense en influenza del Centro para el Control y la Prevención de Enfermedades de Colombia Británica: "podría haber un efecto directo de la vacuna en el que la vacuna estacional causó algunos anticuerpos de reacción cruzada que reconocieron el virus pandémico H1N1, pero los niveles de esos anticuerpos eran tan bajos que no lograron neutralizar el virus. Así que, en lugar de matar el nuevo virus, podría ayudarlo a entrar en sus células".[34]

En total, cinco estudios observacionales realizados en varias provincias canadienses encontraron resultados idénticos. Estos hallazgos también confirmaron datos preliminares de Canadá y Hong Kong. Como lo expresó el profesor Peter Collignon, un experto australiano en enfermedades infecciosas para ABC News: "tal vez nos estamos poniendo en una situación en la que, si surge algo muy novedoso y dañino, las personas vacunadas serán más susceptibles a esta infección".[35]

¿Estar vacunado contra la influenza podría incrementar el riesgo de contraer COVID-19?

Entonces ¿qué pasa con el SARS-CoV-2? ¿Existe alguna evidencia que sugiera que las vacunas contra la influenza también puedan hacer que las personas sean más susceptibles a este virus pandémico? Hasta ahora, nadie ha analizado el SARS-CoV-2 en específico, pero hallazgos recientes demuestran que las vacunas contra la influenza estacional pueden empeorar las infecciones por coronavirus en general, y el SARS-CoV-2 es uno de los siete coronavirus diferentes que pueden causar enfermedades respiratorias en humanos.[36]

El 10 de enero de 2020, la revista *Vaccine* publicó un estudio que descubrió que las personas eran más propensas a contraer alguna forma de infección por coronavirus si habían recibido la vacuna contra la influenza. Como se mencionó en este estudio, titulado: "Influenza Vaccination and Respiratory Virus Interference Among Department of Defense Personnel During the 2017–2018 Influenza Season":

> *Vacunarse contra la influenza podría incrementar el riesgo de contraer otros virus respiratorios, un fenómeno que se conoce como interferencia viral. Los diseños de estudio con prueba negativa a menudo se utilizan para calcular la efectividad de la vacuna contra la influenza.*
>
> *El fenómeno que interfiere con el virus se contrapone a la concepción básica de la efectividad de la prueba negativa del estudio de la vacuna, que dice que el vacunarse no modifica el riesgo de infección por otros padecimientos respiratorios. Por lo que la efectividad de la vacuna, que está posiblemente sesgada, brinda resultados que se inclinan a un panorama positivo.*[37]

Aunque la vacuna contra la influenza estacional no incrementó el riesgo de todas las infecciones respiratorias, de hecho, estuvo "relacionada con el coronavirus no específico (lo que significa que no mencionó el SARS-CoV-2) y el metaneumovirus humano (hMPV). A diferencia de las personas sin vacunar, aquellas que recibieron una vacuna contra la influenza estacional tenían una probabilidad 36 % mayor de contraer la infección por coronavirus y una probabilidad 51 % mayor de contraer la infección por hMPV.[38]

Es muy revelador ver la lista de síntomas de hMPV, ya que los principales síntomas incluyen fiebre, dolor de garganta y tos.[39] Las personas de edad avanzada y las personas inmunocomprometidas tienen un riesgo más elevado de padecer una enfermedad grave por hMPV, cuyos síntomas incluyen dificultad para respirar y neumonía. Todos estos también son síntomas del SARS-CoV-2.

Una de cada cuarenta personas que se vacunan sufre algún tipo de lesión

Se dice que las lesiones por vacunas ocurren a una tasa de uno en un millón, pero no es así. En un debate con el abogado Alan Dershowitz sobre la constitucionalidad de los mandatos de las vacunas, Robert F. Kennedy, Jr., revisó una investigación del Departamento de Salud y Servicios Humanos de la Agencia para la Investigación y la Calidad del Cuidado de la Salud (AHRQ)[40] que realizó un análisis de grupos de datos de salud de 376 452 personas que recibieron un total de 1.4 millones de dosis de 45 vacunas.

De estas dosis, se identificaron 35 570 reacciones a la vacuna, lo que significa que una estimación más precisa del daño de las vacunas sería del 2.6 % de todas las vacunas. Esto significa que 1 de cada 40 personas, no 1 de cada millón, sufrirá alguna reacción por las vacunas y cada mes, un médico que administra vacunas tratará un promedio de 1.3 eventos adversos. Como se mencionó antes en este capítulo, según los primeros datos de los CDC, es posible que la vacuna anti-COVID-19 tenga una tasa de efectos secundarios del 2.79 %. Lo que se acerca mucho al 2.6 % que se encontró en el análisis de grupo de datos de salud.

El hecho de que las vacunas causan lesiones es algo muy real. Como señaló Kennedy, la razón por la que los fabricantes de vacunas recibieron inmunidad en primer lugar fue porque admitieron que las vacunas representan riesgos y que no hay forma de lograr que sean 100 % seguras.

El Programa Nacional de Indemnización de Daños Derivados de Vacunas (VICP) que se creó bajo la Ley Nacional de Protección contra Lesiones Causadas por Vacunas en la Niñez promulgada en 1986, ha pagado más de $ 4 mil millones a pacientes que sufrieron daño permanente o muerte a causa de las vacunas.

Pero eso no es lo peor de todo, esa cifra solo representa una pequeña parte de todos los casos presentados ante el VICP, ya que menos del 1 % de los casos de daños llegan a la corte, debido a los requisitos tan estrictos para probar la causalidad. Además, el riesgo de lesiones y efectos secundarios a causa de las vacunas es un hecho muy preocupante, en especial porque los fabricantes están protegidos de cualquier daño que pueda producir el uso de sus vacunas recomendadas por el gobierno federal e impuestas por el estado.

En el capítulo 2, hablé sobre los efectos devastadores que causó la vacuna contra la gripe porcina de 2009 para el mercado europeo, Pandemrix, que un par de años más tarde se relacionó causalmente con un creciente incremento de los casos de narcolepsia infantil. Ahora, en medio de otra controversial pandemia, nos enfrentamos a una amenaza para la salud pública aún mayor. Kennedy (y otros expertos en salud) predice que la vacuna anti-COVID-19 puede convertirse en el mayor desastre de salud pública en la historia de la humanidad y explica lo siguiente:

> *Muchas personas morirán. El problema es que Anthony Fauci invirtió $ 500 millones de nuestros impuestos para crear esa vacuna. Posee la mitad de las patentes. Tiene cinco tipos trabajando para él [que tienen] derecho a cobrar regalías.*
>
> *Así que estamos hablando de un sistema corrupto que creó una vacuna que costó tanto dinero que no puede fracasar. Por eso no dicen que cometieron un terrible error. Dicen, "queremos 2 millones de dosis de este producto"[vacuna]. Pero no se hacen responsables por ningún daño.. . . Ningún otro producto médico en el mundo podría salir al mercado con un perfil de [seguridad] como el de la vacuna de Moderna.*[41]

Si algo saliera mal, ninguna de las personas involucradas se hará responsable ni enfrentará repercusiones, al igual que sucedió con GlaxoSmithKline que jamás se hizo responsable de los casos de narcolepsia que causó su vacuna Pandemrix. En cambio, todos seguirán beneficiándose mientras se aprovechan de la desesperación de las personas para convertirlas en conejillos de indas para probar su peligrosa vacuna.

Crean tribunal especial para aquellos que hayan sufrido lesiones o hayan muerto por "contramedidas" de COVID

El 17 de marzo de 2020, *el Registro Federal*, el diario oficial del gobierno estadounidense, en un documento que se titula: "Declaration Under the Public

Readiness and Emergency Preparedness Act for Medical Countermeasures Against COVID-19", establece que se creará un tribunal federal de vacunas similar al que ya existe para lesiones y muertes causadas por vacunas recomendadas por el gobierno federal para niños y mujeres embarazadas.[42]

En los Estados Unidos, la industria de las vacunas opera bajo una protección que no se ve en ningún otro país del mundo. Es decir, en el caso de otros productos, cuando causan daños o la muerte de una persona, su fabricante es responsable ante un tribunal de justicia civil. Sin embargo, este no es el caso con las vacunas autorizadas por la FDA y recomendadas por los CDC.

Hace treinta y cinco años, el Congreso creó el Programa de Compensación por Lesiones Causadas por Vacunas, que maneja el gobierno federal. A través de este programa, el Tribunal de Reclamos Federales en Washington, DC, maneja los casos más controversiales de lesiones y muerte por vacunas en lo que se conoce como tribunal de vacunas. Cuando una persona presenta una demanda por una lesión a causa de una vacuna, lo que hace es demandar al gobierno estadounidense, así que son los ciudadanos los que pagan los platos rotos gracias a una pequeña tarifa que se aplica en cada vacuna que se vende.

Hace poco, se estableció el tribunal de vacunas para el COVID-19, que es igual a la dependencia del gobierno que le acabo de mencionar, pero en lugar de centrarse en las lesiones o muertes relacionadas con las vacunas recomendadas para niños y mujeres embarazadas, se centrará en los efectos derivados de alguna de las vacunas anti-COVID-19. El periodista Jon Rappoport habló sobre los puntos importantes de este documento, que incluye una compensación por las "contramedidas" cubiertas para el COVID-19, como es el caso de las vacunas:

> *El programa de compensación por lesiones ocasionadas por contramedidas. . . . La Sección 319F-4 de la Ley PHS, 42 USC 247d-6e, autoriza al Programa de compensación de lesiones ocasionadas por contramedidas a brindar beneficios a las personas elegibles que sufren una lesión física grave o mueren como resultado directo de la administración o el uso de una contramedida del [COVID] cubierta [por ejemplo, una vacuna].*
>
> *La compensación bajo el CICP por una lesión causada por una contramedida cubierta se basa en los requisitos que se establecen en esta declaración, las normas administrativas del programa y el estatuto. Para demostrar la causalidad directa entre una contramedida cubierta y una lesión física grave, el estatuto requiere "evidencia médica y científica convincente, confiable y válida".*[43]

Es en realidad muy difícil obtener una compensación por parte de la corte de vacunas, así que obtener dinero del CICP podría ser incluso más complicado si consideramos que casi todos los efectos secundarios se consideran coincidentes, y en el caso de las vacunas antiCOVID es casi imposible demostrar una "causalidad directa" porque hasta la fecha no se sabe casi nada sobre la forma en que las vacunas de ARNm afectan la biología humana.

Mientras tanto, los fabricantes de vacunas no tienen nada que perder al comercializar sus vacunas experimentales, incluso si causan lesiones graves y la muerte. Como señala Rappoport de una forma irónica:

> *"No nos pregunte cómo, pero sabemos que millones de personas sufrirán dolor de cabeza. Así que, para evitarlo, golpearemos a todos en la cabeza con un mazo muy pesado. Si algunas personas sufren una lesión o mueren, tenemos un tribunal al que puede acudir para tratar de sacarnos dinero. Por cierto, en esta corte, haremos todo lo posible para no darle ni un centavo. Buena suerte", y sí, el gobierno se está preparando porque ya sabe lo que le espera cuando aprueben la vacuna antiCOVID. Y ahora, todos lo saben.*[44]

La pregunta es si realmente necesitamos una vacuna contra el COVID-19

Una gran cantidad de datos sugieren que la vacuna anti-COVID-19 es innecesaria, lo que significa que se está engañando a la población mundial para que participe en un experimento peligroso y sin precedentes, sin ninguna razón sólida. Por ejemplo:

- La mortalidad por COVID-19 es muy baja fuera de los asilos de ancianos: el 99.7 % de las personas se recupera del COVID-19. Si tiene menos de 60 años, su probabilidad de morir de influenza estacional es mayor que su probabilidad de morir de COVID-19.[45]
- Como se explica en el capítulo 5, los datos demuestran claramente que el COVID-19 no ha provocado un exceso de mortalidad, lo que significa que, durante la pandemia, ha muerto el mismo número promedio de personas que mueren cada año.[46]
- En la siguiente sección analizaremos a mayor detalle que múltiples estudios sugieren que la inmunidad contra la infección por SARS-CoV-2 es mayor de lo que se pensaba, esto gracias a la reactividad cruzada con otros coronavirus que causan el resfriado común.

- No está claro si las personas asintomáticas infectadas con SARS-CoV-2 tienen más o menos probabilidades de propagar el SARS-CoV-2, pero un estudio que analizó los datos de las pruebas de PCR de casi 10 millones de residentes en la ciudad de Wuhan encontró que ni una sola de las personas que habían estado en contacto cercano con una persona asintomática (alguien que dio positivo, pero no tenía síntomas) se había infectado con el virus. En todos los casos, los cultivos de virus de personas que dieron positivo pero que no presentaron síntomas también dieron negativo para el virus vivo.[47]

La mayoría de las personas ya son inmunes al SARS-CoV-2

Es importante comprender que tiene dos tipos de inmunidad. Su sistema inmunológico innato está preparado y listo para atacar a los invasores en cualquier momento y es su primera línea de defensa. Por otro lado, su sistema inmunológico adaptativo "recuerda" la exposición previa a un patógeno y genera una respuesta a largo plazo retardada pero más permanente cuando reconoce una infección previa.[48]

Su sistema inmunológico adaptativo se divide en dos: inmunidad humoral (células B) e inmunidad mediada por células (células T). Las células B y T se fabrican según sea necesario a partir de células madre especializadas.

Si nunca ha estado expuesto a una enfermedad, pero le administraron anticuerpos de alguien que estaba enfermo y luego se recupera, puede adquirir inmunidad humoral contra esa enfermedad. Su sistema inmunológico humoral también puede activarse si hay reactividad cruzada con otro patógeno similar. Como puede ver en la siguiente lista, en el caso del COVID-19, la evidencia sugiere que la exposición a otros coronavirus que causan el resfriado común puede proporcionar inmunidad contra el SARS-CoV-2.

***Cell*, junio de 2020:** este estudio encontró que el 70 % de las muestras de pacientes que se habían recuperado de casos leves de COVID-19 tenían resistencia al SARS-CoV-2 en el nivel de células T. Es importante mencionar que entre el 40 y el 60 % de las personas que no habían estado expuestas al SARS-CoV-2 también tenían resistencia al virus en el nivel de las células T.[49]

Según los autores, esto sugiere que existe un "reconocimiento de células T con reactividad cruzada entre los coronavirus del 'resfriado común' circulantes y el SARS-CoV-2". En otras palabras, si se ha recuperado de un resfriado común causado por un coronavirus en particular, su sistema inmunológico humoral podría activarse cuando se expone al SARS-CoV-2, lo que lo vuelve resistente al COVID-19.

***Nature Immunology*, septiembre de 2020:** al igual que el estudio de Cell, este estudio alemán encontró que "los péptidos de reacción cruzada del SARS-CoV-2 revelaron respuestas de células T preexistentes en el 81 % de las personas no expuestas y validaron la similitud con los coronavirus del resfriado común, lo que ofrece una base funcional para la inmunidad heteróloga en la infección por SARS-CoV-2".[50]

El término *inmunidad heteróloga* se refiere a la inmunidad que se desarrolla contra un patógeno determinado después de haber estado expuesto a un patógeno no idéntico. En otras palabras, incluso entre las personas que no estaban expuestas, el 81 % eran resistentes o inmunes a la infección por SARS-CoV-2.

***The Lancet Microbe*, septiembre de 2020:** este estudio encontró que la infección por rinovirus, responsable del resfriado común, previno de manera considerable la infección concurrente por influenza al desencadenar la producción de interferón antiviral natural.[51]

Los investigadores creen que el virus del resfriado común también podría ayudar a proteger contra la infección por SARS-CoV-2. El interferón es parte de su respuesta inmunológica temprana y sus efectos protectores duran al menos cinco días, según los investigadores. La coautora, la Dra. Ellen Foxman, declaró a UPI:

> *Esto podría explicar por qué la temporada de gripe en invierno generalmente ocurre después de la temporada de resfriado común en otoño, y por qué muy pocas personas tienen ambos virus al mismo tiempo. Nuestros resultados demuestran que las interacciones entre virus pueden ser una fuerza impulsora significativa que dicta cómo y cuándo se propagan los virus en la población.*
>
> *Dado que cada virus es diferente, todavía no sabemos cómo afectará la temporada del resfriado común a la propagación del COVID-19, pero ahora sabemos que debemos estar atentos a estas interacciones.*[52]

***Nature*, julio de 2020:** este estudio de Singapur encontró que los resfriados comunes causados por los betacoronavirus OC43 y HKU1 podrían hacerlo más resistente a la infección por SARS-CoV-2, y que la inmunidad resultante podría durar mucho tiempo. Los pacientes que se recuperaron de la infección por SARS en 2003, demostraron que 17 años después tenían reactividad de las células T en la proteína N del SARS-CoV. Estos pacientes también tenían una fuerte reactividad cruzada con la proteína N del SARS-CoV-2.

Los autores sugieren que, si ya tuvo un resfriado común causado por el betacoronavirus OC43 o HKU1, es posible que tenga una probabilidad del 50/50 de tener células T protectoras que pueden reconocer y defenderlo contra el SARS-CoV-2.[53]

Cell, **agosto de 2020:** este estudio sueco encontró que las personas expuestas, incluso si dieron negativo en las pruebas de anticuerpos del SARS-CoV-2, todavía tenían células T de memoria específicas del SARS-CoV-2 que pueden proporcionar protección inmunitaria a largo plazo contra el COVID-19 y[54] como lo explican los autores:

> *Es importante señalar que las células T específicas del SARS-CoV-2 fueron detectables en miembros de la familia expuestos a anticuerpos seronegativos y personas convalecientes con antecedentes de COVID-19 leve y asintomático. Nuestro conjunto de datos colectivos demuestra que el SARS-CoV-2 provoca respuestas específicas de las células T de memoria, lo que sugiere que la exposición natural o la infección pueden prevenir episodios recurrentes de COVID-19 grave.*[55]

La información que respalda la idea de que es posible que la mayoría de los países ya cuenten con inmunidad colectiva proviene de los estadísticos que trabajan con modelos matemáticos. Por ejemplo, desde junio de 2020, el profesor Karl Friston, un estadístico, afirmó que la inmunidad contra el SARS-CoV-2, a nivel mundial, podría estar al 80 %.[56]

El modelo de Friston contradice las afirmaciones de que el distanciamiento social era necesario, porque una vez que consideramos los comportamientos sensibles, como permanecer en casa cuando se enferman, desaparece el efecto positivo de los esfuerzos de confinamiento en un esfuerzo para "aplanar la curva". No existe la mínima duda de que el confinamiento fue algo completamente innecesario, y que no se debería repetir.

También hay datos que demuestran que hasta el 80 % de las personas evaluadas en las clínicas tienen anticuerpos de COVID-19 (lo que significa que son inmunes), y aunque las tasas pueden ser menores entre la población general, es muy probable que ya haya inmunidad colectiva en ciertas poblaciones. En una encuesta de hogares en Mumbai, hasta el 58 % de los residentes en áreas pobres tenían anticuerpos, en comparación con el 17 % en el resto de la ciudad.[57]

Ahora bien, si es cierto que la mayoría de las personas ya cuentan con cierta inmunidad contra el COVID-19 debido a una exposición previa a otros coronavirus, entonces es posible que ya hayamos alcanzado el umbral para la inmunidad colectiva natural, por lo que vacunar a todas las personas del mundo (o a casi todas) es algo completamente innecesario. Además, el umbral de inmunidad colectiva puede ser mucho más bajo de lo que se pensaba, lo que hace que la inoculación global sea aún menos necesaria.

Umbral de inmunidad colectiva para el COVID-19 podría estar por debajo del 10 %

Al principio, las estimaciones de las autoridades de salud fueron que, para alcanzar la inmunidad colectiva, entre el 70 al 80 % de la población debía ser inmune. Ahora, más de una docena de científicos afirman que el umbral de inmunidad colectiva podría estar por debajo del 50 %.

La inmunidad colectiva se calcula al utilizar el número reproductivo, o R-naught (R_0), que es el número estimado de nuevas infecciones que pueden ocurrir de una persona infectada.[58] Un R_0 por debajo de 1 (un R_1 significa que se espera que una persona infectada infecte a otra persona) indica que los casos están disminuyendo, mientras que el R_0 por encima de 1 sugiere que los casos van en aumento.

Sin embargo, está lejos de ser una ciencia exacta, ya que la susceptibilidad de una persona varía según muchos factores, incluyendo la salud, edad y contactos dentro de una comunidad. Los cálculos iniciales de R_0 para el umbral de COVID-19 se basaron en suposiciones de que todos tienen la misma susceptibilidad y se mezclarían al azar con otros en la comunidad.

"Eso no sucede en la vida real", dijo para *New York Times*, el Dr. Saad Omer, director del Instituto de Salud Global de Yale.[59] "La inmunidad de rebaño puede variar de un grupo a otro y de una subpoblación a otra" o incluso de código postal. Cuando se consideran los escenarios reales en la ecuación, la inmunidad colectiva disminuye de manera significativa, mientras que algunos expertos dicen que podría ser tan bajo como del 10 % al 20 %.

Los datos del condado de Estocolmo, Suecia, muestran un umbral de inmunidad colectiva del 17 %,[60] mientras que los investigadores de Oxford, Virginia Tech y la Facultad de Medicina Tropical de Liverpool encontraron que cuando se consideran las variaciones individuales de susceptibilidad y exposición, el umbral de inmunidad colectiva disminuye a *menos* del 10 %.[61]

Como se indicó en un ensayo del profesor de la Universidad de Brown, el Dr. Andrew Bostom:[62] "investigadores de la Universidad de Tel-Aviv,

Universidad de Oxford, University College of London y la Universidad de Estocolmo reportaron otros cálculos de HIT [umbral de inmunidad colectiva] del 9 %,[63] 10-20 %,[64] 17 %,[65] y 43 %,[66] respectivamente, cada uno muy por debajo del valor dogmáticamente declarado de ~ 70 %.[67]

En un artículo que escribió para la publicación *Conservative Review*, Bostom explicó lo siguiente:

> *La inmunidad colectiva natural contra el COVID-19 junto con las estrategias para proteger a los más susceptibles, como las personas de edad avanzada, sobre todo los residentes de asilos de ancianos y centros de vida asistida, es una alternativa práctica y razonable a la vacunación masiva y obligatoria contra el virus.*
>
> *Esta estrategia se implementó con éxito en Malmo, Suecia, que tuvo una menor tasa de mortalidad por COVID-19 al proteger los asilos, mientras que 'las escuelas nunca cerraron, los residentes continuaron asistiendo a bares y cafés, y las puertas de las peluquerías y los gimnasios permanecieron abiertas".*[68]

Tom Britton, un matemático de la Universidad de Estocolmo, dijo para *New York Times* que, debido a que durante la primera ola las infecciones virales afectan a los más susceptibles, lo que respalda la conclusión de Bostom de que la inmunidad colectiva natural es una estrategia mucho mejor que la vacunación obligatoria, la inmunidad que se deriva de la infección se distribuye de manera más eficiente que una campaña de vacunación".[69]

La OMS cambia la definición de inmunidad colectiva

En junio de 2020, la definición de inmunidad colectiva de la OMS, publicada en una de sus páginas de preguntas y respuestas sobre el COVID-19 coincidía con el concepto que se ha utilizado durante décadas para hacer referencia a las enfermedades infecciosas. Según Wayback Machine de Internet Archives, su definición original era:

> *La inmunidad colectiva es la protección indirecta contra una enfermedad infecciosa que ocurre cuando una población es inmune, ya sea por la vacunación o la inmunidad que se desarrolla por una infección previa.*[70]

Es importante señalar que la "inmunidad que se desarrolla por una infección previa" es la forma en la que los humanos han sobrevivido desde que se tiene uso de razón. Pero al parecer, según la OMS, esa definición ya no aplica. En octubre de 2020, actualizó su definición de inmunidad colectiva, que ahora es "un concepto que se utiliza para la vacunación":

> *La 'inmunidad colectiva', que también se conoce como 'inmunidad de rebaño', es un concepto que se utiliza para la vacunación, en el que una población puede protegerse de un determinado virus cuando alcanza un umbral de vacunación.*
>
> *La inmunidad colectiva se logra al proteger a las personas de un virus, no al exponerlas a él.*
>
> *Las vacunas entrenan nuestro sistema inmunológico para crear proteínas que combaten las enfermedades, que se conocen como "anticuerpos", tal y como sucedería si nos exponemos a una enfermedad, aunque, lo más importante es que las vacunas funcionan sin la necesidad de enfermarnos. Las personas vacunadas están protegidas de contraer y transmitir la enfermedad en cuestión, por lo que se rompe la cadena de transmisión. Para más detalles, visite nuestra página web sobre COVID-19 y vacunas.*
>
> *Si hay inmunidad colectiva, no hace falta vacunar a las personas, ya que las probabilidades de que se propague el virus, son muy bajas. Así que le repito, no es necesario vacunar a todas las personas para que estén protegidas, lo que ayuda a garantizar que los grupos vulnerables que no pueden vacunarse se mantengan seguros. A esto se le llama inmunidad colectiva.*
>
> *El porcentaje de personas que necesitan tener anticuerpos para lograr la inmunidad colectiva contra una enfermedad en particular varía con cada enfermedad. Por ejemplo, la inmunidad colectiva contra el sarampión requiere que el 95 % de la población esté vacunada. El 5 % restante estará protegido por el hecho de que el sarampión no se propagará entre las personas vacunadas. Mientras que, para la poliomielitis, el umbral es de alrededor del 80 %.*
>
> *Lograr la inmunidad colectiva con vacunas seguras y eficaces salva vidas porque hace que los casos de enfermedades sean poco frecuentes.*[71]

Esta tergiversación de la ciencia implica que la única forma de alcanzar la inmunidad colectiva sea a través de la vacunación, lo cual es completamente falso. Esto tendrá consecuencias graves, ya que, al publicar información falsa, su objetivo es cambiar nuestra percepción de lo que es verdadero y lo que es falso, al hacer que la única forma de protegerse contra alguna enfermedad infecciosa sea al manipular el sistema inmunológico de manera artificial.

Muchos científicos respetados ahora piden un enfoque de inmunidad colectiva para la pandemia, lo que significa que los gobiernos deberían permitir que la vida de las personas que no corren un riesgo significativo de contraer una enfermedad grave por COVID-19 vuelva a la normalidad.

Decenas de miles de médicos y científicos han firmado la Declaración de Great Barrington, en la que exigen una "protección focalizada" en lugar de confinamientos generales.

> *Sabemos que la vulnerabilidad a la muerte por COVID-19 es mil veces mayor en personas de edad avanzadas y enfermas, que en las personas jóvenes. De hecho, el COVID-19 es menos peligroso para los niños en comparación con otros daños, incluyendo la influenza. A medida que aumenta la inmunidad en la población, disminuye el riesgo de infección para todos, incluyendo a las personas vulnerables.*
>
> *Sabemos que en algún momento se alcanzará la inmunidad colectiva en todo el mundo, es decir, el punto en el que la tasa de nuevas infecciones es estable, y que una vacuna puede ayudar (pero no depende de ella). Por lo tanto, nuestro objetivo debería ser minimizar la mortalidad y el daño social hasta que alcancemos la inmunidad colectiva.*
>
> *El enfoque más compasivo que equilibra los riesgos y los beneficios de alcanzar la inmunidad colectiva es permitir que quienes tienen un riesgo mínimo de muerte vivan sus vidas de manera normal con el fin de desarrollar inmunidad al virus a través de una infección natural, mientras protegemos a las personas en mayor riesgo. A esto lo llamamos protección centrada.*[72]

Todo forma parte del plan

Ha habido una resistencia global considerable a la vacunación obligatoria contra el COVID-19, pero incluso si la vacuna termina siendo "voluntaria", negarse a tomarla puede terminar causando graves implicaciones en las personas que disfrutan de su libertad.

El Proyecto Commons, el Foro Económico Mundial y la Fundación Rockefeller han unido fuerzas para crear CommonPass, un "pasaporte de salud" digital que se espera se implemente en casi todo el mundo.[73] En otras palabras, si quiere viajar, tendrá que ponerse la vacuna y cruzar los dedos para no tener la mala suerte de sufrir un efecto secundario permanente. ¿Tendrá la opción de elegir ponerse la vacuna anti-COVID-19 si quiere salir del país en algún momento de su vida?

Los preparativos de CommonPass empezaron el 21 de abril de 2020 en un documento técnico de la Fundación Rockefeller, y según este documento, está claro que la prueba de vacunación es parte de una estructura permanente de vigilancia y control social, una que limitará gran parte de su vida personal y su libertad para tomar decisiones.[74]

No hay absolutamente ningún indicio de que la prueba del estado de vacunación se vuelva obsoleta una vez que se declare el fin de la pandemia del COVID-19, y la razón de esto es que la pandemia se está utilizando como justificación para el Gran Reinicio, que marcará el comienzo de un nuevo sistema de tecnocracia que se basa en la vigilancia digital y la ingeniería social para controlar a la población.

La prueba de vacunación permite que se implemente una forma de rastreo muy invasiva que se expandirá con el tiempo. El sistema de seguimiento propuesto por la Fundación Rockefeller exige acceso a todos sus datos médicos, lo que nos dice que el sistema tendrá otros usos además del seguimiento de los casos de COVID-19.

Durante años, le hemos sugerido al público en general levantar su voz para defender su derecho de decidir, aunque esta situación no le afecte de forma directa, porque a la larga terminará por hacerlo y para entonces, ya será demasiado tarde para hacer algo al respecto. Estamos en ese punto. Esto nos afecta a todos, no solo a los maestros y trabajadores de la salud. Afecta a todas las edades.

Cualquier empresa puede implementar la vacunación obligatoria contra el COVID-19. Nadie queda excluido de manera automática. Cualquiera podría tener que elegir entre la vacunación o el desempleo. La mayoría de las escuelas ya están diciendo que requerirán que los estudiantes y el personal se pongan la vacuna anti-COVID-19. Como lo reportó el *National Geographic*, según el lugar donde viva y la filosofía política de la mayoría de los representantes en la legislatura de su estado, negarse a vacunarse también podría impedirle:[75]

- Obtener una licencia de conducir o un pasaporte.
- Asistir a un partido deportivo o concierto.
- Asistir a la escuela.
- Abordar un tren u otro transporte público.
- Entrar en una tienda, restaurante, bar, cafetería o salón de manicura.
- Reservar una cita con un médico.
- Ingresar en un hospital para una cirugía.
- Visitar a algún familiar o amigo en un asilo de ancianos.
- Obtener un seguro médico privado y Medicaid o Medicare.

Sin duda alguna, CommonPass forma parte del plan del Gran Reinicio. Es la etapa inicial del rastreo y seguimiento masivo, con el pretexto de mantener a todos a salvo de enfermedades infecciosas. Aunque de algo puede estar seguro, todo esto no se limitará al COVID-19, ya que la pandemia es solo la justificación para marcar el comienzo del fin de su libertad personal y el inicio de la vigilancia masiva.

Confiar en las grandes industrias farmacéuticas podría ser el peor error de su vida

La industria farmacéutica y las autoridades de salud del gobierno esperan que confíe ciegamente en que han desarrollado una vacuna anti-COVID-19 que es segura y efectiva, a pesar de que se saltaron más de seis años de pruebas importantes y a pesar de que no se han realizado evaluaciones de seguridad a largo plazo. Las compañías farmacéuticas tienen un largo historial de prácticas fraudulentas e inmorales y han pagado miles de millones de dólares en multas por sus delitos. La epidemia de opioides es solo un ejemplo evidente en el que los ejecutivos de las compañías eran conscientes del daño que causarían y no les importó. Así que el hecho de decir que confiar en estas organizaciones criminales es un error sería el eufemismo más grande del siglo. En este momento, no tenemos forma de predecir con precisión cuáles serán las consecuencias de inyectar ARNm en su cuerpo. La buena noticia es que, como lo dijimos en los capítulos 6 y 7, existen muchas estrategias para reforzar su sistema inmunológico, así como tratamientos económicos y efectivos en caso de que contraiga el COVID-19 y, si a esto le sumamos el hecho de que la letalidad del COVID-19 es mucho menor de lo que dicen los medios de comunicación, y que es muy probable que ya exista una inmunidad colectiva natural, entonces la necesidad de vacunarse es prácticamente nula.

CAPÍTULO NUEVE

Recuperar el control

Por Ronnie Cummins

Debido a las más de 2,600 millones de personas en todo el mundo bajo algún tipo de confinamiento, estamos en medio de lo que podría considerarse el experimento psicológico más grande de la historia.

—Dr. Elke Van Hoof, World Economic Forum, April 9, 2020[1]

Hemos permitido que políticos sin escrúpulos, gigantes tecnológicos, oportunistas de la pandemia, operativos del complejo militar-industrial, grandes compañías farmacéuticas, médicos negligentes, grandes corporaciones multinacionales como Amazon y Walmart y una camarilla de élites económicas y de salud global utilicen la pandemia como pretexto para aprovecharse de nosotros.

Estos saqueadores han utilizado la censura de los medios de comunicación, la ciencia deficiente, las estadísticas manipuladas, las noticias falsas y las políticas gubernamentales coercitivas para expandir su enorme poder y riqueza. Gracias a esta pandemia, los tecnócratas ahora tienen un poder sin precedentes para vigilar, censurar, asustar, dividir y controlar la clase política.

Tal y como nos advierte el informante estadounidense Edward Snowden, que vive en el exilio: "a medida que se propaga el autoritarismo, proliferan las leyes de emergencia. . . ¿Realmente cree que cuando acaben toda la "ola" de coronavirus levantarán las medidas que han impuesto?"[2]

Sin duda, clausurar el mundo por un virus respiratorio pasará a la historia como la decisión más destructiva jamás tomada por los "expertos" en salud pública, la Organización Mundial de la Salud y sus aliados tecnocráticos. Pero una vez que entienda cuál es su verdadero objetivo, los tecnócratas lo tacharán de irracional.

Sin embargo, para que el Gran Reinicio se vuelva una realidad, primero deben destruirlo todo, de forma tanto económica como moral. La élite tecnocrática necesita que todo y todos se derrumben para justificar la implementación de su nuevo sistema, ya que, si las personas no estuvieran tan desesperadas, jamás accederían a lo que planean hacer. Incluso cuando cada vez hay más evidencia que demuestra que la pandemia del COVID-19 no es tan letal como afirmaban, los tecnócratas se aferran a lo poco que les queda para que esta situación no llegue a su fin.

Uno de los tantos ejemplos es que pocos días antes de Navidad de 2020 el primer ministro del Reino Unido, Boris Johnson, anunció que había una nueva cepa mutada, que era hasta un 70 % más infecciosa que el virus original de SARS-CoV-2.[3] La amenaza de esta variante del virus se consideró tan preocupante que se emitió otra ronda de órdenes de confinamiento, cierres comerciales y prohibiciones de viaje aún más estrictas, todo justo antes de las vacaciones.

A pesar de que, según los informes, la nueva cepa se identificó desde septiembre de 2020, entonces ¿por qué tres meses después decidieron que representaba una gran amenaza, sobre todo si no se habían realizado investigaciones que confirmaran que realmente era un 70 % más infecciosa que las cepas anteriores?

Carl Heneghan, profesor de medicina basada en evidencia en Nuffield Department of Primary Care de la Universidad de Oxford, dijo en una nota a *Daily Mail*, "he trabajado en este campo durante 25 años y puedo decir que no se puede establecer un número cuantificable en tan poco tiempo. Todos los expertos afirman que es demasiado pronto para llegar a esta conclusión".[4]

The *New York Times* informó que era probable que las restricciones del Reino Unido permanecerían en vigor durante meses. Pero si consideramos que estas estrategias sin sustento científico no funcionaron la primera o la segunda vez, es obvio que tampoco funcionarán una tercera (o cuarta o quinta) vez, sin importar cuánto tiempo se implementen.

De hecho, como señaló Matt Ridley en un artículo de opinión que se publicó en *Telegraph*: con el tiempo los virus se debilitan de forma natural, cuando más y más personas se exponen a él, así que, al implementar confinamientos más estrictos, el virus se propaga sobre todo entre los más enfermos, lo que permite que aparezcan cepas más letales.[5] En otras palabras, al aislar a todos y todo, se evita que el COVID-19 se debilite de forma natural, que es justo lo contrario de lo que queremos.

De hecho, una vez que entienda de qué se trata el Gran Reinicio, se dará cuenta que los confinamientos no tienen nada que ver con la salud pública, sino que son cortinas de humo para la mayor transferencia (o robo) de riqueza en la historia de la humanidad.

Como siempre, los más afectados son las personas de bajos y medianos ingresos, sobre todo los dueños de pequeñas empresas privadas, que han perdido gran parte de su patrimonio, mientras las grandes tiendas y compañías multinacionales reportan ganancias récord. Como señaló Frank Clemente, director ejecutivo de Americans for Tax Fairness, "nunca antes se había visto dicha acumulación de riqueza en tan pocas manos".[6]

Debemos cambiar el rumbo de la situación que vivimos

Para lograr ponerles un alto, necesitamos comprender los verdaderos orígenes, naturaleza, virulencia, prevención y tratamiento del COVID-19, ya que el conocimiento es nuestra arma más poderosa para poder darle un giro a esta situación. La buena noticia es que, aunque el COVID-19 representa una amenaza para la salud de las personas de edad avanzada y todos aquellos con comorbilidades, ahora sabemos que el riesgo que representa para la mayoría de las personas, en especial para los niños y los adultos jóvenes, es muy bajo.

Otra buena noticia es que algunos de los principales medios de comunicación por fin están hablando de la abrumadora evidencia de la fuga de laboratorio. Por ejemplo, a principios de enero de 2021, la revista *New York* publicó un artículo completo de 12 000 palabras del historiador de armas biológicas Nicholson Baker.[7] Recuerde que, si queremos evitar que en un futuro ocurra otra pandemia como esta, es muy importante identificar la fuente exacta del virus.

Además de reconocer la preponderancia de la evidencia de que el SARS-CoV-2 resultó de una fuga de laboratorio, es muy importante que las personas también sepan que las pruebas de PCR han sido manipuladas para inflar el número de "casos" de COVID-19, todo con el fin de que las personas vivan con miedo y acepten de manera voluntaria todas las medidas autoritarias que violan sus libertades personales.

Además, la mayoría de las personas tampoco sabe que el 94 % de los certificados de defunción de las víctimas de COVID-19 enumeran una serie de comorbilidades graves que causaron la muerte, pero que los CDC ordenaron a los médicos que en todos los casos en los que el fallecido haya dado positivo o tuviera sospecha de infección, pusieran COVID-19 como la causa "principal" de muerte en el certificado de defunción.

Muy pocos entienden que cada año, cientos de miles de casos de resfriado común, influenza, neumonía, así como una serie de enfermedades respiratorias agudas suelen ser causadas o acompañadas por coronavirus y que es muy difícil diagnosticar, categorizar y diferenciar estas infecciones del COVID-19.

Al combinar todas estas enfermedades diferentes, los traficantes del miedo y los oportunistas de la pandemia han podido crear la impresión de que hay una segunda ola (o en algunos casos una tercera) de COVID-19 que amenaza la vida de millones de personas en todo el mundo.

De manera similar, la mayoría no comprende que los jóvenes y las personas relativamente sanas tienen una mínima probabilidad de desarrollar síntomas y enfermedades graves por COVID-19, así como transmitir la enfermedad a los más vulnerables; mientras que las personas de edad avanzada, personas frágiles y enfermos mórbidos pueden recibir protección sin obligar a las demás personas a encerrarse y cambiar toda su vida por completo.

Con respecto a las personas más vulnerables, debemos reconocer que una gran parte de las muertes por COVID-19, el 36 %, según lo que informó el *New York Times*, fueron causadas por la incapacidad de las autoridades para evitar la propagación del virus dentro de los asilos de ancianos,[8] porque si se hubieran implementado los protocolos de enfermedades infecciosas al pie de la letra, el número de muertos habría sido mucho menor.

Tantas inconsistencias son señal de que nada es lo que parece

Al inicio, la principal justificación de las intervenciones tiránicas del gobierno fue ralentizar la propagación de la infección para que los recursos hospitalarios no se vieran superados, pero han cambiado su versión una y otra vez. Los confinamientos de dos semanas se convirtieron en meses.

Luego dijeron que todo volvería a la normalidad tan pronto como estuviera disponible una vacuna, sin embargo, una vez que estuvo disponible, volvieron a cambiar la narrativa y ahora nos dicen que las medidas de uso de cubrebocas, distanciamiento social y confinamientos se extenderán hasta finales del 2021 o incluso el 2022, aún con la vacuna.

Ya nada de lo que dicen tiene sentido, a menos que lo vea desde la perspectiva que le hemos presentado en este libro, es decir, que esta pandemia se ha utilizado como coartada (e incluso pudo planearse con anticipación) para facilitar y ocultar la transferencia de riqueza a los tecnócratas que controlan la narrativa de la pandemia, así como para justificar la violación de sus libertades personales y civiles.

El pánico junto con los datos manipulados y las pruebas defectuosas son su principal arma para alcanzar sus objetivos, aunque no es más que un engaño. Una vez que decida abrir los ojos, el pánico desaparecerá, porque se dará cuenta que no hay nada que temer. ¡Nada!

Aparte de los datos de las pruebas de PCR, no hay evidencia que demuestre que se trate de una pandemia letal, ya que, aunque sí han muerto algunas personas a causa del COVID-19, no hay exceso de mortalidad,[9] por lo que la cifra total de muertes del 2020 se considera normal. Así que, a menos que también piense que se debería confinar a las personas y arrebatarles la vida debido a las muertes causadas por las enfermedades cardíacas, diabetes, cáncer, gripe o por cualquier otro problema de salud, entonces no hay razón para hacerlo solo porque el COVID-19 ha cobrado algunas vidas.

El camino a seguir

Como se menciona en este libro, todavía no sabemos si el virus SARS-CoV-2 que se creó de forma muy imprudente, se *liberó a propósito* o *por accidente* de un laboratorio de biodefensa/armas biológicas de uso dual, propenso a accidentes y con una gestión negligente en Wuhan, China. Sin embargo, sí sabemos que una poderosa red de élites globales, que incluyen a Bill Gates, el Foro Económico Mundial, Gigantes Tecnológicos, la Fundación Rockefeller y el Pentágono ya sabían lo que se avecinaba y luego se aprovecharon de la crisis para sembrar y crear el pánico con el fin de impulsar su agenda económica, tecnocrática, totalitaria y antidemocrática.

También sabemos que es muy importante seguir exponiendo a los ingenieros genéticos y científicos internacionales cuya negligencia criminal provocó este desastre y así ponerle fin a la ingeniería genética y la militarización de virus y bacterias de una vez por todas, para que no vuelva ocurrir nada parecido a esta pandemia.

Mientras seguimos reuniendo evidencia de que el SARS-CoV-2 se creó en un laboratorio y que toda la ciencia engañosa, la mala práctica médica y la exageración sobre la pandemia por parte de la élite mundial se están utilizando como arma de un plan coordinado y diabólico que se conoce como el Gran Reinicio, debemos comenzar a reunir una masa crítica de personas educadas, enojadas y que han sido despojadas.

Como señala Arjun Walia de *Collective Evolution*, nuestro grito de guerra más poderoso: "¿Así queremos vivir? ¿No podemos hacer algo para cambiar el rumbo de las cosas?"[10]

¿Nos lamentaremos al recordar el 2020 como un ensayo general del Gran Reinicio? ¿Queremos vivir con miedo o culpa y usar un cubrebocas que no sirve más que para asilarnos de la sociedad y provocar miedo, durante el resto de nuestras vidas?

Por supuesto que no.

Como señala Dawson Church, defensor de la salud natural y la meditación: "estamos en medio de un contagio masivo de miedo que deteriora nuestro sistema inmunológico, nos hace menos resistentes, nos afecta psicoespiritualmente, y además nos volvemos menos capaces de afrontarlo. Justo allí es cuando necesitamos una mayor dosis de positividad, alegría y gratitud. Tenemos que hacerlo de forma deliberada. Y eso significa meditar, ver y escuchar noticias positivas que no nos expongan con emociones negativas innecesarias".[11]

Pero si queremos ponerle un alto al Gran Reinicio que promueven los globalistas sedientos de poder, y en cambio, construir un mundo desde los cimientos a base de paz y justicia, tolerancia, libertad, elección individual, privacidad, libertad de expresión, religión, derechos constitucionales, salud regenerativa, alimentación, agricultura y uso de la tierra, entonces debemos hacer mucho más que solo quejarnos en privado o en nuestras redes sociales.

Llegó el momento de alzar la voz.

Necesitamos un nuevo sistema agrícola a base de agricultura sustentable que pueda proporcionar "alimentos como medicina", alimentos orgánicos y saludables para todas las personas, mientras se regenera el medio ambiente y la biodiversidad.

Necesitamos un nuevo sistema económico que proporcione un trabajo con sentido social y ambientalmente responsable, así como un nivel de vida digno para todos los que estén dispuestos a trabajar.

Necesitamos oponernos y rechazar todos y cada uno de sus intentos para obligar a las personas a ponerse las vacunas anti-COVID-19. Esto incluye rechazar la falsa "elección" de la vacunación voluntaria ante las restricciones draconianas para quienes se niegan a recibirla.

La amenaza del dinero digital de los bancos centrales

Si queremos proteger nuestra privacidad e independencia, también necesitamos dinero sólido, ya sea en forma de efectivo físico o monedas digitales descentralizadas de tipo cadena de bloques. En el Gran Reinicio planean implementar un nuevo sistema cien por ciento digital que no incluye la moneda como lo conocemos en la actualidad.

Más bien, es un sistema de control social, porque al eliminar el dinero físico y reemplazarlo con un dinero digital del banco central (CBDC), pueden convertir su capacidad para realizar transacciones en un arma para acabar con su privacidad, vigilarlo y evitar que realice compras o incluso que tenga algún tipo de ingreso para subsistir.

Todo lo que compre y venda será monitoreado, y se puede imponer un castigo si una transacción, su comportamiento o incluso sus pensamientos se consideran inapropiados según los "estándares" que estén de moda esa semana.

El transhumanismo también forma parte de su plan. El plan es utilizar inyecciones o algún otro medio para introducir biosensores en su cuerpo con el fin de conectarlo a un sistema financiero. El transhumanismo y la tecnocracia van de la mano y se pueden describir mejor como un sistema de esclavitud digital en el que lo vigilarán y controlarán las 24 horas del día, los 7 días de la semana.

La solución es descentralizar todo

Quizás lo más importante de todo es que necesitamos un gobierno e Internet descentralizados en donde no puedan amenazar con censurar a quienes piensan de forma diferente, y que garantice la libertad de expresión. Como uno de muchos ejemplos, cualquiera que cuestione los productos farmacéuticos en las redes sociales corre el riesgo de que lo bloqueen de todas las plataformas o incluso de plataformas financieras como PayPal, que es justo lo que le acabo de decir en la sección anterior.

Nosotros, a nivel personal, debemos tener la mayor cantidad de derechos, porque las leyes se aplican mejor de la manera más específica y local posible. La concentración de poderes globales y federales se produce a expensas de sus derechos individuales.

Incluso Mercola.com y varios sitios web similares han sido etiquetados como una amenaza a la seguridad multinacional por agencias de inteligencia británicas y estadounidenses que colaboran para eliminar la "propaganda contra las vacunas" del debate público al utilizar sofisticadas herramientas de guerra cibernética.[12]

Debe hacerse la siguiente pregunta ¿la preocupación por la salud pública realmente justifica la censura y la supresión de las capacidades de transacción financiera de todos aquellos que se atreven a hacer preguntas sobre la seguridad de las vacunas y las políticas de vacunación obligatoria? El hecho de que traten de censurar todo tipo de diálogo sobre las vacunas, al utilizar tácticas de guerra y chantaje económico, sugiere que la campaña de vacunación masiva tiene un objetivo diferente al de proteger la salud y seguridad de la población. Se trata de controlar al público y obligarlos a seguir órdenes.

La pregunta es: *¿por qué?*

La industria médica y la industria de las vacunas en particular, se encargó de perder toda su credibilidad y la confianza de muchos al asociarse con las grandes compañías tecnológicas y las agencias de inteligencia nacionales para evitar que salgan a la luz las narrativas que contradicen la suya.

El gobierno de los Estados Unidos jamás había permitido este tipo de censura del discurso público. Jamás se permitiría que el gobierno hiciera algo así, pero si se permite que lo hagan las corporaciones privadas, no cabe la menor duda de que la censura es el mayor obstáculo para una sociedad abierta, libre y democrática. Si bien la desinformación puede causar confusión, nada justifica el nivel de censura que vivimos en estos momentos.

No solo censuran la información que no les conviene, sino que censuran todo tipo de información que represente una amenaza para la élite que trata de controlarnos aún más.

La censura de las grandes compañías tecnológicas es incluso peor que la censura del gobierno, porque actúan de forma más engañosa. Al menos, cuando el gobierno dice que censurará ciertos tipos de expresión, existe cierto nivel de transparencia en la forma en que esa censura es llevada a cabo. Por otro lado, las compañías tecnológicas tergiversan la información constantemente y no se sabe con exactitud a quién censurarán, por qué o cómo y lo que es aún peor, no existe forma de apelar contra tal censura.

El problema al que nos enfrentamos es que la censura fortalece el poder y ahora que han visto que su estrategia funciona, será difícil detenerla. Lo que, a su vez, representa una violación a la libertad individual o la democracia en su conjunto. La censura es una amenaza directa para ambas. Con eso en mente, el hecho de que las agencias de inteligencia británica y estadounidense se involucren en la censura demuestra que hay algo que quieren ocultar.

También demuestra que proteger la salud pública jamás ha sido su objetivo principal. Más bien, se trata de fortalecer el control gubernamental sobre la población. El hecho de que las agencias de inteligencia vean a las personas que luchan por la seguridad de las vacunas como una amenaza a la seguridad nacional también nos dice que el gobierno se ha vuelto *cómplice de las compañías privadas*, en pocas palabras, se han coludido.

Si critica a uno, critica al otro. En resumen, si obstaculiza o pone en peligro la rentabilidad de las compañías privadas, se convierte en una amenaza para la seguridad nacional, lo que se ajusta perfectamente a los parámetros de la tecnocracia, en la que el gobierno se disuelve y se reemplaza con los líderes no electos de compañías privadas.

El derecho y la libertad de criticar al gobierno es una característica de la democracia, por lo que esta guerra patrocinada por el estado contra la información veraz es una clara evidencia de un giro radical hacia el totalitarismo tecnocrático.

Nos encontramos en una encrucijada: ¿qué nos deparará el futuro?

Aunque su plan ya está en marcha, aún hay tiempo de detenerlo. Nos encontramos en una encrucijada en la que debemos elegir entre la dictadura que nos ofrecen nuestros "señores" transhumanistas y tecnocráticos o la libertad y la democracia. Así que lo invito a unirse a la lucha por nuestras vidas y las de futuras generaciones. Únase a nosotros mientras informamos y nos organizamos para crear un futuro saludable, equitativo y regenerativo.

Al pensar y actuar de forma local, es decir, comprar alimentos y productos locales y participar en la política local y la organización local, podremos detener a las personas y las compañías que quieren llevarnos en la dirección opuesta. Como advierte David Klooz en su libro, *The COVID-19 Conundrum*: "si el engaño del COVID-19 no lo convence de desafiliarse de los políticos y las corporaciones a las que sirven, lo que incluye dejar de utilizar los bienes y servicios de las grandes compañías, nada lo hará. Todo esto es una prueba para terminar convirtiendo países enteros en prisiones virtuales, y si lo dejamos pasar, lo volverán a hacer, téngalo por seguro."[13]

Cada una de nuestras elecciones personales crea una presión impulsada por el mercado de consumidores que afecta el cambio del nivel más bajo al más alto. Olvídese de las soluciones autoritarias del nivel más alto al más bajo. Cuando recurrimos a nuestros políticos federales para que hagan algo bueno por nosotros siempre terminan dándonos la espalda, ya que los cabilderos y abogados, a quienes les interesa más el dinero que las personas, siempre trabajan en beneficio de las élites y no de la población en general.

Debe entender que los tecnócratas y oligarcas manejan las agencias federales e internacionales, así que no espere que hagan mucho y recuerde que el cambio empieza por uno mismo.

Lo más probable es que no podamos evitar que el sistema médico haga lo que le ordenan: seguir siendo esclavos de las grandes compañías farmacéuticas y tratar los síntomas en lugar de las causas subyacentes de las enfermedades. Sin embargo, hay algo que puede hacer para mantener a su familia y comunidad saludables y fuertes, y es alejarse de estos sistemas.

Como se mencionó en el capítulo 6, el simple hecho de optimizar sus niveles de vitamina D puede ayudarlo a fortalecer su sistema inmunológico para evitar enfermedades infecciosas, incluyendo el COVID-19, en ese capítulo también se describen otras estrategias beneficiosas que puede implementar. La evidencia sobre los beneficios de la vitamina D es tan convincente que más de 100 médicos, científicos y autoridades líderes firmaron una carta abierta solicitando que se amplíe el uso de esta vitamina para combatir el COVID-19.[14]

"Las investigaciones demuestran que los bajos niveles de vitamina D promueven las infecciones, hospitalizaciones y muertes por COVID-19. Dada su seguridad, solicitamos aumentar el consumo de vitamina D", afirman en la carta, y agregan:

> *La vitamina D modifica miles de genes y muchos aspectos de la función inmunológica, tanto innata como adaptativa.*
>
> *La evidencia científica demuestra que:*
>
> - *Los niveles elevados de vitamina D se relacionan con menores tasas de infección por SARS-CoV-2.*
> - *Los niveles elevados de vitamina D se relacionan con un menor riesgo de un caso grave (hospitalización, UCI o muerte).*
> - *Los estudios intervencionales (incluyendo los RCT) indican que la vitamina D puede ser un tratamiento muy efectivo.*
> - *Muchos artículos demuestran varios mecanismos biológicos en los que la vitamina D influye en el COVID-19.*
> - *Los modelos de inferencia causal, los criterios de Hill, los estudios intervencionales y los mecanismos biológicos indican que la influencia de la vitamina D en el COVID-19 es muy causal y no solo una correlación.*[15]

La esperanza está en nuestras manos

Aunque los líderes mundiales adviertan que nos espera un "invierno oscuro" que traerá consigo un incremento en las tasas de mortalidad, no debe perder la esperanza. La única forma de acabar con este fraude de pandemia y detener el Gran Reinicio, es sacar a la luz toda la verdad y exigir una mayor transparencia. Si un número suficiente de personas logran ver lo que realmente está sucediendo y el objetivo final de este "Reinicio", difícilmente logran su objetivo.

La élite tecnocrática necesita que las personas accedan voluntariamente, ya que los superamos en número. Y estas medidas pandémicas son su principal arma para lograrlo. Cada vez más personas se están acostumbrando a las restricciones para trabajar y viajar, y también a que el gobierno les diga en dónde, cómo y con quién celebrar los días festivos. Antes del 2020, jamás nos hubiéramos imaginado que pudiera ocurrir algo así, pero no debemos acostumbrarnos, debemos poner un alto.

La esclavitud es el negocio más rentable de la historia del mundo y, con la tecnología moderna, ahora es posible tener el control total. Se puede acabar con cualquier rebelión. La tecnología también permite que un grupo muy pequeño de personas ejerza un gran poder sobre las masas.

Por lo anterior, es fundamental entender que *nosotros* somos quienes financiamos y ayudamos a construir el mismo sistema de control que terminará por esclavizarnos. Trabajamos para las compañías que están construyendo este sistema. Les compramos sus productos y les permitimos recopilar nuestros datos para que los vendan y utilicen en nuestra contra. Sin embargo, si dejamos de comprar sus productos y evitamos que obtengan nuestros datos, no podrán construir nada. Así que deje de darles los medios para esclavizarlo. No se ponga la soga al cuello. Mejor conviértase en parte de la solución, comparta información, busque y desarrolle alternativas para derribar las barreras de control que nos rodean.

Ya lo hemos hecho antes. Por ejemplo, el movimiento de alimentos orgánicos comenzó con personas comunes y corrientes que decidieron dedicar su tiempo y dinero a un sistema alimentario que coincidiera con sus valores básicos. Como resultado, hoy podemos decidir qué alimentos comer. No todos son transgénicos o artificiales. Por lo que, si queremos ser libres, debemos actuar ahora y reconstruir la forma en que vivimos e interactuar de tal forma que contribuyamos lo menos posible con el sistema de control tecnocrático transhumanista.

No haga caso de las tonterías sobre la transmisión asintomática, la pandemia de PCR y todas las estadísticas falsas que se utilizan para asustarlo. Busque la verdad, tome control de su salud y hable con sus familiares y amigos de forma franca y abierta para que juntos podamos acabar con su arma principal que es el miedo.

Notas

Capítulo Uno: Cómo se desarrolló el plan de la pandemia

1. Antonio Regolado, tweet, April 27, 2020, https://twitter.com/antonioregalado/status /1254916969712803840?lang=en.
2. Children's Health Defense Team, "An International Message of Hope for Humanity from RFK, Jr.," *Defender*, October 26, 2020, https://childrenshealthdefense.org/defender /message-of-hope-for-humanity.
3. Mary Holland, "What Can We Learn from a Pandemic 'Tabletop Exercise'?," Organic Consumers Association, March 25, 2020, https://www.organicconsumers.org/news/what -can-we-learn-pandemic-tabletop-exercise.
4. Martin Furmanski, "Laboratory Escapes and 'Self-Fulfilling Prophecy' Epidemics," Arms Control Center, February 17, 2014, https://armscontrolcenter.org/wp-content/uploads /2016/02/Escaped-Viruses-final-2-17-14-copy.pdf.
5. CDC COVID Data Tracker, "United States COVID-19 Cases and Deaths by State Reported to the CDC Since January 21, 2020," accessed January 20, 2021, https://covid .cdc.gov/covid-data-tracker/#cases_totaldeaths.
6. National Center for Health Statistics, "Weekly Updates by Select Demographic and Geographic Characteristics," CDC.gov, accessed August 26, 2020, https://www.cdc.gov /nchs/nvss/vsrr/covid_weekly/index.htm.
7. "Coronavirus Disease 2019: Older Adults," Centers for Disease Control and Prevention, updated September 11, 2020, https://www.cdc.gov/coronavirus/2019-ncov/need-extra -precautions/older-adults.html.
8. Craig Palosky, "COVID-19 Outbreaks in Long-Term Care Facilities Were Most Severe in the Early Months of the Pandemic, but Data Show Cases and Deaths in Such Facilities May Be on the Rise Again," KFF, September 1, 2020, https://www.kff.org/coronavirus -covid-19/press-release/covid-19-outbreaks-in-long-term-care-facilities-were-most-severe -in-the-early-months-of-the-pandemic-but-data-show-cases-and-deaths-in-such-facilities -may-be-on-the-rise-again.
9. Nurith Aizenman, "New Global Coronavirus Death Forecast Is Chilling—and Controversial," NPR online, September 4, 2020, https://www.npr.org/sections/goatsandsoda/2020/09/04 /909783162/new-global-coronavirus-death-forecast-is-chilling-and-controversial.
10. David M. Cutler and Lawrence H. Summers, "The COVID-19 Pandemic and the $16 Trillion Virus," *JAMA* 324, no. 15 (2020): 1495–96, https://www.doi.org/10.1001/jama.2020.19759.
11. Board of Governors of the Federal Reserve System, "Report on the Economic Well-Being of US Households in 2017," May 2018, https://www.federalreserve.gov/publications/files /2017-report-economic-well-being-us-households-201805.pdf.
12. Chuck Collins, "US Billionaire Wealth Surges Past $1 Trillion Since Beginning of Pandemic—Total Grows to $4 Trillion," Institute for Policy Studies, December 9, 2020, https:// ips-dc.org/u-s-billionaire-wealth-surges-past-1-trillion-since-beginning-of-pandemic/.

13. Naomi Klein, "Screen New Deal," *Intercept*, May 8, 2020, https://www.theintercept.com/2020/05/08/andrew-cuomo-eric-schmidt-coronavirus-tech-shock-doctrine.
14. Sainath Suryanarayanan, "Reading List: What Are the Origins of SARS-CoV-2? What Are the Risks of Gain-of-Function Research?," US Right to Know, updated October 13, 2020, https://usrtk.org/biohazards/origins-of-sars-cov-2-risks-of-gain-of-function-research-reading-list; "Attorney Dr. Reiner Fuellmich: The Corona Fraud Scandal Must Be Criminally Prosecuted for Crimes Against Humanity," FIAR News, October 9, 2020, https://news.fiar.me/2020/10/attorney-dr-reiner-fuellmich-the-corona-fraud-scandal-must-be-criminally-prosecuted-for-crimes-against-humanity; Organic Consumers Association Editors, "Covid-19: Right to Know," Organic Consumers Association, accessed November 18, 2020, https://organicconsumers.org/campaigns/covid-19.
15. Rowan Jacobsen, "Could COVID-19 Have Escaped from a Lab?," *Boston Magazine*, September 9, 2020, https://www.bostonmagazine.com/news/2020/09/09/alina-chan-broad-institute-coronavirus.
16. Ronnie Cummins and Alexis Baden-Mayer, "COVID-19: Reckless 'Gain of Function' Experiments Lie at the Root of the Pandemic," Organic Consumers Association, July 23, 2020, https://www.organicconsumers.org/blog/covid-19-reckless-gain-of-function-experiments-lie-at-the-root-of-the-pandemic.
17. Fred Guterl, Naveed Jamali, and Tom O'Connor, "The Controversial Experiments and Wuhan Lab Suspected of Starting the Coronavirus Pandemic," *Newsweek*, April 27, 2020, https://www.newsweek.com/controversial-wuhan-lab-experiments-that-may-have-started-coronavirus-pandemic-1500503.
18. Cambridge Working Group, "Cambridge Working Group Consensus Statement on the Creation of Potential Pandemic Pathogens (PPPs)," July 14, 2014, https://www.cambridgeworkinggroup.org.
19. "Scientists Outraged by Peter Daszak Leading Enquiry into Possible Covid Lab Leak," GM Watch, September 23, 2020, https://www.gmwatch.org/en/news/latest-news/19538.
20. Alexis Baden-Mayer, "Dr. Robert Kadlec: How the Czar of Biowarfare Funnels Billions to Friends in the Vaccine Industry," Organic Consumers Association, August 13, 2020, https://www.organicconsumers.org/blog/dr-robert-kadlec-how-czar-biowarfare-funnels-billions-friends-vaccine-industry.
21. Organic Consumers Association Editors, "'Gain of Function' Hall of Shame," Organic Consumers Association, October 1, 2020, https://www.organicconsumers.org/news/gain-of-function-hall-of-shame.
22. Dr. Joseph Mercola, "Can You Trust Bill Gates and the WHO with COVID-19 Pandemic Response?," Mercola.com, April 14, 2020, https://articles.mercola.com/sites/articles/archive/2020/04/14/world-health-organization-pandemic-planning.aspx.
23. Aksel Fridstøm, "The Evidence Which Suggests That This Is No Naturally Evolved Virus," *Minerva*, July 13, 2020, https://www.minervanett.no/angus-dalgleish-birger-sorensen-coronavirus/the-evidence-which-suggests-that-this-is-no-naturally-evolved-virus/362529; Bret Weinstein and Yuri Deigin, "Did Covid-19 Leak from a Lab?," *Bret Weinstein's Dark Horse Podcast*, June 8, 2020, https://www.youtube.com/watch?v=q5SRrsr-Iug.
24. Sam Husseini, "Did This Virus Come from a Lab? Maybe Not—But It Exposes the Threat of a Biowarfare Arms Race," Salon.com, April 24, 2020, https://www.salon.com/2020/04/24/did-this-virus-come-from-a-lab-maybe-not--but-it-exposes-the-threat-of-a-biowarfare-arms-race.

25. *Preventing a Biological Arms Race*, ed. Susan Wright (Cambridge, MA: MIT Press, 1990).
26. Lynn Klotz, "Human Error in High-Biocontainment Labs: A Likely Pandemic Threat," *Bulletin of the Atomic Scientists*, February 25, 2019, https://thebulletin.org/2019/02/human-error-in-high-biocontainment-labs-a-likely-pandemic-threat.
27. Dr. Joseph Mercola, "How COVID-19 Vaccine Can Destroy Your Immune System," Mercola.com, November 11, 2020, https://articles.mercola.com/sites/articles/archive/2020/11/11/coronavirus-antibody-dependent-enhancement.aspx.
28. Kristin Compton, "Big Pharma and Medical Device Manufacturers," Drugwatch, last modified September 21, 2020, https://www.drugwatch.com/manufacturers.
29. Leslie E. Sekerka and Lauren Benishek, "Thick as Thieves? Big Pharma Wields Its Power with the Help of Government Regulation," *Emory Corporate Governance and Accountability Review* 5, no. 2 (2018), https://law.emory.edu/ecgar/content/volume-5/issue-2/essays/thieves-pharma-power-help-government-regulation.html.
30. Dr. Joseph Mercola, "Swiss Protocol for COVID—Quercetin and Zinc," Mercola.com, August 20, 2020, https://articles.mercola.com/sites/articles/archive/2020/08/20/swiss-protocol-for-covid-quercetin-and-zinc.aspx.
31. Dr. Joseph Mercola, "How a False Hydroxychloroquine Narrative Was Created," Mercola.com, July 25, 2020, https://articles.mercola.com/sites/articles/archive/2020/07/15/hydroxychloroquine-for-coronavirus.aspx.
32. FLCCC Alliance, "FLCCC Summary of Clinical Trials Evidence for Ivermectin in COVID-19," January 11, 2021 (PDF), https://covid19criticalcare.com/wp-content/uploads/2020/12/One-Page-Summary-of-the-Clinical-Trials-Evidence-for-Ivermectin-in-COVID-19.pdf; Pierre Kory et al., "Review of the Emerging Evidence Demonstrating the Efficacy of Ivermectin in the Prophylaxis and Treatment of COVID-19," *Frontiers of Pharmacology*, provisionally accepted 2020, accessed January 21, 2021, https://doi.org/10.3389/fphar.2021.643369; "Ivermectin COVID-19 Early Treatment and Prophylaxis Studies," accessed January 20, 2021, https://c19Ivermectin.com.
33. Dr. Joseph Mercola, "Vitamin D Cuts SARS-Co-V-2 Infection Rate by Half," Mercola.com, September 28, 2020, https://articles.mercola.com/sites/articles/archive/2020/09/28/coronavirus-infection-rate-vitamin-d.aspx.
34. Dr. Joseph Mercola, "How Nebulized Peroxide Helps Against Respiratory Infection," Mercola.com, September 13, 2020, https://articles.mercola.com/sites/articles/archive/2020/09/13/how-to-nebulize-hydrogen-peroxide.aspx.
35. Dr. Joseph Mercola, "COVID-19 Critical Care," Mercola.com, May 29, 2020, https://articles.mercola.com/sites/articles/archive/2020/05/29/dr-paul-marik-critical-care.aspx.
36. Dr. Joseph Mercola, "Quercetin and Vitamin C: Synergistic Therapy for COVID-19," Mercola.com, August 24, 2020, https://articles.mercola.com/sites/articles/archive/2020/08/24/quercetin-and-vitamin-c-synergistic-effect.aspx.
37. Whitney Webb, "Operation Warp Speed Using CIA-Linked Contractor to Keep COVID-19 Vaccine Contracts Secret," Children's Health Defense, October 13, 2020, https://childrenshealthdefense.org/news/operation-warp-speed-cia-linked-contractor-covid-vaccine.
38. "Gates to a Global Empire," Navdanya International, October 14, 2020, https://navdanyainternational.org/bill-gates-philanthro-capitalist-empire-puts-the-future-of-our-planet-at-stake.

39. John Naughton, "'The Goal Is to Automate Us': Welcome to the Age of Surveillance Capitalism," *Guardian*, January 20, 2019, https://www.theguardian.com/technology/2019/jan/20/shoshana-zuboff-age-of-surveillance-capitalism-google-facebook.
40. Dr. Joseph Mercola, "The Great Reset: What It Is and Why You Need to Know About It," Mercola.com, October 19, 2020, https://blogs.mercola.com/sites/vitalvotes/archive/2020/10/19/the-great-reset-what-it-is-and-why-you-need-to-know-about-it.aspx.
41. Alexis Baden-Mayer and Ronnie Cummins, "Gain-of-Function Ghouls: Sars-CoV-2 Isn't the Scariest Thing That Could Leak from a Lab," Organic Consumers Association, October 14, 2020, https://www.organicconsumers.org/blog/gain-function-ghouls-sars-cov-2-isnt-scariest-thing-could-leak-lab.
42. Frederik Stjernfelt and Anne Mette Lauritzen, *Your Post Has Been Removed* (New York: Springer, 2020).
43. "Truth to Power," Organic Consumers Association, accessed November 20, 2020, https://www.organicconsumers.org/newsletter/scientist-isnt-afraid-speak-truth-power/truth-power.
44. Dr. Joseph Mercola, "The Real Danger of Electronic Devices and EMFs," Mercola.com, September 24, 2017, https://articles.mercola.com/sites/articles/archive/2017/09/24/electronic-devices-emf-dangers.aspx.
45. Natasha Anderson and Nexstar Media Wire, "New CDC Report Shows 94% of COVID-19 Deaths in US Had Contributing Conditions," WFLA, August 30, 2020, https://www.wfla.com/community/health/coronavirus/new-cdc-report-shows-94-of-covid-19-deaths-in-us-had-underlying-medical-conditions.
46. Katherine J. Wu, "Studies Begin to Untangle Obesity's Role in Covid-19," *New York Times*, September 29, 2020, updated October 14, 2020, https://www.nytimes.com/2020/09/29/health/covid-obesity.html.
47. Barry M. Popkin et al., "Individuals with Obesity and COVID-19: A Global Perspective on the Epidemiology and Biological Relationships," *Obesity* 21, no. 11 (2020): e13128, https://doi.org/10.1111/obr.13128.
48. Shemra Rizzo et al., "Descriptive Epidemiology of 16,780 Hospitalized COVID-19 Patients in the United States," medRxiv preprint, 2020, https://doi.org/10.1101/2020.07.17.20156265.
49. Ronnie Cummins, "Genetic Engineering, Bioweapons, Junk Food and Chronic Disease: Hidden Drivers of COVID-19," Organic Consumers Association, September 30, 2020, https://www.organicconsumers.org/blog/genetic-engineering-bioweapons-junk-food-and-chronic-disease-hidden-drivers-covid-19.
50. Dr. Joseph Mercola, "Global Uprising Underway," Mercola.com, September 16, 2020, https://articles.mercola.com/sites/articles/archive/2020/09/16/global-uprising.aspx; Ronnie Cummins, *Grassroots Rising* (White River Junction, VT: Chelsea Green, 2020).
51. "US Found to Be Unhealthiest Among 17 Affluent Countries," *American Medical News*, January 21, 2013, https://amednews.com/article/20130121/health/130129983/4.
52. Andrew Hutchinson, "YouTube Ramps Up Action to Remove Covid-19 Misinformation," *Social Media Today*, April 23, 2020, https://www.socialmediatoday.com/news/youtube-ramps-up-action-to-remove-covid-19-misinformation/576577.
53. Dr. Jospeh Mercola, "Oneness vs. the 1%," Mercola.com, November 1, 2020, https://articles.mercola.com/sites/articles/archive/2020/10/18/vandana-shiva-oneness-versus-the-1.aspx.
54. Children's Health Defense Team, "An International Message of Hope for Humanity."

Capítulo Dos: ¿Fuga de laboratorio u origen natural?

1. *Washington Post* Editorial Board, "Opinion: The Coronavirus's Origins Are Still a Mystery. We Need a Full Investigation," *Washington Post*, November 20, 2020, https://www.washingtonpost.com/opinions/global-opinions/the-coronaviruss-origins-are-still-a-mystery-we-need-a-full-investigation/2020/11/13/cbf4390e-2450-11eb-8672-c281c7a2c96e_story.html?mc_cid=1f31114972&mc_eid=9723e894e5; David A. Relman, "Opinion: To Stop the Next Pandemic, We Need to Unravel the Origins of COVID-19," *Proceedings of the National Academy of Sciences* 117, no. 47 (November 2020), 29246–48; https://doi.org/10.1073/pnas.2021133117.
2. Lynn C. Klotz, "The Biological Weapons Convention Protocol Should Be Revisited," *Bulletin of the Atomic Scientists*, November 15, 2019, https://thebulletin.org/2019/11/the-biological-weapons-convention-protocol-should-be-revisited/.
3. "Statement by Scientists, Lawyers, and Public Policy Activists on Why We Need a Global Moratorium on the Creation of Potential Pandemic Pathogens (PPPs) Through Gain-of-Function Experiments," https://www.surveymonkey.com/r/XPJL2R9.
4. L. Kuo, G. J. Godeke, M. J. Raamsman, P. S. Masters, and P. J. Rottier, "Retargeting of Coronavirus by Substitution of the Spike Glycoprotein Ectodomain: Crossing the Host Cell Species Barrier," *Journal of Virology* 74, no. 3 (February 2000): 1393–406, https://doi.org/10.1128/JVI.74.3.1393-1406.2000.
5. Suryanarayanan, "Reading List: What Are the Origins of SARS-CoV-2?"
6. Carrey Gillam, "Validity of Key Studies on Origin of Coronavirus in Doubt; Science Journals Investigating," US Right to Know, November 9, 2020, https://www.organicconsumers.org/blog/validity-key-studies-origin-covid-in-doubt-science-journals-investigating.
7. Relman, "Opinion: To Stop the Next Pandemic."
8. Andrew Nikiforuk, "How China's Fails, Lies and Secrecy Ignited a Pandemic Explosion," *Tyee*, April 2, 2020, https://thetyee.ca/Analysis/2020/04/02/China-Secrecy-Pandemic/; Jeremy Page, Wenxin Fan, and Natasha Khan, "How It All Started: China's Early Coronavirus Missteps," *Wall Street Journal*, March 6, 2020, https://www.wsj.com/articles/how-it-all-started-chinas-early-coronavirus-missteps-11583508932; Steven Lee Myers, "China Created a Fail-Safe System to Track Contagions. It Failed," *New York Times*, March 29, 2020, https://www.nytimes.com/2020/03/29/world/asia/coronavirus-china.html.
9. *Preventing a Biological Arms Race*, ed. Susan Wright.
10. Lynn Kotz, "Human Error in High Biocontainment Labs: A Likely Pandemic Threat," *Bulletin of the Atomic Scientists*, February 25, 2019, https://thebulletin.org/2019/02/human-error-in-high-biocontainment-labs-a-likely-pandemic-threat/; Botao Xiaou, "The Possible Origins of the 2019-nCoV Coronavirus" (PDF), https://img-prod.tgcom24.mediaset.it/images/2020/02/16/114720192-5eb8307f-017c-4075-a697-348628da0204.pdf; Wang Keju, "Brucellosis Confirmed in 65 People from Lanzhou Veterinary Institute," ChinaDaily.com, updated December 16, 2019, accessed December 15, 2020, https://global.chinadaily.com.cn/a/201912/06/WS5deb4fe7a310cf3e3557c92a.html.
11. Committee on Anticipating Biosecurity Challenges of the Global Expansion of High-Containment Biological Laboratories et al., *Biosecurity Challenges of the Global Expansion of High-Containment Biological Laboratories: Summary of a Workshop* (Washington, DC: National Academies Press, 2011), chapter 1, https://doi.org/10.17226/13315; Ian Sample, "Revealed: 100 Safety Breaches at UK Labs Handling Potentially Deadly Disease," *Guardian*, December 4, 2014, https://www.theguardian.com/science/2014/dec/04/-sp-100

-safety-breaches-uk-labs-potentially-deadly-diseases; Natalie Vestin, "Federal Report Discloses Incidents in High-Containment Labs," CIDRAP, July 1, 2016, http://www.cidrap.umn.edu/news-perspective/2016/07/federal-report-discloses-incidents-high-containment-labs; Sharon Begley and Julie Steenhuysen, "How Secure Are Labs Handling World's Deadliest Pathogens?," Reuters, February 15, 2012, https://www.reuters.com/article/us-health-biosecurity-idUSTRE81E0R420120215; Lisa Schnirring, "CDC Monitoring More Staff After Anthrax Lab Breach," CIDRAP, June 20, 2014, http://www.cidrap.umn.edu/news-perspective/2014/06/cdc-monitoring-more-staff-after-anthrax-lab-breach; Christina Lin, "Biosecurity in Question at US Germ Labs," *Asia Times*, April 6, 2020, https://asiatimes.com/2020/04/biosecurity-in-question-at-us-germ-labs/; Jocelyn Kaiser, "Accidents Spur a Closer Look at Risks at Biodefense Labs," *Science* 317 (September 28, 2007): 1852–54, https://science.sciencemag.org/content/317/5846/1852?ck=nck.

12. Allison Young, "Newly Disclosed CDC Biolab Failures 'Like a Screenplay for a Disaster Movie,'" *USA Today*, June 2, 2016, https://www.usatoday.com/story/news/2016/06/02/newly-disclosed-cdc-lab-incidents-fuel-concerns-safety-transparency/84978860/; Arthur Trapotsis, "Do You Know the Difference in Laboratory Biosafety Levels 1, 2, 3 & 4?," Consolidated Sterilizer Systems, updated March 31, 2020, accessed December 15, 2020, https://consteril.com/biosafety-levels-difference/.
13. Henry Fountain, "Six Vials of Smallpox Discovered in Laboratory Near Washington," *New York Times*, July 9, 2014, https://www.nytimes.com/2014/07/09/science/six-vials-of-smallpox-discovered-in-laboratory-near-washington.html.
14. Elisabeth Eaves, "Hot Zone in the Heartland," *Bulletin of the Atomic Scientists*, accessed December 15, 2020, https://thebulletin.org/2020/03/hot-zone-in-the-heartland/; Matt Field, "Experts Know the New Coronavirus Is Not a Bioweapon. They Disagree on Whether It Could Have Leaked from a Research Lab," *Bulletin of the Atomic Scientists*, March 30, 2020, https://thebulletin.org/2020/03/experts-know-the-new-coronavirus-is-not-a-bioweapon-they-disagree-on-whether-it-could-have-leaked-from-a-research-lab/.
15. US Government Accountability Office, "High-Containment Laboratories Improved Oversight of Dangerous Pathogens Needed to Mitigate Risk," GAO.gov, August 2016 (PDF), https://www.gao.gov/assets/680/679392.pdf.
16. Joe Lauria, "Worries About a Galveston Bio-Lab," Consortium News, August 30, 2017, https://consortiumnews.com/2017/08/30/worries-about-a-galveston-bio-lab/.
17. Denise Grady, "Deadly Germ Research Is Shut Down at Army Lab Over Safety Concerns," *New York Times*, August 5, 2020, https://www.nytimes.com/2019/08/05/health/germs-fort-detrick-biohazard.html.
18. David Cyranoski, "Inside the Chinese Lab Poised to Study World's Most Dangerous Pathogens," *Nature*, February 22, 2017, https://www.nature.com/news/inside-the-chinese-lab-poised-to-study-world-s-most-dangerous-pathogens-1.21487.
19. Grace Panetta, "US Officials Were Reportedly Concerned That Safety Breaches at Wuhan Lab Studying Coronavirus in Bats Could Cause a Pandemic," *Business Insider*, April 14, 2020, https://www.businessinsider.com/us-officials-raised-alarms-about-safety-issues-in-wuhan-lab-report-2020-4.
20. Fred Guterl, "Dr. Fauci Backed Controversial Wuhan Lab with US Dollars for Risky Coronavirus Research," *Newsweek*, April 28, 2020, https://www.newsweek.com/dr-fauci-backed-controversial-wuhan-lab-millions-us-dollars-risky-coronavirus-research-1500741.

21. NIH Project Information, "Understanding the Risk of Bat Coronavirus Emergence," Research Portfolio Online Reporting Tools, accessed December 1, 2020, https://projectreporter.nih.gov/project_info_description.cfm?aid=8674931&icde=49750546.
22. Vineet D. Menachery et al., "A SARS-Like Cluster of Circulating Bat Coronaviruses Shows Potential for Human Emergence," *Nature Medicine* 21 (2015): 1508–13, https://www.nature.com/articles/nm.3985.
23. Husseini, "Did This Virus Come from a Lab?"
24. Kevin Baker, "Did America Use Bioweapons in Korea? Nicholson Baker Tried to Find Out," *New York Times*, July 21, 2020, https://www.nytimes.com/2020/07/21/books/review/baseless-nicholson-baker.html.
25. Philip Sherwell, "Chinese Scientists Destroyed Proof of Virus in December," *Sunday Times*, March 1, 2020, https://www.thetimes.co.uk/article/chinese-scientists-destroyed-proof-of-virus-in-december-rz055qjnj.
26. Alexis Baden-Mayer, "Shi Zhengli: Weaponizing Coronaviruses, with Pentagon Funding, at a Chinese Military Lab," Organic Consumers Association, September 24, 2020, https://www.organicconsumers.org/blog/shi-zhengli-weaponizing-coronaviruses-pentagon-funding-chinese-military-lab.
27. Moreno Colaiacovo, "Fearsome Viruses and Where to Find Them," Medium.com, November 15, 2020, https://mygenomix.medium.com/fearsome-viruses-and-where-to-find-them-4e6b0ac6e602.
28. Alina Chan, Twitter thread, October 25, 2020, https://threadreaderapp.com/thread/1320344055230963712.html.
29. Jonathan Bucks, "New Cover-Up Fears as Chinese Officials Delete Critical Data About the Wuhan Lab with Details of 300 Studies Vanishing—Including All Those Carried Out by Virologist Dubbed Batwoman," *Daily Mail*, January 9, 2021, https://www.dailymail.co.uk/news/article-9129681/amp/New-cover-fears-Chinese-officials-delete-critical-data-Wuhan-lab.html.
30. Charles Calisher, "Statement in Support of the Scientists, Public Health Professionals, and Medical Professionals of China Combatting COVID-19," *Lancet* 395 (March 7, 2020): E42–E43, https://www.thelancet.com/journals/lancet/article/PIIS0140-6736(20)30418-9/fulltext.
31. Sainath Suryanarayanan, "EcoHealth Alliance Orchestrated Key Scientists' Statement on 'Natural Origin' of SARS-CoV-2," US Right to Know, November 18, 2020, https://usrtk.org/biohazards-blog/ecohealth-alliance-orchestrated-key-scientists-statement-on-natural-origin-of-sars-cov-2/; Jonathan Matthews, "EcoHealth Alliance Orchestrated Key Scientists' Statement on 'Natural Origin' of SARS-CoV-2," GM Watch, November 19, 2020, https://www.gmwatch.org/en/news/latest-news/19600.
32. Peter Daszak of EcoHealth Allience, email, February 6, 2020, https://usrtk.org/wp-content/uploads/2020/11/The_Lancet_Emails_Daszak-2.6.20.pdf.
33. Rita Colwell, email to Peter Daszak, February 8, 2020, https://usrtk.org/wp-content/uploads/2020/11/The_Lancet_Emails_Daszak-2.8.20.pdf.
34. Peter Daszak, "Members of the Lancet COVID Commission Task Force on the Origins of SARS-CoV-2 Named," EcoHealth Alliance, November 23, 2020, https://www.ecohealthalliance.org/2020/11/members-of-the-lancet-covid-commission-task-force-on-the-origins-of-sars-cov-2-named.

35. World Health Organization, "Origins of the SARS-CoV-2 Virus," updated January 18, 2021, https://www.who.int/health-topics/coronavirus/who-recommendations-to-reduce-risk-of -transmission-of-emerging-pathogens-from-animals-to-humans-in-live-animal-markets.
36. Betty L. Louie, Yufeng (Ethen) Ma, and Martha Wang, "China Proposes to Tighten Biosecurity Law and Its Potential Impact on Foreign Pharmaceutical and Biotech Companies Operating in China," Orrick.com, July 10, 2020, https://www.orrick.com/en/Insights/2020/07/China -Proposes-to-Tighten-Biosecurity-Law-and-its-Potential-Impact-on-Foreign-Companies.
37. Chaolin Huang et al., "Clinical Features of Patients Infected with 2019 Novel Coronavirus in Wuhan, China," *Lancet* 395, no. 10223 (February 15, 2020): 497–506, https://dpoi.org /10.1016/S0140-6736(20)30183-5.
38. Frank Chen, "Coronavirus 'Lab Leakage' Rumors Spreading," *Asia Times*, February 17, 2020, http://asiatimes.com/2020/02/coronavirus-lab-leakage-rumors-spreading.
39. Botao Xiaou, "The Possible Origins of the 2019-nCoV Coronavirus."
40. Botao Xiaou, "The Possible Origins of the 2019-nCoV Coronavirus."
41. Baden-Mayer, "Shi Zhengli."
42. Guterl, "Dr. Fauci Backed Controversial Wuhan Lab"; Editors, "Gain-of-Function Hall of Shame," Organic Consumers Association, ongoing, accessed December 15, 2020, https:// www.organicconsumers.org/news/gain-of-function-hall-of-shame.
43. Robert F. Kennedy, Jr., Instagram post, April 14, 2020, https://www.instagram.com/p /B--PXQKHxhs/.
44. Klotz, "Human Error in Bio-Containment Labs."
45. Dennis Normille, "Lab Accidents Prompt Calls for New Containment Program," *Science* 304, no. 5675 (May 28, 2004): 1223–25, https://doi.org/10.1126/science.304.5675.1223a.
46. Josh Rogin, "Commentary: State Department Cables Warned of Safety Issues at Wuhan Lab Studying Bat Coronaviruses," *Washington Post*, republished in *Bend Bulletin*, April 14, 2020, https://www.bendbulletin.com/opinion/commentary-state-department-cables -warned-of-safety-issues-at-wuhan-lab-studying-bat-coronaviruses/article_8ffbfcf2-7e79 -11ea-b101-cbcc5394b481.html.
47. Ian Birrell, "Beijing Now Admits That Coronavirus DIDN'T Start in Wuhan's Market . . . So Where DID It Come From, Asks IAN BIRRELL," *Daily Mail*, May 30, 2020, https:// www.dailymail.co.uk/news/article-8373007/Beijing-admits-coronavirus-DIDNT-start -Wuhans-market-DID-come-from.html?ITO=applenews.
48. Chaolin Huang et al., "Clinical Features of Patients Infected with 2019 Novel Coronavirus."
49. Roger Frutos et al., "COVID-19: Time to Exonerate the Pangolin from the Transmission of SARS-CoV-2 to Humans," *Infections, Genetics and Evolution* 84 (October 2020): 104493, https://doi.org/10.1016/j.meegid.2020.104493.
50. Colaiacovo, "Fearsome Viruses and Where to Find Them."
51. Shing Hei Zhan, Benjamin E. Deverman, and Yujia Alina Chan, "SARS-CoV-2 Is Well Adapted for Humans. What Does This Mean for Re-Emergence?," bioRxiv preprint, May 2, 2020, https://doi.org/10.1101/2020.05.01.073262.
52. Sakshi Piplani et al., "In Silico Comparison of Spike Protein-ACE2 Binding Affinities Across Species; Significance for the Possible Origin of the SARS-CoV-2 Virus," arXiv:2005.06199 [q-bio.BM] preprint, May 2020, https://arxiv.org/abs/2005.06199.
53. Jon Cohen, "Wuhan Coronavirus Hunter Shi Zhengli Speaks Out," *Science*, July 31, 2020, https://science.sciencemag.org/content/369/6503/487.full; Dr. Shi Zhengli, "Reply to

Science Magazine," accessed December 21, 2020, https://www.sciencemag.org/sites/default/files/Shi%20Zhengli%20Q&A.pdf.

54. Jocelyn Kaiser, "NIH Lifts 3-Year Ban on Funding Risky Virus Studies," *Science*, December 19, 2017, https://www.sciencemag.org/news/2017/12/nih-lifts-3-year-ban-funding-risky-virus-studies.
55. Editors, "Gain-of-Function Hall of Shame," Organic Consumers Association, ongoing, accessed December 15, 2020.
56. André Leu, "COVID 19: The Spike and the Furin Cleavage," Organic Consumers Association, June 3, 2020, https://www.organicconsumers.org/blog/covid-19-spike-and-furin-cleavage.
57. Max Roser, "The Spanish Flu (1918–20): The Global Impact of the Largest Influenza Pandemic in History," Our World in Data, March 4, 2020, https://ourworldindata.org/spanish-flu-largest-influenza-pandemic-in-history.
58. Alice Daniel, "Report to US Senator Durkin," GAO.gov, January 14, 1981 (PDF), https://www.gao.gov/assets/140/132011.pdf.
59. Content Team, "The 1976 Swine Flu Vaccine Debacle—A Cautionary Tale for 2020," *Sault Online*, May 4, 2020, https://saultonline.com/2020/05/the-1976-swine-flu-vaccine-debacle-a-cautionary-tale-for-2020.
60. "Swine Flu 1976 Vaccine Warning, Part 1 of 2," *60 Minutes*, July 15, 2009, https://www.youtube.com/watch?v=VxeKY-TLmFk.
61. Geoff Earle, "'2 Million Dead'—Feds Make Chilling Forecast If Bird-Flu Pandemic Hits US," *New York Post*, May 4, 2006, https://nypost.com/2006/05/04/2-million-dead-feds-make-chilling-forecast-if-bird-flu-pandemic-hits-u-s/.
62. World Health Organization, "Safety of Pandemic Vaccines: Pandemic (H1N1) 2009 Briefing Note 6," August 6, 2009, https://www.who.int/csr/disease/swineflu/notes/h1n1_safety_vaccines_20090805/en/.
63. Delece Smith-Barrow, "CDC's Advice to Parents: Swine Flu Shots for All," *Washington Post*, August 25, 2009, https://www.washingtonpost.com/wp-dyn/content/article/2009/08/24/AR2009082402327.html.
64. *Eurosurveillance* Editorial Team, "Swedish Medical Products Agency Publishes Report from a Cast Inventory Study on Pandemrix Vaccination and Development of Narcolepsy with Cataplexy," *Eurosurveillance* 16, no. 26 (June 30, 2011), https://www.eurosurveillance.org/content/10.2807/ese.16.26.19904-en.
65. European Centre for Disease Prevention and Control, "Narcolepsy in Association with Pandemic Influenza Vaccination—a Multi-Country European Epidemiological Investigation," September 20, 2012, https://www.ecdc.europa.eu/en/publications-data/narcolepsy-association-pandemic-influenza-vaccination-multi-country-european; Lisa Schnirring, "Study Funds Post-H1N1-Vaccination Rise in Narcolepsy in 3 Nations," CIDRAP, January 30, 2013, http://www.cidrap.umn.edu/news-perspective/2013/01/study-finds-post-h1n1-vaccination-rise-narcolepsy-3-nations.
66. Pär Hallberg et al., "Pandemrix-Induced Narcolepsy Is Associated with Genes Related to Immunity and Neuronal Survival," *EBioMedicine* 40 (February 2019): 595–604, https://www.ncbi.nlm.nih.gov/pmc/articles/PMC6413474/.
67. S. M. Zimmer and D. S. Burke, "Historical Perspective—Emergence of Influenza A (H1N1) Viruses," *New England Journal of Medicine* 361 (2009): 279–85, https://doi.org/10.1056/NEJMra0904322.

68. C. Scholtissek, V. von Hoyningen, and R. Rott, "Genetic Relatedness Between the New 1977 Epidemic Strains (H1N1) of Influenza and Human Influenza Strains Isolated Between 1947 and 1957 (H1N1)," *Virology* 89 (1978): 613–17.
69. R. G. Webster, W. J. Bean, O. T. Gorman, T. M. Chambers, and Y. Kawaoka, "Evolution and Ecology of Influenza A Viruses," *Microbiological Reviews* 56 (1992): 152–79; A. P. Kendal et al., "Antigenic Similarity of Influenza A (H1N1) Viruses from Epidemics in 1977–1978 to 'Scandinavian' Strains Isolated in Epidemics of 1950–1951," *Virology* 89 (197): 632–36.
70. Gerard Gallagher, "Fauci: "'No Doubt' Trump Will Face Surprise Infectious Disease Outbreak," *Infectious Disease News*, January 11, 2017, https://www.healio.com/news/infectious-disease/20170111/fauci-no-doubt-trump-will-face-surprise-infectious-disease-outbreak.
71. Holland, "What Can We Learn from a Pandemic Tabletop Exercise?"; Editors, "Press Pause," Organic Consumers Association, accessed December 16, 2020, https://www.organicconsumers.org/newsletter/we-need-regenerative-hero/press-pause; Joseph Mercola, "Hope Despite Censorship," Mercola.com, November 6, 2020, https://articles.mercola.com/sites/articles/archive/2020/11/06/hope-despite-censorship.aspx.
72. Colaiacovo, "Fearsome Viruses and Where to Find Them."
73. Klotz, "The Biological Weapons Convention Protocol Should Be Revisited."
74. William Gittins, "Bill Gates Predicts When the Next Pandemic Will Arrive," *AS*, December 15, 2020, https://en.as.com/en/2020/11/24/latest_news/1606228590_532670.html; Christopher Rosen, "Bill Gates Gives Stephen Colbert a Realistic Coronavirus Vaccine Timeline," *Vanity Fair*, April 24, 2020, https://www.vanityfair.com/hollywood/2020/04/bill-gates-stephen-colbert-coronavirus-vaccine.

Capítulo Tres: El evento 201 y el gran reinicio

1. Alice Miranda Ollstein, "Trump Halts Funding to World Health Organization," *Politico*, April 14, 2020, https://www.politico.com/news/2020/04/14/trump-world-health-organization-funding-186786.
2. Josephine Moulds, "How Is the World Health Organization Funded?," World Economic Forum, April 15, 2020, https://www.weforum.org/agenda/2020/04/who-funds-world-health-organization-un-coronavirus-pandemic-covid-trump.
3. "World Leaders Commit to GAVI's Vision to Protect the Next Generation with Vaccines," Gavi, January 23, 2020, https://www.gavi.org/news/media-room/world-leaders-commit-gavis-vision-protect-next-generation-vaccines.
4. Mercola, "The Global Takeover Is Underway."
5. Steven Guinness, "Sustainable Chaos: When Globalists Call for a 'Great Reset,'" Technocracy.news, June 25, 2020, https://www.technocracy.news/sustainable-chaos-when-globalists-call-for-a-great-reset/.
6. Matt Hancock, Speech to the All-Part Parliamentary Group, "The Fourth Industrial Revolution," Gov.UK, October 16, 2017, https://www.gov.uk/government/speeches/the-4th-industrial-revolution.
7. Department of Global Communications, "Climate Change and COVID-19: UN Urges Nations to 'Recover Better,'" UN.org, April 22, 2020, https://www.un.org/en/un-coronavirus-communications-team/un-urges-countries-%E2%80%98build-back-better%E2%80%99; Mark Tovey, "Why Biden and Boris Are Both Using 'Build Back Better,'"

Intellectual Takeout, October 12, 2020, https://www.intellectualtakeout.org/why-biden-and-boris-are-both-using--build-back-better-/.
8. Ida Auken, "Welcome to 2030: I Own Nothing, Have No Privacy and Life Has Never Been Better," *Forbes*, November 10, 2016, https://www.forbes.com/sites/worldeconomicforum/2016/11/10/shopping-i-cant-really-remember-what-that-is-or-how-differently-well-live-in-2030/.
9. "WO/2020/060606—Cryptocurrency System Using Body Activity Data," WIPO, March 26, 2020, https://patentscope.wipo.int/search/en/detail.jsf?docId=WO2020060606.
10. Tim Schwab, "Bill Gates's Charity Paradox," *Nation*, March 17, 2020, https://www.thenation.com/article/society/bill-gates-foundation-philanthropy/.
11. Steerpike, "Six Questions That Neil Ferguson Should Be Asked," *Spectator*, April 16, 2020, https://www.spectator.co.uk/article/six-questions-that-neil-ferguson-should-be-asked; Saifedean Ammous, Twitter thread, May 3, 2020, https://twitter.com/saifedean/status/1257101783408807938?s=21.
12. Steerpike, "Six Questions That Neil Ferguson Should Be Asked."
13. David Adam, "Special Report: The Simulations Driving the World's Response to COVID-19," *Nature*, April 2, 2020, https://www.nature.com/articles/d41586-020-01003-6.
14. Schwab, "Bill Gates's Charity Paradox."
15. Michael A. Rodriguez, MD, and Robert García, JD, "First, Do No Harm: The US Sexually Transmitted Disease Experiments in Guatemala," *American Journal of Public Health* 103, no. 12 (December 2013): 2122–26, https://dx.doi.org/10.2105%2FAJPH.2013.301520.
16. Meridian 361 International Law Group, PLLC, "Rockefeller, Johns Hopkins Behind Horrific Human Syphilis Experiments, Allege Guatemalan Victims In Lawsuit," Cision, PR Newswire, April 1, 2015, https://www.prnewswire.com/news-releases/rockefeller-johns-hopkins-behind-horrific-human-syphilis-experiments-allege-guatemalan-victims-in-lawsuit-300059537.html.
17. Chuck Ross, "World Health Organization Hired PR Firm to Identify Celebrity 'Influencers' to Amplify Virus Messaging," *Daily Caller*, July 17, 2020, https://dailycaller.com/2020/07/17/world-health-organization-coronavirus-celebrity-influencers.
18. US Department of Justice, "Exhibit A Registration Statement," Foreign Agents Registration Act, July 14, 2020, https://efile.fara.gov/docs/3301-Exhibit-AB-20200714-38.pdf.
19. Verified, accessed December 22, 2020, https://content.shareverified.com/en; Dr. Joseph Mercola, "The PR Firm Behind WHO's Celeb Endorsements," Mercola.com, August 15, 2020, https://articles.mercola.com/sites/articles/archive/2020/08/15/world-health-organization-endorsements.aspx.
20. Publicis Groupe, World Economic Forum, https://www.weforum.org/organizations/publicis-groupe-sa.
21. Publicis Groupe, "Publicis Groupe Acquires Remaining Capital of Leo Burnett/W&K Beijing Advertising Co., Ltd.," Publicis Groupe, April 29, 2010, https://www.publicisgroupe.com/sites/default/files/press-release/20100429_10-04-29_LeoB_and_W%26K_ENG_DEF.pdf; "Our Investors," NewsGuard, https://www.newsguardtech.com/about/our-investors; Tom Burt, "Defending Against Disinformation in Partnership with NewsGuard," *Microsoft on the Issues* (blog), August 23, 2018, https://blogs.microsoft.com/on-the-issues/2018/08/23/defending-against-disinformation-in-partnership-with-newsguard.
22. Rachel Blevins, "Ron Paul: Police State Was Planned, 9/11 Just 'Provided an Opportunity' to Implement It," Free Thought Project, September 11, 2017, https://thefreethoughtproject.com

/ron-paul-patriot-act-911; Judge Andrew P. Napolitano, "The Patriot Act Must Go: It Assaults Our Freedoms, Doesn't Keep Us Safe," Fox News, last updated May 29, 2015, https://www.foxnews.com/opinion/the-patriot-act-must-go-it-assaults-our-freedoms-doesnt-keep-us-safe.

23. "Surveillance Under the Patriot Act," ACLU, https://www.aclu.org/issues/national-security/privacy-and-surveillance/surveillance-under-patriot-act.
24. Ariel Zilber, "How Bill Gates Warned in 2015 TED Talk That the Next Big Threat to Humanity Was a 'Highly Infectious Virus' That 'We Are Not Ready' For," DailyMail.com, March 19, 2020, https://www.dailymail.co.uk/news/article-8132107/Bill-Gates-warned-2015-TED-Talk-big-threat-humanity-coronavirus-like-pandemic.html.
25. James Corbett, "Who Is Bill Gates?" The Corbett Report, May 1, 2020, https://www.corbettreport.com/gates/.
26. Justin Fitzgerald, "IMF Calls for Credit Score to Be Tied to Internet Search History," Reality Circuit, December 23, 2020, https://realitycircuit.com/2020/12/23/imf-calls-for-credit-score-to-be-tied-to-internet-search-history/.
27. Ellen Sheng, "Facebook, Google Discuss Sharing Smartphone Data with Government to Fight Coronavirus, but There Are Risks," CNBC, March 19, 2020, https://www.cnbc.com/2020/03/19/facebook-google-could-share-smartphone-data-to-fight-coronavirus.html.
28. Aaron Holmes, "Facebook Built a Tool Last Year to Map the Spread of Diseases. Now It's Being Used to Combat Coronavirus. Here's How It Works," *Business Insider*, March 18, 2020, https://www.businessinsider.com/see-how-facebooks-disease-prevention-maps-could-fight-coronavirus-2020-3.
29. "Disease Prevention Maps," Facebook Data for Good, https://dataforgood.fb.com/tools/disease-prevention-maps.
30. Kevin Granville, "Facebook and Cambridge Analytica: What You Need to Know as Fallout Widens," *New York Times*, March 19, 2018, https://www.nytimes.com/2018/03/19/technology/facebook-cambridge-analytica-explained.html.
31. Matt Perez, "Bill Gates Calls for National Tracking System for Coronavirus During Reddit AMA," *Forbes*, March 18, 2020, https://www.forbes.com/sites/mattperez/2020/03/18/bill-gates-calls-for-national-tracking-system-for-coronavirus-during-reddit-ama/?sh=737b58726a72.
32. Bill Gates, "31 Questions and Answers About COVID-19," *GatesNotes* (blog), March 19, 2020, https://www.gatesnotes.com/Health/A-coronavirus-AMA.
33. World Health Organization and World Economic Forum, "Preventing Noncommunicable Diseases in the Workplace Through Diet and Physical Activity," World Health Organization, 2008, https://www.who.int/dietphysicalactivity/WHOWEF_report_JAN2008_FINAL.pdf.
34. "The Great Reset Launch Session," World Economic Forum, June 3, 2020 (video), https://www.youtube.com/watch?v=pfVdMWzKwjc&t=1s.
35. Klaus Schwab and Theirry Malleret, *The Great Reset* (Geneva, Switzerland: World Economic Forum, 2020), 173.
36. Declan McCullagh, "Joe Biden's Pro-RIAA, Pro-FBI Tech Voting Record," *CNET*, August 24, 2008, https://www.cnet.com/news/joe-bidens-pro-riaa-pro-fbi-tech-voting-record.
37. Department of Global Communications, "Climate Change and COVID-19."
38. Department of Global Communications, "Climate Change and COVID-19."
39. "The Campaign for a Coronavirus Recovery Plan That Builds Back Better," Build Back Better, accessed December 20, 2020, https://www.buildbackbetteruk.org.

40. Anna North, "New Zealand Prime Minister Jacinda Ardern Wins Historic Reelection," *Vox*, October 17, 2020, https://www.vox.com/2020/10/17/21520584/jacinda-ardern-new-zealand-prime-minister-reelection-covid-19.
41. Paul Wong and Jesse Leigh Maniff, "Comparing Means of Payment: What Role for a Central Bank Digital Currency?," FEDS Notes, Federal Reserve, August 13, 2020, https://www.federalreserve.gov/econres/notes/feds-notes/comparing-means-of-payment-what-role-for-a-central-bank-digital-currency-20200813.htm.

Capítulo Cuatro: El COVID-19 golpea más a los más vulnerables

1. "Provisional Death Counts for Coronavirus Disease 2019," Centers for Disease Control and Prevention, updated December 9, 2020, https://www.cdc.gov/nchs/nvss/vsrr/covid_weekly/index.htm.
2. Youyou Zhou and Gary Stix, "COVID-19 Is Now the Third Leading Cause of Death in the US," *Scientific American*, October 8, 2020, https://www.scientificamerican.com/article/covid-19-is-now-the-third-leading-cause-of-death-in-the-u-s1; Jackie Salo, "COVID-19 Is Third Leading Cause of Death in the United States," *New York Post*, August 18, 2020, https://nypost.com/2020/08/18/covid-19-is-third-leading-cause-of-death-in-the-united-states.
3. *Johns Hopkins News-Letter* (@JHUNewsLetter), "Though making clear the need for further research, the article was being used to support false and dangerous inaccuracies about the impact of the pandemic . . . ," Twitter, November 26, 2020, https://twitter.com/JHUNewsLetter/status/1332100155986882562.
4. Yanni Gu, "A Closer Look at US Deaths Due to COVID-19," *Johns Hopkins News-Letter* web archive, November 22, 2020, https://web.archive.org/web/20201126163323/https:/www.jhunewsletter.com/article/2020/11/a-closer-look-at-u-s-deaths-due-to-covid-19.
5. Ethan Yang, "New Study Highlights Alleged Accounting Error Regarding Covid Deaths," American Institute for Economic Research, November 26, 2020, https://www.aier.org/article/new-study-highlights-serious-accounting-error-regarding-covid-deaths.
6. Stephen Schwartz, PhD, "Guidance for Certifying COVID-19 Deaths," Centers for Disease Control and Prevention, National Center for Health Statistics, Division of Vital Statistics, March 4, 2020, https://www.cdc.gov/nchs/data/nvss/coronavirus/alert-1-guidance-for-certifying-COVID-19-deaths.pdf.
7. National Vital Statistics System, "Guidance for Certifying Deaths Due to Coronavirus Disease 2019 (COVID-19)," Vital Statistics Reporting Guidance, report number 3, April 2020, https://www.cdc.gov/nchs/data/nvss/vsrg/vsrg03-508.pdf.
8. National Center for Health Statistics, "COVID-19 Death Data and Resources," Centers for Disease Control and Prevention, last reviewed November 25, 2020, accessed December 8, 2020, https://www.cdc.gov/nchs/nvss/covid-19.htm.
9. Tanya Lewis, "Eight Persistent COVID-19 Myths and Why People Believe Them," *Scientific American*, October 12, 2020, https://www.scientificamerican.com/article/eight-persistent-covid-19-myths-and-why-people-believe-them/.
10. Justin Blackburn, PhD, et al., "Infection Fatality Ratios for COVID-19 Among Noninstitutionalized Persons 12 and Older: Results of a Random-Sample Prevalence Study," *Annals of Internal Medicine* (2020), https://www.acpjournals.org/doi/10.7326/M20-5352.

11. Lee Merritt, MD, "SARS-CoV2 and the Rise of Medical Technocracy," August 16, 2020 (video), DDP 38th Annual Meeting, Las Vegas, Nevada, https://www.youtube.com/watch?v=sjYvitCeMPc&feature=emb_title.
12. Frank E. Lockwood and John Moritz, "Birx Says Country Weary of COVID-19, Recognizes Arkansas' Improvement During Visit," *El Dorado News-Times*, August 18, 2020, https://www.eldoradonews.com/news/2020/aug/18/birx-says-country-weary-covid-19-recognizes-arkans/?fbclid=IwAR07eHiJSLp6UPXd6dabokayamMiXV5aR4EOxROiEuUCf3_5ikKHMXLNGko.
13. Associated Press, "Navy ID's USS *Roosevelt* Sailor Killed by COVID-19," NBC San Diego online, April 16, 2020, https://www.nbcsandiego.com/news/local/military/navy-ids-uss-roosevelt-sailor-killed-by-covid-19/2307424; Nick Givas and Lucas Tomlinson, "USS *Theodore Roosevelt*'s Entire Crew Has Been Tested for Coronavirus; Over 800 Positive, Officials Say," Fox News online, April 23, 2020, https://www.foxnews.com/world/uss-theodore-roosevelt-entire-crew-tested-coronavirus; Ryan Pickrell, "Sweeping US Navy Testing Reveals Most Aircraft Carrier Sailors Infected with Coronavirus Had No Symptoms," *Business Insider*, April 17, 2020, https://www.businessinsider.com/testing-reveals-most-aircraft0-carrier-sailors-coronavirus-had-no-symptoms-2020-4.
14. Centers for Disease Control and Prevention, "Public Health Responses to COVID-19 Outbreaks on Cruise Ships—Worldwide, February–March 2020," *Morbidity and Mortality Weekly Report* 69, no. 12 (2020): 347–52, https://www.cdc.gov/mmwr/volumes/69/wr/mm6912e3.htm.
15. Ray Sipherd, "The Third-Leading Cause of Death in US Most Doctors Don't Want You to Know About," CNBC, February 22, 2018, https://www.cnbc.com/2018/02/22/medical-errors-third-leading-cause-of-death-in-america.html?__source=sharebar%7Ctwitter&par=sharebar; Martin A. Makary and Michael Daniel, "Medical Error—The Third Leading Cause of Death in the US," *BMJ* 353 (2016): i2139, https://doi.org/10.1136/bmj.i2139.
16. John T. James, PhD, "A New, Evidence-Based Estimate of Patient Harms Associated with Hospital Care," *Journal of Patient Safety* 9, no. 3 (2013): 122–28, https://journals.lww.com/journalpatientsafety/fulltext/2013/09000/a_new,_evidence_based_estimate_of_patient_harms.2.aspx.
17. Martin Gould, "EXCLUSIVE: 'It's a Horror Movie.' Nurse Working on Coronavirus Frontline in New York Claims the City Is 'Murdering' COVID-19 Patients by Putting Them on Ventilators and Causing Trauma to the Lungs," DailyMail.com, April 27, 2020, https://www.dailymail.co.uk/news/article-8262351/nurse-new-york-claims-city-killing-COVID-19-patients-putting-ventilators.html.
18. Dr. Joseph Mercola, "CDC Admits Hospital Incentives Drove Up COVID-19 Deaths," Mercola.com, August 20, 2020, https://articles.mercola.com/sites/articles/archive/2020/08/20/hospital-incentives-drove-up-covid-19-deaths.aspx.
19. Matthew Boyle, "Exclusive—Seema Verma: Cuomo, Other Democrat Governors' Coronavirus Nursing Home Policies Contradicted Federal Guidance," *Breitbart*, June 22, 2020, https://www.breitbart.com/politics/2020/06/22/exclusive-seema-verma-cuomo-other-democrat-governors-coronavirus-nursing-home-policies-contradicted-federal-guidance/?fbclid=IwAR1XoAVEI4TzcoKbeVjbJk92WTdO6Qf-kPKTUIvotc9aDpcjW1VfrITW_RU.
20. Gregg Girvan, "Nursing Homes & Assisted Living Facilities Account for 42% of COVID-19 Deaths," Foundation for Research on Equal Opportunity, May 7, 2020, https://freopp.org/the-covid-19-nursing-home-crisis-by-the-numbers-3a47433c3f70; Avik Roy, "The

Most Important Coronavirus Statistic: 42% of US Deaths Are from 0.6% of the Population," *Forbes* online, May 26, 2020, https://www.forbes.com/sites/theapothecary/2020/05/26/nursing-homes-assisted-living-facilities-0-6-of-the-u-s-population-43-of-u-s-covid-19-deaths/?sh=30a0049f74cd.

21. OECD Policy Responses to Coronavirus, "Workforce and Safety in Long-Term Care During the COVID-19 Pandemic," Organization for Economic Cooperation and Development, June 22, 2020, https://www.oecd.org/coronavirus/policy-responses/workforce-and-safety-in-long-term-care-during-the-covid-19-pandemic-43fc5d50.
22. Bernadette Hogan and Bruce Golding, "Nursing Homes Have 'No Right' to Reject Coronavirus Patients, Cuomo Says," *New York Post*, April 23, 2020, https://nypost.com/2020/04/23/nursing-homes-cant-reject-coronavirus-patients-cuomo-says.
23. Joaquin Sapien and Joe Sexton, "Fire Through Dry Grass: Andrew Cuomo Saw COVID-19's Threat to Nursing Homes. Then He Risked Adding to It," ProPublica, June 16, 2020, https://www.propublica.org/article/fire-through-dry-grass-andrew-cuomo-saw-covid-19-threat-to-nursing-homes-then-he-risked-adding-to-it.
24. Arjen M. Dondorp et al., "Respiratory Support in COVID-19 Patients, with a Focus on Resource-Limited Settings," *American Journal of Tropical Medicine and Hygiene* 102, no. 6 (June 3, 2020): 1191–97, https://doi.org/10.4269/ajtmh.20-0283.
25. Giacomo Grasselli, MD, et al., "Baseline Characteristics and Outcomes of 1591 Patients Infected with SARS-CoV-2 Admitted to ICUs of the Lombardy Region, Italy," *JAMA* 323, no. 16 (2020): 1574–81, https://www.doi.org/10.1001/jama.2020.5394.
26. Safiya Richardson, MD, MPH, et al., "Presenting Characteristics, Comorbidities, and Outcomes Among 5700 Patients Hospitalized with COVID-19 in the New York City Area," *JAMA* 323, no. 20 (2020): 2052–59, https://www.doi.org/10.1001/jama.2020.6775.
27. Pavan K. Bhatraju, MD, et al., "Covid-19 in Critically Ill Patients in the Seattle Region—Case Series," *New England Journal of Medicine* 382 (2020): 2012–22, https://www.doi.org/10.1056/NEJMoa2004500.
28. "Sepsis," Centers for Disease Control and Prevention, accessed December 20 2020, https://www.cdc.gov/sepsis/clinicaltools/index.html?CDC_AA_refVal=https%3A%2F%2Fwww.cdc.gov%2Fsepsis%2Fdatareports%2Findex.html.
29. Vincent Liu, MD, MS, et al., "Hospital Deaths in Patients with Sepsis from 2 Independent Cohorts," *JAMA* 312, no. 1 (2014): 90–92, https://www.doi.org/10.1001/jama.2014.5804.
30. Richard Harris, "Stealth Disease Likely to Blame for 20 Percent of Global Deaths," NPR online, January 16, 2020, https://www.npr.org/sections/health-shots/2020/01/16/796758060/stealth-disease-likely-to-blame-for-20-of-global-deaths.
31. "Sepsis Alliance & Elara Caring Partner to Improve COVID-19 and Sepsis Outcomes in Home Healthcare Patients," Sepsis Alliance, July 1, 2020, https://www.sepsis.org/news/sepsis-alliance-elara-caring-partner-to-improve-covid-19-and-sepsis-outcomes-in-home-healthcare-patients.
32. Audrey Howard, "Covid-19 and Sepis Coding: New Guidelines," *Inside Angle from 3M Health Information Systems* (blog), April 2, 2020, https://www.3mhisinsideangle.com/blog-post/covid-19-and-sepsis-coding-new-guidelines.
33. Hui Li, MD, et al., "SARS-CoV-2 and Viral Sepsis: Observations and Hypotheses," *Lancet* 395, no. 10235 (May 9, 2020): 1517–20, https://www.doi.org/10.1016/S0140-6736(20)30920-X.
34. "Covid-19, Sepsis, and Cytokine Storms," Sepsis Alliance, May 20, 2020, https://www.sepsis.org/news/covid-19-sepsis-and-cytokine-storms.

35. "Report Sulle Caratteristiche dei Pazienti Deceduti Positivi a COVID-19 in Italia Il Presente Report è Basato sui Dati Aggiornati al 17 Marzo 2020," EpiCentro, March 17, 2020, https://www.epicentro.iss.it/coronavirus/bollettino/Report-COVID-2019_17_marzo-v2.pdf.
36. Centers for Disease Control and Prevention, "Hospitalization Rates and Characteristics of Patients Hospitalized with Laboratory-Confirmed Coronavirus Disease 2019—COVID-NET, 14 States, March 1–30, 2020," *Morbidity and Mortality Weekly Report* 69, no. 15 (April 17, 2020): 458–64, https://www.cdc.gov/mmwr/volumes/69/wr/mm6915e3.htm?s_cid=mm6915e3_w.
37. Richardson et al., "Presenting Characteristics, Comorbidities, and Outcomes."
38. Chao Gao et al., "Association of Hypertension and Antihypertensive Treatment with COVID-19 Mortality: A Retrospective Observational Study," *European Heart Journal* 41, no. 22 (June 7, 2020): 2058–66, https://doi.org/10.1093/eurheartj/ehaa433; Courtney Kueppers, "Study Shows High Blood Pressure Doubles Risk of Dying from COVID-19," *Atlanta Journal-Constitution*, June 5, 2020, https://www.ajc.com/lifestyles/study-shows-high-blood-pressure-doubles-risk-dying-from-covid/wUmZR3d52aBXJnEtilUnJK.
39. Deborah J. Nelson, "Blood-Pressure Drugs Are in the Crosshairs of COVID-19 Research," Reuters, April 23, 2020, https://www.reuters.com/article/us-health-conoravirus-blood-pressure-ins/blood-pressure-drugs-are-in-the-crosshairs-of-covid-19-research-idUSKCN2251GQ.
40. Deborah J. Nelson, "Blood-Pressure Drugs Are in the Crosshairs of COVID-19 Research," *Reuters*, April 23, 2020, https://www.reuters.com/article/us-health-conoravirus-blood-pressure-ins-idUSKCN2251GQ.
41. A. B. Docherty et al., "Features of 16,749 Hospitalised UK Patients with COVID-19 Using the ISARIC WHO Clinical Characterisation Protocol," medRxiv preprint, accessed December 20, 2020, https://doi.org/10.1101/2020.04.23.20076042.
42. "Diabetes Prevalence," Diabetes.co.uk, January 15, 2019, https://www.diabetes.co.uk/diabetes-prevalence.html.
43. Arjen M. Dondorp et al., "Respiratory Support in COVID-19 Patients, with a Focus on Resource-Limited Settings," *American Journal of Tropical Medicine and Hygiene* 102, no. 6 (June 3, 2020): 1191–97, https://doi.org/10.4269/ajtmh.20-0283.
44. Jamie Hartmann-Boyce, "The Type of Diabetes You Have Can Impact How You React to the Coronavirus," Scroll.in, June 7, 2020, https://scroll.in/article/963807/the-type-of-diabetes-you-have-can-impact-how-you-react-to-the-coronavirus.
45. Weina Guo et al., "Diabetes Is a Risk Factor for the Progression and Prognosis of COVID-19," *Diabetes/Metabolism Research and Reviews* 36, no. 7 (2020): e3319, https://doi.org/10.1002/dmrr.3319.
46. Matteo Rottoli et al., "How Important Is Obesity as a Risk Factor for Respiratory Failure, Intensive Care Admission and Death in Hospitalised COVID-19 Patients? Results from a Single Italian Centre," *European Journal of Endocrinology* 183, no. 4 (October 2020): 389–97, https://www.doi.org/10.1530/EJE-20-0541.
47. Alan Mozes, "Even Mild Obesity Raises Odds for Severe COVID-19," *US News & World Report*, July 23, 2020, https://www.usnews.com/news/health-news/articles/2020-07-23/even-mild-obesity-raises-odds-for-severe-covid-19.
48. Public Health England, "Excess Weight and COVID-19: Insights from New Evidence," July 2020, https://assets.publishing.service.gov.uk/government/uploads/system/uploads/attachment_data/file/903770/PHE_insight_Excess_weight_and_COVID-19.pdf.

49. Fumihiro Sanada et al., "Source of Chronic Inflammation in Aging," *Frontiers in Cardiovascular Medicine* 5 (2018): 12, https://www.doi.org/10.3389/fcvm.2018.00012.
50. "Coronavirus Disease 2019: Older Adults," Centers for Disease Control and Prevention, updated December 13, 2020, https://www.cdc.gov/coronavirus/2019-ncov/need-extra-precautions/older-adults.html.
51. Amber L. Mueller, "Why Does COVID-19 Disproportionately Affect Older People?," *Aging* 12, no. 10 (May 29, 2020): 9959–81, https://doi.org/10.18632/aging.103344.
52. Mueller, "Why Does COVID-19 Disproportionately Affect Older People?"

Capítulo Cinco: El miedo es su principal arma para arrebatarnos la libertad

1. "COVID-19," Organic Consumers Association, accessed December 20, 2020, https://www.organicconsumers.org/campaigns/covid-19.
2. Centers for Disease Control and Prevention, "Covid-19 Planning Scenarios, Table 1, Scenario 5: Current Best Estimate," updated September 10, 2020, https://www.cdc.gov/coronavirus/2019-ncov/hcp/planning-scenarios.html.
3. Collins, "US Billionaire Wealth Surges Past $1 Trillion Since Beginning of Pandemic."
4. Chuck Collins, "US Billionaire Wealth Surges to $584 Billion, or 20 Percent, Since the Beginning of the Pandemic," Institute for Policy Studies, June 18, 2020, https://ips-dc.org/us-billionaire-wealth-584-billion-20-percent-pandemic.
5. Gillian Friedman, "Big-Box Retailers' Profits Surge as Pandemic Marches On," *New York Times*, August 19, 2020, https://www.nytimes.com/2020/08/19/business/coronavirus-walmart-target-home-depot.html.
6. Dr. Asoka Bandarage, "Pandemic, 'Great Reset' and Resistance," Inter Press Service (IPS), December 1, 2020, https://www.ipsnews.net/2020/12/pandemic-great-reset-resistance.
7. Dr. Elke Van Hoof, "Lockdown Is the World's Biggest Psychological Experiment—And We Will Pay the Price," World Economic Forum, April 9, 2020, https://www.weforum.org/agenda/2020/04/this-is-the-psychological-side-of-the-covid-19-pandemic-that-were-ignoring.
8. Madeleine Ngo, "Small Businesses Are Dying by the Thousands—and No One Is Tracking the Carnage," *Bloomberg*, August 11, 2020, https://www.bloomberg.com/news/articles/2020-08-11/small-firms-die-quietly-leaving-thousands-of-failures-uncounted.
9. Anjali Sundaram, "Yelp Data Shows 60% of Business Closures Due to the Coronavirus Pandemic Are Now Permanent," CNBC, September 16, 2020, https://www.cnbc.com/2020/09/16/yelp-data-shows-60percent-of-business-closures-due-to-the-coronavirus-pandemic-are-now-permanent.html.
10. Sundaram, "Yelp Data Shows 60% of Business Closures."
11. Pedro Nicolaci da Costa, "The Covid-19 Crisis Has Wiped Out Nearly Half of Black Small Business," *Forbes*, August 10, 2020, https://www.forbes.com/sites/pedrodacosta/2020/08/10/the-covid-19-crisis-has-wiped-out-nearly-half-of-black-small-businesses/?sh=5c79efb43108.
12. Claire Kramer Mills, PhD, and Jessica Battisto, "Double Jeopardy: Covid-19's Concentrated Health and Wealth Effects in Black Communities," Federal Reserve Bank of New York, August 2020, https://www.newyorkfed.org/medialibrary/media/smallbusiness/DoubleJeopardy_COVID19andBlackOwnedBusinesses.
13. Bethan Staton and Judith Evans, "Three Million Go Hungry in U.K. Because of Lockdown," *Financial Times*, April 10, 2020, https://www.ft.com/content/e5061be6-2978-4c0b-aa68-f372a2526826.

14. "Covid Pushes Millions More Children Deeper into Poverty, New Study Finds," UN News, September 17, 2020 https://news.un.org/en/story/2020/09/1072602.
15. Fiona Harvey, "Coronavirus Pandemic 'Will Cause Famine of Biblical Proportions,'" *Guardian*, April 21, 2020, https://www.theguardian.com/global-development/2020/apr/21/coronavirus-pandemic-will-cause-famine-of-biblical-proportions.
16. Morganne Campbell, "Canadians Reporting Higher Levels of Anxiety, Depression amid the Pandemic," *Global News Canada*, October 10, 2020, https://globalnews.ca/news/7391217/world-mental-health-day-canada/.
17. American Psychological Association, "Stress in America 2020: A National Mental Health Crisis," October 2020, https://www.apa.org/news/press/releases/stress/2020/report-october; Cory Stieg. "More than 7 in 10 Gen-Zers Report Symptoms of Depression During Pandemic, Survey Finds," CNBC, October 21, 2020, https://www.cnbc.com/2020/10/21/survey-more-than-7-in-10-gen-zers-report-depression-during-pandemic.html.
18. Advocacy Resource Center, "Issue Brief: Reports of Increases in Opioid- and Other Drug-Related Overdose and Other Concerns During COVID Pandemic," American Medical Association, updated December 9, 2020, https://www.ama-assn.org/system/files/2020-12/issue-brief-increases-in-opioid-related-overdose.pdf.
19. Lauren M. Rossen, PhD, et al., "Excess Deaths Associated with COVID-19, by Age and Race and Ethnicity—United States, January 26–October 3, 2020," *Morbidity and Mortality Weekly Report* 69, no. 42 (October 23, 2020): 1522–27, https://www.cdc.gov/mmwr/volumes/69/wr/mm6942e2.htm?s_cid=mm6942e2_w; Amanda Prestigiacomo, "New CDC Numbers Show Lockdown's Deadly Toll on Young People," *Daily Wire*, October 22, 2020, https://www.dailywire.com/news/new-cdc-numbers-show-lockdowns-deadly-toll-on-young-people.
20. Jack Power, "Covid-19: Reports of Rape and Child Sex Abuse Rise Sharply During Pandemic," *Irish Times*, July 20, 2020, https://www.irishtimes.com/news/social-affairs/covid-19-reports-of-rape-and-child-sex-abuse-rise-sharply-during-pandemic-1.4308307.
21. Stacy Francis, "Op-ed: Uptick in Domestic Violence Amid Covid-19 Isolation," CNBC, October 30, 2020, https://www.cnbc.com/2020/10/30/uptick-in-domestic-violence-amid-covid-19-isolation.html.
22. "Domestic Abuse Killings Double and Calls to Helpline Surge by 50% During Coronavirus Lockdown," ITV.com, April 27, 2020, https://www.itv.com/news/2020-04-27/domestic-abuse-killings-double-and-calls-to-helpline-surge-by-50-during-coronavirus-lockdown.
23. Alan Mozes, "Study Finds Rise in Domestic Violence During COVID," WebMD, August 18, 2020, https://www.webmd.com/lung/news/20200818/radiology-study-suggests-horrifying-rise-in-domestic-violence-during-pandemic#1.
24. "UN Chief Calls for Domestic Violence 'Ceasefire' amid 'Horrifying Global Surge,'" UN News, April 6, 2020, https://news.un.org/en/story/2020/04/1061052.
25. Nicola McAlley, "Calls to Domestic Abuse Helpline Double During Lockdown," STV.tv, July 1, 2020, https://news.stv.tv/highlands-islands/calls-to-domestic-abuse-helpline-double-during-lockdown?top.
26. Jai Sidpra, "Rise in the Incidence of Abusive Head Trauma During the COVID-19 Pandemic," *Archives of Disease in Childhood*, July 2, 2020, https://www.doi.org/10.1136/archdischild-2020-319872.
27. Perry Stein, "In DC, Achievement Gap Widens, Early Literacy Progress Declines During Pandemic, Data Show," *Washington Post*, October 30, 2020, https://www.washingtonpost

.com/local/education/data-indicate-worsening-early-literacy-progress-and-widening-achievement-gap-among-district-students/2020/10/30/bebe2914-1a25-11eb-82db-60b15c874105_story.html.

28. "Lockdowns Could Have Long-Term Effects on Children's Health," *Economist*, July 19, 2020, https://www.economist.com/international/2020/07/19/lockdowns-could-have-long-term-effects-on-childrens-health.
29. SBG San Antonio, "HOSPITAL: 37 Children Attempted Suicide in September, Highest Number in Five Years," CBS Austin, October 27, 2020, https://cbsaustin.com/news/local/cook-childrens-hospital-admits-alarming-rate-of-suicide-attempts-in-children.
30. Selina Wang, Rebecca Wright, and Yoko Wakatsuki, "In Japan, More People Died from Suicide Last Month than from Covid in All of 2020. And Women Have Been Impacted Most," CNN, November 30, 2020, https://edition.cnn.com/2020/11/28/asia/japan-suicide-women-covid-dst-intl-hnk/index.html.
31. Nate Doromal, "Covid Antifragility: Trusting Our Strength in Uncertain Times," *Evolution of Medicine*, December 3, 2020, https://goevomed.com/blogs/covid-antifragility-trusting-our-strength-in-uncertain-times.
32. Nate Doromal, "Covid Antifragility: Trusting Our Strength in Uncertain Times," Organic Consumers Association, December 14, 2020, https://www.organicconsumers.org/news/covid-antifragility-trusting-our-strength-uncertain-times.
33. "Great Barrington Declaration," Great Barrington Declaration, accessed December 15, 2020, https://gbdeclaration.org.
34. Desmond Sutton, MD, et al., "Correspondence: Universal Screening for SARS-CoV-2 in Women Admitted for Delivery," *New England Journal of Medicine* 382 (April 13, 2020): 2163–64, https://www.nejm.org/doi/full/10.1056/NEJMc2009316.
35. Travis P. Baggett et al., "COVID-19 Outbreak at a Large Homeless Shelter in Boston: Implication for Universal Testing," medRxiv preprint, April 15, 2020, https://doi.org/10.1101/2020.04.12.20059618.
36. Shiyi Cao et al., "Post-Lockdown SARS-CoV-2 Nucleic Acid Screening in Nearly Ten Million Residents of Wuhan, China," *Nature Communications* 11, article number 5917 (November 20, 2020), https://www.nature.com/articles/s41467-020-19802-w.
37. "Provisional Death Counts for Coronavirus Disease 2019," Centers for Disease Control and Prevention, updated December 9, 2020, https://www.cdc.gov/nchs/nvss/vsrr/covid_weekly/index.htm.
38. Merritt, "SARS-CoV-2 and the Rise of Medical Technocracy," approximately eight minutes in (Lie No. 1: Death Risk); D. G. Rancourt, "All-Cause Mortality During COVID-19: No Plague and a Likely Signature of Mass Homicide by Government Response," *Technical Report*, June 2020, https://www.doi.org/10.13140/RG.2.24350.77125; Yanni Gu, "A Closer Look at US Deaths Due to COVID-19," *Johns Hopkins News-Letter*, November 22, 2020 (archived), https://web.archive.org/web/20201126163323/https:/www.jhunewsletter.com/article/2020/11/a-closer-look-at-u-s-deaths-due-to-covid-19.
39. "Fauci Says Schools Should Try to Stay Open," Mercola.com, December 27, 2020, https://blogs.mercola.com/sites/vitalvotes/archive/2020/12/27/fauci-says-schools-should-try-to-stay-open.aspx.
40. Ariana Eunjung Cha, Loveday Morris, and Michael Birnbaum, "Covid-19 Death Rates Are Lower Worldwide, But No One Is Sure Whether That's a Blip or a Trend," *Washington*

Post, October 9, 2020, https://www.washingtonpost.com/health/2020/10/09/covid-mortality-rate-down.

41. Alex Berenson, *Unreported Truths About COVID-19 and Lockdowns* (New Jersey: Bowker, 2020), 20.
42. Centers for Disease Control and Prevention, "CDC 2019 Novel Coronavirus RT-PCR Diagnostic Panel," July 13, 2020 (PDF), https://www.fda.gov/media/134922/download.
43. Barbara Cáceres, "Coronavirus Cases Plummet When PCR Tests Are Adjusted," *Vaccine Reaction*, September 29, 2020, https://thevaccinereaction.org/2020/09/coronavirus-cases-plummet-when-pcr-tests-are-adjusted/; Jon Rappoport, "Smoking Gun: Fauci States COVID Test Has Fatal Flaw; Confession from the 'Beloved' Expert of Experts," *Jon Rappoport's Blog*, November 6, 2020, https://blog.nomorefakenews.com/2020/11/06/smoking-gun-fauci-states-covid-test-has-fatal-flaw; Vincent Racaniello, "COVID-19 with Dr. Anthony Fauci," *This Week in Virology* 641 (July 16, 2020), https://youtu.be/a_Vy6fgaBPE?t=260.
44. Jon Rappoport, "Smoking Gun"; Vincent Racaniello, "COVID-19 with Dr. Anthony Fauci," *This Week in Virology*, July 16, 2020 (video), 4:20, https://www.youtube.com/watch?t=260.
45. Rita Jaafar et al., "Correlation Between 3790 Quantitative Polymerase Chain Reaction–Positives Samples and Positive Cell Cultures, Including 1941 Severe Acute Respiratory Syndrome Coronavirus 2 Isolates," *Clinical Infectious Diseases* ciaa 1491 (September 28, 2020), https://doi.org/10.1093/cid/ciaa1491.
46. Victor Corman et al., "Diagnostic Detection of Wuhan Coronavirus 2019 by Real-Time RT-PCR, January 13, 2020," WHO.int. January 13, 2020 (PDF), https://www.who.int/docs/default-source/coronaviruse/wuhan-virus-assay-v1991527e5122341d99287a1b17c111902.pdf; Victor M. Corman et al., "Detection of 2019 Novel Coronavirus (2019-nCoV) by Real-Time RT-PCR," *Eurosurveillance* 25, no. 3 (2020): pii 2000045, https://www.doi.org/10.2807/1560-7917.ES.2020.25.3.2000045.
47. Centers for Disease Control and Prevention, "CDC 2019 Novel Coronavirus RT-PCR Diagnostic Panel," July 13, 2020 (PDF), https://www.fda.gov/media/134922/download.
48. Stacey Lennox, "PREDICTION: Joe Biden Would Manage COVID-19 in One of Two Ways—Both Should Infuriate You," PJ Media, October 27, 2020, https://pjmedia.com/columns/stacey-lennox/2020/10/27/prediction-joe-biden-would-manage-covid-19-in-one-of-two-ways-both-should-infuriate-you-n1092407; "COVID-19: Do We Have a Coronavirus Pandemic, or a PCR Test Pandemic?," Association of American Physicians and Surgeons, October 7, 2020, https://aapsonline.org/covid-19-do-we-have-a-coronavirus-pandemic-or-a-pcr-test-pandemic/.
49. Rappoport, "Smoking Gun."
50. Bernard La Scola et al., "Viral RNA Load as Determined by Cell Culture as a Management Tool for Discharge of SARS-CoV-2 Patients from Infectious Disease Wards," *European Journal of Clinical Microbiology & Infectious Diseases* 39 (2020): 1059–61, https://doi.org/10.1007/s10096-020-03913-9.
51. T. Jefferson et al., "Viral Cultures for COVID-19 Infectious Potential Assessment—A Systematic Review," *Clinical Infectious Diseases* ciaa 1764, December 3, 2020, https://doi.org/10.1093/cid/ciaa1764.
52. "Every Scary Thing You're Being Told, Depends on the Unreliable PCR Test," YouTube, December 27, 2020 (video), https://www.youtube.com/watch?app=desktop&v=6ny9nNFHQsY&feature=youtu.be.

53. Florida Health, "Mandatory Reporting of COVID-19 Laboratory Test Results: Reporting of Cycle Threshold Values," December 3, 2020, https://www.flhealthsource.gov/files/Laboratory-Reporting-CT-Values-12032020.pdf.
54. Tyler Durden, "For the First Time, a US State Will Require Disclosure of PCR 'Cycle Threshold' Data in COVID Tests," ZeroHedge, December 7, 2020, https://www.zerohedge.com/medical/first-time-us-state-will-require-disclosure-pcr-test-cycle-data.
55. Pieter Borger et al., "External Peer Review of the RTPCR Test to Detect SARS-CoV-2 Reveals 10 Major Scientific Flaws at the Molecular and Methodological Level: Consequences for False Positive Results," Corman-Drosten Review Report, November 27, 2020, https://cormandrostenreview.com/report.
56. Dr. Wolfgang Wodarg and Dr. Michael Yeadon, "Petition/Motion for Administrative/Regulatory Action Regarding Confirmation of Efficacy End Points and Use of Data Connection with the Following Clinical Trial(s)," Corona Transition, December 1, 2020, https://corona-transition.org/IMG/pdf/wodarg_yeadon_ema_petition_pfizer_trial_final_01dec2020_signed_with_exhibits_geschwa_rzt.pdf.
57. Borger et al., "External Peer Review of the RTPCR Test."
58. Corman et al., "Detection of 2019 Novel Coronavirus (2019-nCoV) by Real-Time RT-PCR."
59. Acu2020.org, "A20 Chief Inspector Michael Fritsch in the Extra-Parliamentary Corona Committee of Inquiry (English Version)," accessed January 20, 2021, https://acu2020.org/english-versions/; Dr. Reiner Fuellmich, "German Corona Investigative Committee," *Algora* (blog), October 4, 2020, https://www.algora.com/Algora_blog/2020/10/04/german-corona-investigative-committee.
60. Celia Farber, "Ten Fatal Errors: Scientists Attack Paper That Established Global PCR Driven Lockdown," *UncoverDC*, December 3, 2020, https://uncoverdc.com/2020/12/03/ten-fatal-errors-scientists-attack-paper-that-established-global-pcr-driven-lockdown/.
61. Borger et al., "External Peer Review of the RTPCR Test."
62. Shiyi Cao et al., "Post-Lockdown SARS-CoV-2 Nucleic Acid Screening."
63. "Attorney Dr. Reiner Fuellmich: The Corona Fraud Scandal Must Be Criminally Prosecuted."
64. "CDC 2019-Novel Coronavirus (2019-nCoV) Real-Time RT-PCR Diagnostic Panel," US Food and Drug Administration, revised and updated December 1, 2020, https://www.fda.gov/media/134922/download.
65. "Open Letter from Medical Doctors and Health Professionals to All Belgian Authorities and All Belgian Media," Docs 4 Open Debate, September 5, 2020, https://docs4opendebate.be/en/open-letter.
66. "WHO Information Notice for IVD Users 2020/05," World Health Organization, January 20, 2021, https://www.who.int/news/item/20-01-2021-who-information-notice-for-ivd-users-2020-05.
67. Jamey Keaten, "Biden's US Revives Support for WHO, Reversing Trump Retreat," *AP NEWS*, January 21, 2021, https://apnews.com/article/us-who-support-006ed181e016afa55d4cea30af236227.
68. "WHO Information Notice for IVD Users." World Health Organization, December 14, 2020, https://web.archive.org/web/20201222013649/https:/www.who.int/news/item/14-12-2020-who-information-notice-for-ivd-users.
69. "WHO Information Notice for IVD Users 2020/05."

70. Meryl Nass, MD, "Shameless Manipulation: Positive PCR Tests Drop after WHO Instructs Vendors to Lower Cycle Thresholds: We Have Been Played Like a Fiddle," *Anthrax Posts* (blog), February 12, 2021, https://anthraxvaccine.blogspot.com/2021/02/positivity-of-pcr-tests-drops-as.html.
71. "US Currently Hospitalized," The COVID Tracking Project, https://covidtracking.com/data/charts/us-currently-hospitalized.
72. Nass, "Shameless Manipulation."
73. "Lord Sumption on the National 'Hysteria' Over Coronavirus," UnHerd, *The Post*, March 30, 2020, https://unherd.com/thepost/lord-sumption-on-the-national-coronavirus-hysteria.
74. Amnesty International, "Biderman's Chart of Coercion," 1994 (PDF), https://www.strath.ac.uk/media/1newwebsite/departmentsubject/socialwork/documents/eshe/Bidermanschartofcoercion.pdf; Center for the Study of Human Rights in the Americas at the University of California at Davis, "Military Training Materials," http://humanrights.ucdavis.edu/projects/the-guantanamo-testimonials-project/testimonies/testimonies-of-the-defense-department/military-training-materials.

Capítulo Seis: Cómo protegerse contra el COVID-19

1. Monique Tan, Feng J. He, and Graham A. MacGregor, "Obesity and Covid-19: The Role of the Food Industry," *BMJ* 369 (2020): m2237, https://doi.org/10.1136/bmj.m2237.
2. "Partnership for an Unhealthy Planet," Corporate Accountability, accessed December 15, 2020, https://www.corporateaccountability.org/wp-content/uploads/2020/09/Partnership-for-an-unhealthy-planet.pdf.
3. Gareth Iacobucci, "Food and Soft Drink Industry Has Too Much Influence over US Dietary Guidelines, Report Says," *BMJ* 369 (2020): m1666, https://doi.org/10.1136/bmj.m1666.
4. Sarah Steele et al., "Are Industry-Funded Charities Promoting 'Advocacy-Led Studies' or 'Evidence-Based Science'?: A Case Study of the International Life Sciences Institute," *Globalization and Health* 15, no. 36 (2019), https://doi.org/10.1186/s12992-019-0478-6.
5. "Partnership for an Unhealthy Planet."
6. Anaïs Rico-Campà et al., "Association Between Consumption of Ultra-Processed Foods and All Cause Mortality: SUN Prospective Cohort Study," *BMJ* 365 (2019), https://doi.org/10.1136/bmj.l1949.
7. "Provisional Death Counts for Coronavirus Disease 2019 (COVID-19)," Centers for Disease Control and Prevention, accessed August 26, 2020, https://www.cdc.gov/nchs/nvss/vsrr/covid_weekly/index.htm.
8. "Government Launches Obesity Strategy," BBC News, July 27, 2020, https://www.youtube.com/watch?app=desktop&v=55CrH0fGWFA&feature=youtu.be; Dr. Aseem Malhotra (@DrAseemMalhotra), tweet, "'The government and public health england are ignorant and grossly negligent for not telling the public they need to change their diet now . . . ,'" April 20, 2020, https://twitter.com/DrAseemMalhotra/status/1252253860497948674.
9. Oliver Morrison, "Coronavirus and Obesity: Doctors Take Aim at Food Industry over Poor Diets," FOODnavigator.com, last updated April 27, 2020, https://www.foodnavigator.com/Article/2020/04/22/Coronavirus-and-obesity-Doctors-take-aim-at-food-industry-over-poor-diets.
10. Morrison, "Coronavirus and Obesity."

11. Aseem Malhotra, "Covid 19 and the Elephant in the Room," *European Scientist*, April 16, 2020, https://www.europeanscientist.com/en/article-of-the-week/covid-19-and-the-elephant-in-the-room.
12. Bee Wilson, "How Ultra-Processed Food Took over Your Shopping Basket," *Guardian*, February 12, 2020, https://www.theguardian.com/food/2020/feb/13/how-ultra-processed-food-took-over-your-shopping-basket-brazil-carlos-monteiro.
13. "Interactive Web Tool Maps Food Deserts, Provides Key Data," US Department of Agriculture blog, February 21, 2017, https://www.usda.gov/media/blog/2011/05/03/interactive-web-tool-maps-food-deserts-provides-key-data.
14. Bara El-Kurdi et al., "Mortality from Coronavirus Disease 2019 Increases with Unsaturated Fat and May Be Reduced by Early Calcium and Albumin Supplementation," *Gastroenterology* 159, no. 3 (2020): 1015–18.e4, https://www.doi.org/10.1053/j.gastro.2020.05.057.
15. Andrea Di Francesco et al., "A Time to Fast," *Science* 362, no. 6416 (November 16, 2018): 770–75, https://doi.org/10.1126/science.aau2095.
16. Amy T. Hutchison et al., "Time-Restricted Feeding Improves Glucose Tolerance in Men at Risk for Type 2 Diabetes: A Randomized Crossover Trial," *Obesity*, April 19, 2019, https://doi.org/10.1002/oby.22449.
17. "How to Boost Your Immune System," Harvard Health Publishing, Harvard Medical School, last updated April 6, 2020, https://www.health.harvard.edu/staying-healthy/how-to-boost-your-immune-system; Ruth Sander, "Exercise Boosts Immune Response," *Nursing Older People* 24, no. 6 (June 29, 2012): 11, https://doi.org/10.7748/nop.24.6.11.s11.
18. Josh Barney, "Exercise May Protect Against Deadly Covid-19 Complication, Research Suggests," *UVA Today*, April 15, 2020, https://news.virginia.edu/content/exercise-may-protect-against-deadly-covid-19-complication-research-suggests; University of Virginia Health System, "COVID-19: Exercise May Protect Against Deadly Complication," EurekAlert!, April 15, 2020, https://www.eurekalert.org/pub_releases/2020-04/uovh-cem041520.php; Zhen Yan and Hanna R. Spaulding, "Extracellular Superoxide Dismutase, A Molecular Transducer of Health Benefits of Exercise," *Redox Biology* 32 (May 2020): 101508, https://doir.org/10.1016/j.redox.2020.101508.
19. Christopher Weyh, Karsten Krüger, and Barbara Strasser, "Physical Activity and Diet Shape the Immune System During Aging," *Nutrients* 12, no. 3 (2020): 622, https://doi.org/10.3390/nu12030622.
20. "Coping with Stress," Centers for Disease Control and Prevention, updated December 11, 2020, https://cdc.gov/coronavirus/2019-ncov/daily-life-coping/managing-stress-anxiety.html.
21. S. K. Agarwal and G. D. Marshall, Jr., "Stress Effects on Immunity and Its Application to Clinical Immunology," *Clinical and Experimental Allergy* 31 (2001): 25–31, https://media.gradebuddy.com/documents/1589333/fcfea000-0fb6-4dde-b786-dda6725fd20c.pdf.
22. Jennifer N. Morey et al., "Current Directions in Stress and Human Immune Function," *Current Opinion in Psychology* 5 (October 2015): 13–17, https://doi.org/10.1016/j.copsyc.2015.03.007.
23. Tobias Esch, Gregory L. Fricchione, and George B. Stefano, "The Therapeutic Use of the Relaxation Response in Stress-Related Diseases," *Medical Science Monitor* 9, no. 2 (February 2003): RA23–34, https://pubmed.ncbi.nlm.nih.gov/12601303.
24. Bruce Barrett et al., "Meditation or Exercise for Preventing Acute Respiratory Infection: A Randomized Controlled Trial," *Annals of Family Medicine* 10, no. 4 (July 2012): 337–46, https://doi.org/10.1370/afm.1376.

25. Harvey W. Kaufman et al., "SARS-CoV-2 Positivity Rates Associated with Circulating 25-Hydroxyvitamin D Levels," *PLoS One* 15 (September 17, 2020): e0239252, https://doi .org/10.1371/journal.pone.0239252.
26. Carlos H. Orces, "Vitamin D Status Among Older Adults Residing in the Littoral and Andes Mountains in Ecuador," *Scientific World Journal* (2015): 545297, https://doi.org /10.1155/2015/545297.
27. "dminder," dminder.ontometrics.com, https://dminder.ontometrics.com.
28. "Are Both Supplemental Magnesium and Vitamin K_2 Combined Important for Vitamin D Levels?," GrassrootsHealth Nutrient Research Institute, accessed December 18, 2020, https://www.grassrootshealth.net/blog/supplemental-magnesium-vitamin-k2-combined -important-vitamin-d-levels/.
29. "Are Both Supplemental Magnesium and Vitamin K_2 Combined Important for Vitamin D Levels?"
30. Alexey V. Polonikov, "Endogenous Deficiency of Glutathione as the Most Likely Cause of Serious Manifestations and Death in Patients with the Novel Coronavirus Infection (COVID-19): A Hypothesis Based on Literature Data and Own Observations," preprint, https://www.researchgate.net/publication/340917045_Endogenous_deficiency_of_glutathione _as_the_most_likely_cause_of_serious_manifestations_and_death_in_patients_with_the _novel_coronavirus_infection_COVID-19_a_hypothesis_based_on_literature_data_and_o.
31. Dr. Joseph Debé, "NAC Is Being Studied in COVID-19. Should You Take It?" *Nutritious Bytes* (blog), April 3, 2020, https://www.drdebe.com/blog/2020/4/2/0txsap858db2lx816b 21fultjorb4x; S. De Flora, C. Grassi, and L. Carati, "Attenuation of Influenza-Like Symptomatology and Improvement of Cell-Mediated Immunity with Long-Term N-acetylcysteine Treatment," *European Respiratory Journal* 10 (1997): 1535–41, https://erj .ersjournals.com/content/10/7/1535.long.
32. De Flora, Grassi, and Carati, "Attenuation of Influenza-Like Symptomatology and Improvement of Cell-Mediated Immunity."
33. Vittorio Demicheli et al., "Vaccines for Preventing Influenza in Healthy Adults," *Cochrane Database of Systematic Reviews*, March 13, 2014, updated February 1, 2018, https://doi .org/10.1002/14651858.CD001269.pub5.
34. Adrian R. Martineau et al., "Vitamin D Supplementation to Prevent Acute Respiratory Tract Infections: Systematic Review and Meta-Analysis of Individual Participant Data," *BMJ* 256 (2017): i6583, https://doi.org/10.1136/bmj.i6583.
35. Alexey Polonikov, "Endogenous Deficiency of Glutathione as the Most Likely Cause of Serious Manifestations and Death in COVID-19 Patients," ACS Infectious Diseases 6, no. 7 (2020): 1558–62, https://doi.org/10.1021/acsinfecdis.0c00288.
36. Bin Wang, Tak Yee Aw, and Karen Y. Stokes, "N-acetylcysteine Attenuates Systemic Platelet Activation and Cerebral Vessel Thrombosis in Diabetes," *Redox Biology* 14 (2018): 218–28., https://doi.org/10.1016/j.redox.2017.09.005.
37. Sara Martinez de Lizarrondo, et al., "Potent Thrombolytic Effect of N-Acetylcysteine on Arterial Thrombi," *Circulation* 136, no. 7 (2017): 646-60, https://doi.org/10.1161/ CIRCULATIONAHA.117.027290.
38. Francis L. Poe and Joshua Corn, "N-Acetylcysteine: A Potential Therapeutic Agent for SARS-CoV-2," *Medical Hypotheses* 143 (2020): 109862, https://doi.org/10.1016/j.mehy .2020.109862.

39. "ClinicalTrials.gov," U.S. National Library of Medicine, accessed February 8, 2021, https://clinicaltrials.gov/ct2/results?recrs=&cond=COVID-19&term=NAC&cntry=&state=&city=&dist=.
40. G. A. Eby, D. R. Davis, and W. W. Halcomb, "Reduction in Duration of Common Colds by Zinc Gluconate Lozenges in a Double-Blind Study," *Antimicrobial Agents and Chemotherapy* 25, no. 1 (1984): 20–24, https://doi.org/10.1128/aac.25.1.20.
41. Harri Hemilä, "Zinc Lozenges and the Common Cold: A Meta-Analysis Comparing Zinc Acetate and Zinc Gluconate, and the Role of Zinc Dosage," *JRSM Open* 8, no. 5 (May 2017): 2054270417694291, https://dx.doi.org/10.1177%2F2054270417694291.
42. Zafer Kurugöl, "The Prophylactic and Therapeutic Effectiveness of Zinc Sulphate on Common Cold in Children," *Acta Paediatrica* 95, no. 10 (November 2006): 1175–81, https://doi.org/10.1080/08035250600603024.
43. Dinesh Jothimani et al., "COVID-19: Poor Outcomes in Patients with Zinc Deficiency," *International Journal of Infectious Disease* 100 (November 2020): 343–49, https://dx.doi.org/10.1016%2Fj.ijid.2020.09.014.
44. Artwaan J. W. te Velthuis et al., "Zn^{2+} Inhibits Coronavirus and Arterivirus RNA Polymerase Activity *in Vitro* and Zinc Ionophores Block the Replication of These Viruses in Cell Culture," *PLoS Pathogens* 6 (November 4, 2010): e1001176, https:/doi.org/10.1371/journal.ppat.1001176.
45. "Zinc Fact Sheet for Health Professionals," US Department of Health and Human Services, National Institutes of Health, updated July 15, 2020, https://ods.od.nih.gov/factsheets/Zinc-HealthProfessional.
46. Venkataramanujan Srinivasan, PhD, et al., "Melatonin in Septic Shock—Some Recent Concepts," *Journal of Critical Care* 25 (2010): 656.e1–656.e6, https://www.researchgate.net/publication/261798535_melatonin_and_septic_shock_-_some_recent_concepts.
47. Grazyna Swiderska-Kołacz, Jolanta Klusek, and Adam Kołataj, "The Effect of Melatonin on Glutathione and Glutathione Transferase and Glutathione Peroxidase Activities in the Mouse Liver and Kidney In Vivo," *Neuro Endocrinology Letters* 27, no. 3 (June 2006): 365-8, https://pubmed.ncbi.nlm.nih.gov/16816830.
48. Dun-Xian Tan et al., "Melatonin: A Hormone, a Tissue Factor, an Autocoid, a Paracoid, and an Antioxidant Vitamin," *Journal of Pineal Research* 34, no. 1 (December 17, 2002), https://doi.org/10.1034/j.1600-079X.2003.02111.x.
49. Feres José Mocayar Marón et al., "Daily and Seasonal Mitochondrial Protection: Unraveling Common Possible Mechanisms Involving Vitamin D and Melatonin," *Journal of Steroid Biochemistry and Molecular Biology* 199 (May 2020): 105595, https://doi.org/10.1016/j.jsbmb.2020.105595.
50. Dario Acuna-Castroviejo et al., "Melatonin Role in the Mitochondrial Function," *Frontiers in Bioscience* 12 (January 1, 2007): 947–63, https://doi.org/10.2741/2116.
51. Sylvie Tordjman et al., "Melatonin: Pharmacology, Functions and Therapeutic Benefits," *Current Neuropharmacology* 15, no. 3 (April 2017): 434–43, https://doi.org/10.2174/1570159X14666161228122115.
52. Antonio Carrillo-Vico et al., "Melatonin: Buffering the Immune System," *International Journal of Molecular Sciences* 14, no. 4 (April 2013): 8638–83, https://doi.org/10.3390/ijms14048638.
53. Y. Yadi Zhou et al., "A Network Medicine Approach to Investigation and Population-Based Validation of Disease Manifestations and Drug Repurposing for COVID-19," *PLoS Biology* 18, no. 11 (November 6, 2020): e3000970, https://doi.org/10.1371/journal.pbio.3000970.

54. Alpha A Fowler, III, et al., "Effect of Vitamin C Infusion on Organ Failure and Biomarkers of Inflammation and Vascular Injury in Patients with Sepsis and Severe Acute Respiratory Failure: The CITRIS-ALI Randomized Clinical Trial," *JAMA* 322, no. 13 (2019): 1261–70, https://doi.org/10.1001/jama.2019.11825.
55. Ruben Manuel Luciano Colunga Biancatelli et al., "Quercetin and Vitamin: An Experimental, Synergistic Therapy for the Prevention and Treatment of SARS-CoV-2 Related Disease (COVID-19)," *Frontiers in Immunology*, June 19, 2020, https://doi.org/10.3389/fimmu.2020.01451.
56. Patrick Holford et al., "Vitamin C—an Adjunctive Therapy for Respiratory Infection, Sepsis, and COVID-19," *Nutrients* 12, no. 12 (December 7, 2020): 3760, https://www.mdpi.com/2072-6643/12/12/3760/htm.
57. Holford et al., "Vitamin C—an Adjunctive Therapy."
58. Front Line COVID-19 Critical Care Alliance, January 14, 2020, https://covid19criticalcare.com.
59. Paul Marik, MD, "EVMS Critical Care COVID-19 Management Protocol," Eastern Virginia Medical School, August 1, 2020, https://www.evms.edu/media/evms_public/departments/internal_medicine/EVMS_Critical_Care_COVID-19_Protocol.pdf.
60. US National Library of Medicine, "Glucose-6-Phosphate Dehydrogenase Deficiency," MedlinePlus, accessed January 20, 2021, https://ghr.nlm.nih.gov/condition/glucose-6-phosphate-dehydrogenase-deficiency.
61. S. F. Yanuck et al., "Evidence Supporting a Phased Immuno-Physiological Approach to COVID-19 from Prevention Through Recovery," *Integrative Medicine* 19, no. S1 (2020) [Epub ahead of print] (PDF), https://athmjournal.com/covid19/wp-content/uploads/sites/4/2020/05/imcj-19-08.pdf.
62. Ling Yi et al., "Small Molecules Blocking the Entry of Severe Acute Respiratory Syndrome Coronavirus into Host Cells," *Journal of Virology* 78, no. 20 (September 2004): 11334–39, https://doi.org/10.1128/JVI.78.20.11334-11339.2004; Lili Chen et al., "Binding Interaction of Quercetin-3-beta-galactoside and Its Synthetic Derivatives with SARS-CoV 3CL(pro): Structure-Activity Relationship Studies Reveal Salient Pharmacophore Features," *Bioorganic & Medicinal Chemistry* 14, no. 24 (2006): 8295–306, https://doi.org/10.1016/j.bmc.2006.09.014; Nick Taylor-Vaisey, "A Made-in-Canada Solution to the Coronavirus Outbreak," *Maclean's*, February 24, 2020, https://www.macleans.ca/news/canada/a-made-in-canada-solution-to-the-coronavirus-outbreak/.
63. Micholas Smith and Jeremy C. Smith, "Repurposing Therapeutics for COVID-19: Supercomputer-Based Docking to the SARS-CoV-2 Viral Spike Protein and Viral Spike Protein-Human ACE2 Interface," ChemRxiv preprint, November 3, 2020, https://doi.org/10.26434/chemrxiv.11871402.v4; "Quercetin—a Treatment for Coronavirus?" Greenstarsproject.org, March 27, 2020, https://greenstarsproject.org/2020/03/27/quercetin-a-treatment-for-coronavirus/.
64. Yao Li et al., "Quercetin, Inflammation and Immunity," *Nutrients* 8, no. 3 (March 15, 2016): 167, https://doi.org/10.3390/nu8030167.
65. Yao Li et al., "Quercetin, Inflammation and Immunity."
66. Husam Dabbagh-Bazarbachi et al., "Zinc Ionophone Activity of Quercetin and Epigallocatechin-Gallate: From Heba 1-6 Cells to a Liposome Model," *Journal of Agricultural and Food Chemistry* 62, 32 (July 22, 2014): 8085–93, https://doi.org/10.1021/jf5014633.

67. James J. DiNicolantonio and Mark F. McCarty, "Targeting Casein Kinase 2 with Quercetin or Enzymatically Modified Isoquercitrin as a Strategy for Boosting the Type 1 Interferon Response to Viruses and Promoting Cardiovascular Health," *Medical Hypotheses* 142 (2020): 109800, https://doi.org/10.1016/j.mehy.2020.109800.
68. DiNicolantonio and McCarty, "Targeting Casein Kinase 2 with Quercetin or Enzymatically Modified Isoquercitrin."
69. József Tözser and Szilvia Benkö, "Natural Compounds as Regulators of NLRP3 Inflammasome-Mediated IL-1β Production," *Mediators of Inflammation* 2016 (2016): 5460302, https://doi.org/10.1155/2016/5460302.
70. Ling Yi et al., "Small Molecules Blocking the Entry"; Thi Thanh Hanh Nguyen et al., "Flavonoid-Mediated Inhibition of SARS Coronavirus 3C-Like Protease Expressed in *Pichia pastoris*," *Biotechnology Letters* 34 (2012): 831–38, https://doi.org/10.1007/s10529-011-0845-8; Young Bae Ryu et al., "Biflavonoids from *Torreya nucifera* Displaying SARS-CoV 3CL^{pro} Inhibition," *Bioorganic & Medicinal Chemistry* 18, no. 22 (2010): 7940–47, https://doi.org/10.1016/j.bmc.2010.09.035.
71. Siti Khaerunnisa et al., "Potential Inhibitor of COVID-19 Main Protease (M^{pro}) from Several Medicinal Plant Compounds by Molecular Docking Study," *Preprints* 2020, 2020030226, Preprints.org, March 12, 2020, https://doi.org/10.20944/preprints202003.0226.v1.
72. Paul Marik, MD, "EVMS Critical Care COVID-19 Management Protocol," Eastern Virginia Medical School, August 1, 2020, https://www.evms.edu/media/evms_public/departments/internal_medicine/EVMS_Critical_Care_COVID-19_Protocol.pdf.
73. Hira Shakoor et al., "Be Well: A Potential Role for Vitamin B in COVID-19," *Maturitas* 144 (2021): 108–11, https://doi.org/10.1016/j.maturitas.2020.08.007.
74. Shakoor et al., "Be Well."
75. Dmitry Kats, PhD, MPH, "Sufficient Niacin Supply: The Missing Puzzle Piece to COVID-19, and Beyond?" OSF Preprints, December 29, 2020, https://osf.io/uec3r/.
76. Shakoor et al., "Be Well."
77. Zahra Sheybani et al., "The Rise of Folic Acid in the Management of Respiratory Disease Caused by COVID-19," ChemRxiv preprint, March 30, 2020, https://doi.org/10.26434/chemrxiv.12034980.v1.
78. Sheybani et al., "The Rise of Folic Acid in the Management."
79. Vipul Kumar and Manoj Jena, "In Silico Virtual Screening-Based Study of Nutraceuticals Predicts the Therapeutic Potentials of Folic Acid and Its Derivatives Against COVID-19," Research Square, May 26, 2020, https://doi.org/10.21203/rs.3.rs-31775/v1.
80. A. David Smith et al., "Homocysteine-Lowering by B Vitamins Slows the Rate of Accelerated Brain Atrophy in Mild Cognitive Impairment: A Randomized Controlled Trial," *PloS One* 5, no. 9 (September 8, 2010): e12244, https://doi.org/10.1371/journal.pone.0012244.
81. Jane E. Brody, "Vitamin B_{12} as Protection for the Aging Brain," *New York Times*, September 6, 2016, https://www.nytimes.com/2016/09/06/well/mind/vitamin-b12-as-protection-for-the-aging-brain.html.
82. Shakoor et al., "Be Well."
83. Mark F. McCarty and James J DiNicolantonio, "Nutraceuticals Have Potential for Boosting the Type 1 Interferon Response to RNA Viruses Including Influenza and Coronavirus," *Progress in Cardiovascular Diseases* 63, no. 3 (2020): 383–85, https://doi.org/1016/j.pcad.2020.02.007.

84. Lionel B. Ivashkiv and Laura T. Donlin, "Regulation of Type I Interferon Responses," *Nature Reviews Immunology* 14, no. 1 (2014): 36–49, https://doi.org/10.1038/nri3581.
85. Anna T. Palamara, "Inhibition of Influenza A Virus Replication by Resveratrol," *Journal of Infectious Diseases* 191, no. 10 (May 15, 2005): 1719–29, https://academic.oup.com/jid/article/191/10/1719/790275.
86. Kai Zhao et al., "Perceiving Nasal Patency Through Mucosal Cooling Rather than Air Temperature or Nasal Resistance," *PLoS One* 6, no. 10 (2011): e24618, https://doi.org/10.1371/journal.pone.0024618.
87. A. V. Arundel et al., "Indirect Health Effects of Relative Humidity in Indoor Environments," *Environmental Health Perspectives* 65 (March 1986): 351–61, https://dx.doi.org/10.1289%2Fehp.8665351.
88. Gordon Lauc et al., "Fighting COVID-19 with Water," *Journal of Global Health* 10, no. 1 (June 2020), http://jogh.org/documents/issue202001/jogh-10-010344.pdf.
89. Eriko Kudo et al., "Low Ambient Humidity Impairs Barrier Function and Innate Resistance Against Influenza Infection," *PNAS* 116, no. 22 (May 28, 2019): 10905–10, https://doi.org/10.1073/pnas.1902840116.
90. J. M. Reiman et al., "Humidity as a Non-Pharmaceutical Intervention for Influenza A," *PLoS One* 13, no. 9 (September 25, 201): e0204337, https://doi.org/10.1371/journal.pone.0204337.

Capítulo Siete: El fracaso de la industria farmacéutica ante la crisis del COVID-19

1. Patricia J. García, "Corruption in Global Health: The Open Secret," *Lancet* 394, no. 10214 (December 7, 2019): 2119–24, https://doi.org/10.1016/S0140-6736(19)32527-9.
2. García, "Corruption in Global Health."
3. Ron Law, "Rapid Response: WHO Changed Definition of Influenza Pandemic," *BMJ* 2010, no. 340 (June 6, 2010): c2912, https://www.bmj.com/rapid-response/2011/11/02/who-changed-definition-influenza-pandemic; World Health Organization. "Epidemic and Pandemic Alert and Response," Wayback Machine, archived May 11, 2009 (PDF), http://whale.to/vaccine/WHO1.pdf.
4. World Health Organization, "Pandemic Preparedness," Wayback Machine, archived September 2, 2009 (PDF), http://whale.to/vaccine/WHO2.pdf.
5. Merritt, "SARS-CoV2 and the Rise of Medical Technocracy"; D. G. Rancourt, "All-Cause Mortality During COVID-19: No Plague and a Likely Signature of Mass Homicide by Government Response," *Technical Report*, June 2020, https://www.doi.org/10.13140/RG.2.24350.77125; Yanni Gu, "A Closer Look at US Deaths Due to COVID-19," *Johns Hopkins News-Letter* web archive, November 22, 2020, https://web.archive.org/web/20201126163323/https:/www.jhunewsletter.com/article/2020/11/a-closer-look-at-u-s-deaths-due-to-covid-19.
6. Lisa M. Krieger, "Stanford Researcher Says Coronavirus Isn't as Fatal as We Thought; Critics Say He's Missing the Point," *Mercury News*, May 20, 2020 (archived), https://archive.is/IWWCC; Justin Blackburn, PhD, et al., "Infection Fatality Ratios for COVID-19 Among Noninstitutionalized Persons 12 and Older: Results of a Random-Sample Prevalence Study," *Annals of Internal Medicine*, 2020, https://www.acpjournals.org/doi/10.7326/M20-5352; Edwin Mora, "Doctor to Senators: Coronavirus Fatality Rate 10 to 40x Lower than Estimates That Led to Lockdowns," *Breitbart*, May 7, 2020, https://www.breitbart.com/politics/2020/05/07/doctor-to-senators-coronavirus-fatality-rate-10-to-40x-lower-than-estimates-that-led-to-lockdowns/; Scott W. Atlas, MD, "How to Re-Open Society Using Evidence, Medical Science, and Logic,"

US Senate testimony, May 6, 2020 (PDF), https://www.hsgac.senate.gov/imo/media/doc /Testimony-Atlas-2020-05-06.pdf; John P. A. Ioannidis, MD, DSc., US Senate testimony, May 6, 2020, https://www.hsgac.senate.gov/imo/media/doc/Testimony-Ioannidis-2020-05-06.pdf.

7. John P. A. Ioannidis, Cathrine Axfors, and Despina G. Contopoulos-Ioannidis, "Population-Level COVID-19 Mortality Risk for Non-Elderly Individuals Overall and for Non-Elderly Individuals Without Underlying Diseases in Pandemic Epicenters," medRxiv preprint, May 5, 2020, https://doi.org/10.1101/2020.04.05.20054361; John P. A. Ioannidis, Cathrine Axfors, and Despina G. Contopoulos-Ioannidis, "Population-Level COVID-19 Mortality Risk for Non-Elderly Individuals Overall and for Non-Elderly Individuals Without Underlying Diseases in Pandemic Epicenters," *Environmental Research* 188 (September 2020): 109890, https://doi.org/10.1016/j.envres.2020.109890.
8. Jeffrey A. Tucker, "WHO Deletes Naturally Acquired Immunity from Its Website," American Institute for Economic Research, December 23, 2020, https://www.aier.org/article/who -deletes-naturally-acquired-immunity-from-its-website/.
9. Tucker, "WHO Deletes Naturally Acquired Immunity from Its Website."
10. Carolyn Dean, *Death by Modern Medicine* (Matrix Verde Media, 2005).
11. Barbara Starfield, "Is US Health Really the Best in the World?," *JAMA* 284 no. 4. (July 26, 2000): 483–85, https://doi.org/10.1001/jama.284.4.483.
12. Martin A. Makary, MA, and Michael Daniel. "Medical Error—The Third Leading Cause of Death in the US," *BMJ* 353 (May 3, 2016): i2139, https://doi.org/10.1136/bmj.i2139.
13. John C. Peters et al., "The Effects of Water and Non-Nutritive Sweetened Beverages on Weight Loss During a 12-Week Weight Loss Treatment Program," *Obesity* 22, no. 6 (June 2014): 1415–21, https://doi.org/10.1002/oby.20737; William Hudson, "Diet Soda Helps Weight Loss, Industry-Funded Study Finds," CNN, May 27, 2014, https://www.cnn.com /2014/05/27/health/diet-soda-weight-loss/index.html.
14. Centers for Disease Control and Prevention, "Disclosure," CDC.gov, accessed January 22, 2021, https://www.cdc.gov/mmwr/cme/serial_conted.html.
15. "US Right to Know Petition to the CDC," November 5, 2019 (PDF): 3, https://usrtk.org /wp-content/uploads/2019/11/Petition-to-CDC-re-Disclaimers.pdf.
16. "US Right to Know Petition to the CDC"; Gary Ruskin, "Groups to CDC: Stop Falsely Claiming Not to Accept Corporate Money," US Right to Know, November 5, 2019, https://usrtk .org/news-releases/groups-to-cdc-stop-falsely-claiming-not-to-accept-corporate-money/.
17. Chelsea Bard and Lindsey Mills, "Maine Ballot Re-Sparks Vaccination Exemptions Debate," News Center Maine, February 4, 2020, https://www.newscentermaine.com/article /news/politics/maine-ballot-re-sparks-vaccination-exemptions-debate/97-4d9dcc72-2d0d -4575-9c26-da3a685b6d51.
18. Andrew Ward, "Vaccines Are Among Big Pharma's Best Selling Products," *Financial Times*, April 24, 2016, https://www.ft.com/content/93374f4a-e538-11e5-a09b-1f8b0d268c39.
19. Markets and Markets, "Vaccines Market by Technology (Live, Toxoid, Recombinant), Disease (Pneumococcal, Influenza, DTP, Rotavirus, TT, Polio, MMR, Varicella, Dengue, TB, Shingles, Rabies), Route (IM, SC, ID, Oral), Patient (Pediatric, Adult), Type—Global Forecast to 2024," accessed January 22, 2021, https://www.marketsandmarkets.com/Market -Reports/vaccine-technologies-market-1155.html..
20. Bret Stephens, "The Story of Remdesivir," *New York Times*, April 17, 2020, https://www .nytimes.com/2020/04/17/opinion/remdesivir-coronavirus.html.

21. Stephens, "The Story of Remdesivir."
22. Sydney Lupkin, "Remdesivir Priced at More than $3,100 for a Course of Treatment," NPR, June 29, 2020, https://www.npr.org/sections/health-shots/2020/06/29/884648842/remdesivir-priced-at-more-than-3-100-for-a-course-of-treatment.
23. Elizabeth Woodworth, "Remdesivir for Covid-19: $1.6 Billion for a 'Modestly Beneficial' Drug?," *Global Research*, August 27, 2020, https://www.globalresearch.ca/remdesivir-covid-19-1-6-billion-modestly-beneficial-drug/5717690.
24. Alexa Lorenzo et al., "Florida Seeing 'Explosion' in COVID-19 Cases Among Younger Residents, but Patients Less Sick," WFTV 9, updated June 23, 2020, https://www.wftv.com/news/florida/watch-gov-desantis-speak-orlando-hospital-about-covid-19-1230-pm/UCJ3VAS7ZJDNJKR6KHWZXLCH3E/.
25. John H. Beigel et al., "Remdesivir for the Treatment of Covid-19—Final Report," *New England Journal of Medicine*, 383 (November 5, 2020): 1813–26, https://doi.org/10.1056/NEJMoa2007764.
26. National Institute of Allergy and Infectious Diseases (NIAID), "Adaptive COVID-19 Treatment Trial (ACTT)," ClinicalTrials.gov, first posted February 21, 2020, last update December 9, 2020, https://clinicaltrials.gov/ct2/show/NCT04280705.
27. FDA News Release, "Coronavirus (COVID-19) Update: FDA Issues Emergency Use Authorization for Potential COVID-19 Treatment," FDA.gov, May 1, 2020, https://www.fda.gov/news-events/press-announcements/coronavirus-covid-19-update-fda-issues-emergency-use-authorization-potential-covid-19-treatment.
28. Yeming Wang et al., "Remdesivir in Adults with Severe COVID-19: A Randomised, Double-Blind, Placebo-Controlled, Multicentre Trial," *Lancet* 395 (2020): 1569–78, https://doi.org/10.1016/S0140-6736(20)31022-9.
29. Marie Dubert et al., "Case Report Study of the First Five COVID-19 Patients Treated with Remdesivir in France," *International Journal of Infectious Diseases* 98 (2020): 290–93, https://doi.org/10.1016/j.ijid.2020.06.093.
30. Yeming Wang et al., "Remdesivir in Adults with Severe COVID-19."
31. US Food and Drug Administration, "Coronavirus Disease 2019 (COVID-19) Resources for Health Professionals," FDA.gov, November 16, 2020, accessed January 22, 2021, https://www.fda.gov/health-professionals/coronavirus-disease-2019-covid-19-resources-health-professionals#testing.
32. FLCCC Alliance, "MATH+ Hospital Treatment Protocol for Covid-19," July 14, 2020, https://covid19criticalcare.com/wp-content/uploads/2020/04/MATHTreatmentProtocol.pdf.
33. Leon Caly et al., "The FDA-Approved Drug Ivermectin Inhibits the Replication of SARS-CoV-2 *in Vitro*," *Antiviral Research* 178 (June 2020): 104787, https://doi.org/10.1016/j.antiviral.2020.104787.
34. FLCCC Alliance, "I-MASK+ Protocol—Downloads and Translations," accessed January 22, 2021, https://covid19criticalcare.com/i-mask-prophylaxis-treatment-protocol/i-mask-protocol-translations/.
35. FLCCC Alliance, "MATH+ Hospital Protocol—Downloads and Translations," accessed January 22, 2021, https://covid19criticalcare.com/math-hospital-treatment/pdf-translations/.
36. Richardson et al., "Presenting Characteristics, Comorbidities, and Outcomes Among 5700 Patients."

37. Joyce Kamen, "The MATH+ Protocol Will Likely Have the Most Dramatic Impact on Survival of Critically Ill Covid19 Patients Worldwide," Medium.com, June 16, 2020, https://joyce-kamen.medium.com/the-math-protocol-will-have-the-most-dramatic-impact-on-survival-of-critically-ill-covid19-35689f7ce16f.
38. FLCCC Alliance, "Front Line COVID-19 Critical Care Alliance," December 8, 2020, https://covid19criticalcare.com/.
39. Swiss Policy Research, "Covid-19: WHO-Sponsored Preliminary Review Indicates Ivermectin Effectiveness," December 31, 2020, https://swprs.org/who-preliminary-review-confirms-Ivermectin-effectiveness/.
40. FLCCC Alliance, "One Page Summary of the Clinical Trials Evidence for Ivermectin in COVID-19," as of January 11, 2021 (PDF), https://covid19criticalcare.com/wp-content/uploads/2020/12/One-Page-Summary-of-the-Clinical-Trials-Evidence-for-Ivermectin-in-COVID-19.pdf.
41. "Ivermectin Meta-Analysis by Dr. Andrew Hill," YouTube, December 27, 2020 (video), https://www.youtube.com/watch?v=yOAh7GtvcOs&feature=emb_logo.
42. US FDA, "FAQ: COVID-19 and Ivermectin Intended for Animals," December 16, 2020, https://www.fda.gov/animal-veterinary/product-safety-information/faq-covid-19-and-ivermectin-intended-animals.
43. FLCCC Alliance, "One Page Summary of the Clinical Trials Evidence for Ivermectin."
44. FLCCC Alliance, "FLCCC Alliance Invited to the National Institutes of Health (NIH) COVID-19 Treatment Guidelines Panel to Present Latest Data on Ivermectin," January 7, 2020 (PDF), https://covid19criticalcare.com/wp-content/uploads/2021/01/FLCCC-PressRelease-NIH-C19-Panel-FollowUp-Jan7-2021.pdf.
45. FLCCC Alliance, "NIH Revises Treatment Guidelines for Ivermectin for the Treatment of COVID-19," January 15, 2021 (PDF), https://covid19criticalcare.com/wp-content/uploads/2021/01/FLCCC-PressRelease-NIH-Ivermectin-in-C19-Recommendation-Change-Jan15.2021-final.pdf.
46. FLCCC Alliance, "NIH Revises Treatment Guidelines for Ivermectin."
47. Matthieu Million et al., "Early Treatment of COVID-19 Patients with Hydroxychloroquine and Azithromycin: A Retrospective Analysis of 1061 Cases in Marseille, France," *Travel Medicine and Infectious Disease* 35 (2020): 101738, https://doi.org/10.1016/j.tmaid.2020.101738; Scott Sayare, "He Was a Science Star. Then He Promoted a Questionable Cure for Covid-19," *New York Times Magazine*, May 12, 2020, https://www.nytimes.com/2020/05/12/magazine/didier-raoult-hydroxychloroquine.html.
48. Phulen Sarma et al., "Virological and Clinical Cure in COVID-19 Patients Treated with Hydroxychloroquine: A Systematic Review and Meta-Analysis," *Journal of Medical Virology* 92, no. 7 (2020): 776–85, https://doi.org/10.1002/jmv.25898.
49. Robert F. Service, "Would-Be Coronavirus Drugs Are Cheap to Make," *Science*, April 10, 2020, https://www.sciencemag.org/news/2020/04/would-be-coronavirus-drugs-are-cheap-make.
50. "Hydroxychloroquine," GoodRx, accessed January 22, 2021, https://www.goodrx.com/hydroxychloroquine.
51. Bill Gates, "What You Need to Know About the COVID-19 Vaccine," *GatesNotes* (blog), April 30, 2020, https://www.gatesnotes.com/Health/What-you-need-to-know-about-the-COVID-19-vaccine.

52. Roland Derwand et al., "COVID-19 Outpatients: Early Risk-Stratified Treatment with Zinc Plus Low-Dose Hydroxychloroquine and Azithromycin: A Retrospective Case Series Study," *International Journal of Antimicrobial Agents* 56, no. 6 (2020): 106214, https://doi.org/10.1016/j.ijantimicag.2020.106214.
53. Harvey A. Risch, MD, PhD, "The Key to Defeating COVID-19 Already Exists. We Need to Start Using It," *Newsweek*, July 23, 2020, https://www.newsweek.com/key-defeating-covid-19-already-exists-we-need-start-using-it-opinion-1519535?amp=1&__twitter_impression=true.
54. Martin J. Vincent et al., "Chloroquine Is a Potent Inhibitor of SARS Coronavirus Infection and Spread," *Virology Journal* 2, no. 69 (August 22, 2005), https://doi.org/10.1186/1743-422X-2-69.
55. Eng Eong Ooi et al., "In Vitro Inhibition of Human Influenza A Virus Replication by Chloroquine," *Virology Journal* 3, no. 39 (May 29, 2006), https://doi.org/10.1186/1743-422X-3-39.
56. Meryl Nass, MD, "WHO 'Solidarity' and U.K. 'Recovery' Clinical Trials of Hydroxychloroquine Using Potentially Fatal Doses," *Age of Autism*, https://www.ageofautism.com/2020/06/who-solidarity-and-uk-recovery-clinical-trials-of-hydroxychloroquine-using-potentially-fatal-doses.html.
57. "Hydroxychloroquine: Drug Information," UpToDate, accessed July 6, 2020, https://www.uptodate.com/contents/hydroxychloroquine-drug-information.
58. World Health Organization, "'Solidarity' Clinical Trial for COVID-19 Treatments," accessed July 6, 2020, https://www.who.int/emergencies/diseases/novel-coronavirus-2019/global-research-on-novel-coronavirus-2019-ncov/solidarity-clinical-trial-for-covid-19-treatments.
59. "Swiss Protocol for COVID—Quercetin and Zinc," Editorials 360, August 20, 2020, https://www.editorials360.com/2020/08/20/swiss-protocol-for-covid-quercetin-and-zinc/.

Capítulo Ocho: Protocolos efectivos que prefieren mantener en secreto

1. Berkeley Lovelace, Jr., "Pfizer Says Final Data Analysis Shows Covid Vaccine Is 95% Effective, Plans to Submit to FDA in Days," CNBC, November 18, 2020, https://www.cnbc.com/2020/11/18/coronavirus-pfizer-vaccine-is-95percent-effective-plans-to-submit-to-fda-in-days.html; Courtenay Brown, "Stock Market Rises After Pfizer Coronavirus Vaccine News," Axios, November 19, 2020, https://www.axios.com/stock-market-pfizer-coronavirus-vaccine-c3c131d7-b46f-4df0-94c9-503d1dc906df.html; Joe Palca, "Pfizer Says Experimental COVID-19 Vaccine Is More than 90% Effective," NPR, November 9, 2020. https://www.npr.org/sections/health-shots/2020/11/09/933006651/pfizer-says-experimental-covid-19-vaccine-is-more-than-90-effective.
2. Joe Palca, "Moderna's COVID-19 Vaccine Shines in Clinical Trial," NPR, November 16, 2020, https://www.npr.org/sections/health-shots/2020/11/16/935239294/modernas-covid-19-vaccine-shines-in-clinical-trial.
3. Gilbert Berdine, MD, "What the Covid Vaccine Hype Fails to Mention," Mises Wire, November 24, 2020, https://mises.org/wire/what-covid-vaccine-hype-fails-mention.
4. Allen S. Cunningham, MD, November 13, 2020, comment on Elisabeth Mahase, "Covid-19: Vaccine Candidate May Be More than 90% Effective, Interim Results Indicate," *BMJ* 2020, no. 371 (2020): m4347, https://doi.org/10.1136/bmj.m4347.
5. Berdine, "What the Covid Vaccine Hype Fails to Mention."
6. Peter Doshi, "Pfizer and Moderna's 95% Effective Vaccines—Let's Be Cautious and First See the Full Data," *BMJ Opinion*, November 26, 2020, https://blogs.bmj.com/bmj/2020/11/26/peter-doshi-pfizer-and-modernas-95-effective-vaccines-lets-be-cautious-and-first-see-the-full-data/.

7. Doshi, "Pfizer and Moderna's 95% Effective Vaccines."
8. Peter Doshi, "Will Covid-19 Vaccines Save Lives? Current Trials Aren't Designed to Tell Us," *BMJ* 2020, no. 371 (October 21, 2020), https://doi.org/10.1136/bmj.m4037.
9. Doshi, "Will Covid-19 Vaccines Save Lives?"
10. Eyrun Thune, "Modified RNA Has a Direct Effect on DNA," Phys.org, January 29, 2020, https://phys.org/news/2020-01-rna-effect-dna.html.
11. Thune, "Modified RNA Has a Direct Effect on DNA."
12. Damian Garde, "Lavishly Funded Moderna Hits Safety Problems in Bold Bid to Revolutionize Medicine," Stat News, January 10, 2017, https://www.statnews.com/2017/01/10/moderna-trouble-mrna/.
13. James Odell, OMD, ND, L.Ac., "COVID-19 mRNA Vaccines," Bioregulatory Medicine Institute, December 28, 2020, https://www.biologicalmedicineinstitute.com/post/covid-19-mrna-vaccines.
14. Autoimmune Registry, "Estimates of Prevalence for Autoimmune Disease," accessed January 22, 2021, https://www.autoimmuneregistry.org/autoimmune-statistics.
15. Odell, "COVID-19 mRNA Vaccines."
16. Timothy Cardozo and Ronald Veazey, "Informed Consent Disclosure to Vaccine Trial Subjects of Risk of COVID-19 Vaccines Worsening Clinical Disease," *International Journal of Clinical Practice*, October 28, 2020, https://doi.org/10.1111/ijcp.13795.
17. Lisa A. Jackson et al., "An mRNA Vaccine Against SARS-CoV-2—Preliminary Report," *New England Journal of Medicine* 383, no. 20 (2020): 1920–31, https://doi.org/10.1056/NEJMoa2022483.
18. Robert F. Kennedy, Jr., "Catastrophe: 20% of Human Test Subjects Severely Injured from Gates-Fauci Coronavirus Vaccine by Moderna," May 20, 2020, https://fort-russ.com/2020/05/catastrophe-20-of-human-test-subjects-severely-injured-from-gates-fauci-coronavirus-vaccine-by-moderna/.
19. Doshi, "Pfizer and Moderna's 95% Effective Vaccines."
20. Norbert Pardi et al., "mRNA Vaccines—a New Era in Vaccinology," *Nature Reviews Drug Discovery* 2018, no. 17 (January 12, 2018): 261–79, https://www.nature.com/articles/nrd.2017.243.
21. Sissi Cao, "Here Are All the Side Effects of Every Top COVID-19 Vaccine in US," *Observer*, October 20, 2020, https://observer.com/2020/10/vaccine-side-effects-moderna-pfizer-johnson-astrazeneca/.
22. Haley Nelson, Facebook post, December 30, 2020, https://www.facebook.com/photo.php?fbid=10219326599539838&set=p.10219326599539838&type=3; Tara Sekikawa, Facebook post, December 27, 2020, https://www.facebook.com/photo?fbid=10218204338126951&set=a.1290324145245.
23. Karl Dunkin case, Facebook post, January 5, 2021, https://www.facebook.com/marcellaterry/posts/10225204405125047.
24. "Boston Doctor Says He Almost Had to Be INTUBATED After Suffering Severe Allergic Reaction from Moderna Covid Vaccine," RT, December 26, 2020, https://www.rt.com/usa/510775-moderna-covid-vaccine-allergic-reaction/; Children's Health Defense Team, "FDA Investigates Allergic Reactions to Pfizer COVID Vaccine After More Healthcare Workers Hospitalized," *Defender*, December 21, 2020, https://childrenshealthdefense.org/defender/fda-investigates-reactions-pfizer-covid-vaccine-healthcare-workers-hospitalized/?utm_source=salsa&eType=EmailBlastContent&eId=8c0edf71-f718-4f0d-ae2a-84905c

9c8919; Thomas Clark, MD, MPH, "Anaphylaxis Following m-RNA COVID-19 Vaccine Receipt," CDC.gov, December 19, 2020, https://www.cdc.gov/vaccines/acip/meetings/downloads/slides-2020-12/slides-12-19/05-COVID-CLARK.pdf.

25. Children's Health Defense Team, "Fauci: COVID Vaccines Appear Less Effective Against Some New Strains + More," *Defender*, January 12, 2021, https://childrenshealthdefense.org/defender/covid-19-vaccine-news/?utm_source=salsa&eType=EmailBlastContent&eId=62360bc6-a144-49b4-8b74-803793be13fc.
26. Shawn Skelton, Facebook post, January 7, 2021, https://www.facebook.com/shawn.skelton.73/posts/403541337597874; Brant Griner, Facebook post, January 10, 2021, https://www.facebook.com/brant.griner.7/posts/899042044166409; WION Web Team, "Mexican Doctor Admitted to ICU After Receiving Pfizer Covid-19 Vaccine," WioNews, January 2, 2021, https://www.wionews.com/world/mexican-doctor-admitted-to-icu-after-receiving-pfizer-covid-19-vaccine-354093.
27. Alanna Tonge-Jelley, Facebook post, January 9, 2021, https://www.facebook.com/permalink.php?story_fbid=2749373985391622&id=100009571428119.
28. Shivali Best, "Covid Vaccine: Four Pfizer Trial Participants Developed Facial Paralysis, FDA Says," *Mirror*, December 11, 2020, https://www.mirror.co.uk/science/covid-vaccine-four-pfizer-trial-23151047.
29. Sophie Bateman, "Coronavirus Vaccine Patient 'Dies Five Days After Receiving Pfizer Jab,'" *Daily Star*, December 30, 2020, https://www.dailystar.co.uk/news/world-news/breaking-coronavirus-vaccine-patient-dies-23239055; "Health Authorities on Alert After Nurse DIES Following Vaccination with Pfizer's Covid-19 Shot in Portugal," RT, January 4, 2021, https://www.rt.com/news/511524-portuguese-nurse-dies-pfizer-vaccine/; Children's Health Defense Team, "'Perfectly Healthy' Florida Doctor Dies Weeks After Getting Pfizer COVID Vaccine," *Defender*, January 7, 2021, https://childrenshealthdefense.org/defender/healthy-florida-doctor-dies-after-pfizer-covid-vaccine/; Zachary Stieber, "55 People Have Died in US After Receiving COVID-19 Vaccines: Reporting System," *Epoch Times*, January 17, 2021, https://www.theepochtimes.com/55-people-died-in-us-after-receiving-covid-19-vaccines-reporting-system_3659152.html.
30. Clark, "Anaphylaxis Following m-RNA COVID-19 Vaccine Receipt."
31. Centers for Disease Control and Prevention, "COVID-19 Vaccines and Allergic Reactions," CDC.gov, https://www.cdc.gov/coronavirus/2019-ncov/vaccines/safety/allergic-reaction.html.
32. William A. Haseltine, "Covid-19 Vaccine Protocols Reveal That Trials Are Designed to Succeed," *Forbes*, September 23, 2020, https://www.forbes.com/sites/williamhaseltine/2020/09/23/covid-19-vaccine-protocols-reveal-that-trials-are-designed-to-succeed/?sh=2212afc25247.
33. Danuta M. Skowronski et al., "Association Between the 2008–09 Seasonal Influenza Vaccine and Pandemic H1N1 Illness During Spring–Summer 2009: Four Observational Studies from Canada," *PLoS Medicine*, April 6, 2010, https://doi.org/10.1371/journal.pmed.1000258; Maryn McKenna, "New Canadian Studies Suggest Seasonal Flu Shot Increased H1N1 Risk," CIDRAP, April 6, 2010, https://www.cidrap.umn.edu/news-perspective/2010/04/new-canadian-studies-suggest-seasonal-flu-shot-increased-h1n1-risk.
34. Ed Susman, "Ferrets Keep Flu Vaccine/H1N1 Pot Boiling," *MedPage Today*, September 9, 2010, https://www.medpagetoday.org/meetingcoverage/icaac/34674?vpass=1.
35. Annie Guest, "Vaccines May Have Increased Swine Flu Risk," March 4, 2011, https://www.abc.net.au/news/2011-03-04/vaccines-may-have-increased-swine-flu-risk/1967508.

36. Centers for Disease Control and Prevention, "Human Coronavirus Types," CDC.gov, accessed January 22, 2021, https://www.cdc.gov/coronavirus/types.html.
37. Greg G. Wolff, "Influenza Vaccination and Respiratory Virus Interference Among Department of Defense Personnel During the 2017–2018 Influenza Season," *Vaccine* 38, no. 2 (January 10, 2020): 350–54, https://doi.org/10.1016/j.vaccine.2019.10.005; Michael Murray, ND, "Does the Flu Shot Increase COVID-19 Risk (YES!) and Other Interesting Questions," DoctorMurray.com, accessed January 22, 2021, https://doctormurray.com/does-the-flu-shot-increase-covid-19-risk/.
38. Wolff, "Influenza Vaccination and Respiratory Virus Interference,", results and Table 5.
39. American Lung Association, "Human Metapneumovirus (hMPV) Symptoms and Diagnosis," accessed December 20, 2021, https://www.lung.org/lung-health-diseases/lung-disease-lookup/human-metapneumovirus-hmpv/symptoms-diagnosis.
40. Dr. Joseph Mercola, "Vaccine Debate—Kennedy Jr. vs Dershowitz," Mercola.com, August 22, 2020, https://articles.mercola.com/sites/articles/archive/2020/08/22/the-great-vaccine-debate.aspx.
41. Mercola, "Vaccine Debate."
42. Health and Human Services Department, "Declaration Under the Public Readiness and Emergency Preparedness Act for Medical Countermeasures Against COVID-19," *Federal Register*, March 17, 2020, https://www.federalregister.gov/documents/2020/03/17/2020-05484/declaration-under-the-public-readiness-and-emergency-preparedness-act-for-medical-countermeasures.
43. Jon Rappoport, "Exposed: There's a New Federal Court to Handle All the Expected COVID Vaccine Injury Claims," September 22, 2020, https://www.naturalblaze.com/2020/09/exposed-theres-a-new-federal-court-to-handle-all-the-expected-covid-vaccine-injury-claims.html.
44. Rappoport, "Exposed."
45. Justin Blackburn, PhD, "Infection Fatality Ratios for COVID-19 Among Noninstitutionalized Persons 12 and Older: Results of a Random-Sample Prevalence Study," *Annals of Internal Medicine*, January 2021, https://doi.org/10.7326/M20-5352.
46. Rancourt, "All-Cause Mortality During COVID-19"; Merritt, "SARS-CoV-2 and the Rise of Medical Technocracy."
47. Shiyi Cao et al., "Post-Lockdown SARS-CoV-2 Nucleic Acid Screening."
48. Khan Academy, "Adaptive Immunity," accessed January 22, 2021, https://www.khanacademy.org/test-prep/mcat/organ-systems/the-immune-system/a/adaptive-immunity.
49. Alba Grifoni et al., "Targets of T Cell Responses to SARS-CoV-2 Coronavirus in Humans with COVID-19 Disease and Unexposed Individuals," *Cell* 181, no. 7 (2020): 1489–1501.e15, https://doi.org/10.1016/j.cell.2020.05.015; Jason Douglas, "Before Catching Coronavirus, Some People's Immune Systems Are Already Primed to Fight It," *Wall Street Journal*, June 12, 2020 (archived), archive.is/b4UZq.
50. Annika Nelde et al., "SARS-CoV-2-Derived Peptides Define Heterologous and COVID-19-Induced T Cell Recognition," *Nature Immunology* 22 (September 30, 2020): 74–85, https://www.nature.com/articles/s41590-020-00808-x.
51. Anchi Wu, "Interference Between Rhinovirus and Influenza A Virus: A Clinical Data Analysis and Experimental Infection Study," *Lancet Microbe* 1, no. 6 (September 4, 2020): e254–62, https://doi.org/10.1016/S2666-5247(20)30114-2; Brian B. Dunleavy, "Study: Common Cold May Help Prevent Flu, Perhaps COVID-19," UPI, September 4, 2020,

https://www.upi.com/Health_News/2020/09/04/Study-Common-cold-may-help-prevent-flu-perhaps-COVID-19/7341599247443/.

52. Anchi Wu, "Interference Between Rhinovirus and Influenza A Virus"; Dunleavy, "Study: Common Cold May Help Prevent Flu."
53. Nina Le Bert et al., "SARS-CoV-2-Specific T Cell Immunity in Cases of COVID-19 and SARS, and Uninfected Controls," *Nature* 584, no. 7821 (2020): 457–62, https://doi.org/10.1038/s41586-020-2550-z; Beezy Marsh, "Can a Cold Give You Coronavirus Immunity? Some Forms of Common Respiratory Illness Might Help Build Protection from Covid-19 . . . and It Could Last Up to 17 YEARS, Scientists Say," *Daily Mail*, June 11, 2020, https://www.dailymail.co.uk/news/article-8412807/Can-cold-coronavirus-immunity.html; Hannah C., "Some Forms of Common Cold May Give COVID-19 Immunity Lasting Up to 17 Years, New Research Suggests," June 12, 2020, https://www.sciencetimes.com/articles/26038/20200612/common-cold-give-covid-19-immunity-lasting-up-17-years.htm.
54. Takya Sekine et al., "Robust T Cell Immunity in Convalescent Individuals with Asymptomatic or Mild COVID-19," *Cell* 183, no. 1 (2020): 158–68.e14, https://doi.org/10.1016/j.cell.2020.08.017.
55. Sekine et al., "Robust T Cell Immunity in Convalescent Individuals."
56. Freddie Sayers, "Karl Friston: Up to 80% Not Even Susceptible to Covid-19," Unherd.com, June 4, 2020, https://unherd.com/2020/06/karl-friston-up-to-80-not-even-susceptible-to-covid-19/.
57. Apoorva Mandavilli, "What If 'Herd Immunity' Is Closer than Scientists Thought?," *New York Times*, August 17, 2020, https://www.nytimes.com/2020/08/17/health/coronavirus-herd-immunity.html.
58. Max Fisher, "R0, the Messy Metric That May Soon Shape Our Lives, Explained," *New York Times*, April 23, 2020, https://www.nytimes.com/2020/04/23/world/europe/coronavirus-R0-explainer.html.
59. Fisher, "R0, the Messy Metric."
60. P. V. Brennan and L. P. Brennan, "Susceptibility-Adjusted Herd Immunity Threshold Model and Potential R_0 Distribution Fitting the Observed Covid-19 Data in Stockholm," medRxiv preprint, May 22, 2020 (PDF), https://doi.org/10.1102/2020.05.19.20104596.
61. M. Gabriela M. Gomes et al., "Individual Variation in Susceptibility or Exposure to SARS-CoV-2 Lowers the Herd Immunity Threshold (PDF)," medRxiv preprint, May 21, 2020, https://www.medrxiv.org/content/10.1101/2020.04.27.20081893v3.full.pdf; J. B. Handley, "Second Wave? Not Even Close," *Off-Guardian*, July 7, 2020, https://off-guardian.org/2020/07/07/second-wave-not-even-close/.
62. Andrew Bostom, "UPDATED—Educating Dr. Fauci on Herd Immunity and Covid-19: Completing What Rand Paul Began," Andrewbostom.org, September 28, 2020, https://www.andrewbostom.org/2020/09/educating-dr-fauci-on-herd-immunity-and-covid-19-completing-what-rand-paul-began/.
63. Shmuel Safra, Yaron Oz, and Ittai Rubinstein, "Heterogeneity and Superspreading Effect on Herd Immunity," medRxiv preprint, September 10, 2020, https://doi.org/10.1101/2020.09.06.20189290.
64. Ricardo Aguas et al., "Herd Immunity Thresholds for SARS-CoV-2 Estimated from Unfolding Epidemics." medRxiv preprint, August 31, 2020, https://doi.org/10.1101/2020.07.23.20160762.

65. Brennan and Brennan, "Susceptibility-Adjusted Herd Immunity Threshold Model."
66. Tom Britton, Frank Ball, and Pieter Trapman, "The Disease-Induced Herd Immunity Level for Covid-19 Is Substantially Lower than the Classical Herd Immunity Level," Cornell University arXiv.org, May 6, 2020, https://arxiv.org/abs/2005.03085; Tom Britton, Frank Ball, and Pieter Trapman, "A Mathematical Model Reveals the Influence of Population Heterogeneity on Herd Immunity to SARS-CoV-2," *Science* 369, no. 6505 (August 14 2020): 846–49, https://science.sciencemag.org/content/369/6505/846.long.
67. Haley E. Randolph and Luis B Barreiro, "Herd Immunity: Understanding COVID-19," *Immunity* 52, no. 5 (May 19, 2020): 737–41, https://doi.org/10.1016/j.immuni.2020.04.012.
68. Gomes et al., "Individual Variation in Susceptibility or Exposure to SARS-CoV-2."
69. Mandavilli, "What If 'Herd Immunity' Is Closer Than Scientists Thought?"
70. "Coronavirus Disease (COVID-19): Serology Q&A," World Health Organization, June 9, 2020, https://web.archive.org/web/20201101161006/https:/www.who.int/news-room/q-a-detail/coronavirus-disease-covid-19-serology.
71. "Coronavirus Disease (COVID-19): Herd Immunity, Lockdowns and COVID-19," World Health Organization, updated October 15 2020, https://web.archive.org/web/20201223100930/https://www.who.int/emergencies/diseases/novel-coronavirus-2019/question-and-answers-hub/q-a-detail/herd-immunity-lockdowns-and-covid-19.
72. "Great Barrington Declaration."
73. World Economic Forum, "Common Trust Network," December 20, 2020, https://www.weforum.org/platforms/covid-action-platform/projects/commonpass.
74. Rockefeller Foundation, "National COVID-19 Testing Action Plan—Strategic Steps to Reopen Our Workplaces and Our Communities," April 21, 2020 (PDF), https://www.rockefellerfoundation.org/wp-content/uploads/2020/04/TheRockefellerFoundation_WhitePaper_Covid19_4_22_2020.pdf.
75. Jillian Kramer, "COVID-19 Vaccines Could Become Mandatory. Here's How It Might Work," *National Geographic*, August 19, 2020, https://www.nationalgeographic.com/science/2020/08/how-coronavirus-covid-vaccine-mandate-would-actually-work-cvd/.

Capítulo Nueve: Recuperar el control

1. Van Hoof, "Lockdown Is the World's Biggest Psychological Experiment."
2. Arjun Walia, "Edward Snowden Says Governments Are Using COVID-19 to 'Monitor Us Like Never Before,'" Collective Evolution, April 15, 2020, https://www.collective-evolution.com/2020/04/15/edward-snowden-says-governments-are-using-covid-19-to-monitor-us-like-never-before/.
3. Carl Zimmer and Benedict Carey, "The U.K. Coronavirus Variant: What We Know," *New York Times*, December 21, 2020 (archived), https://archive.is/dMEdJ; Apoorva Mandavilli, "The Coronavirus Is Mutating. What Does That Mean for Us?" *New York Times*, December 20, 2020 (archived), https://archive.is/4zjFT.
4. Colin Fernandez, "'Show Us the Evidence': Scientists Call for Clarity on Claim That New Covid-19 Variant Strain Is 70% More Contagious," *Daily Mail*, December 21, 2020, https://www.dailymail.co.uk/news/article-9073765/Scientists-call-clarity-claim-new-Covid-19-variant-strain-70-contagious.html.
5. Matt Ridley, "Lockdowns May Actually Prevent a Natural Weakening of This Disease," *Telegraph*, December 22, 2020 (archived), https://archive.is/d9otf.

6. Americans for Tax Fairness, "American Billionaires Rake in Another $1 Trillion Since Beginning of Pandemic," Children's Health Defense, December 14, 2020, https://childrens healthdefense.org/defender/american-billionaires-another-1-trillion-since-pandemic/.
7. Nicholson Baker, "The Lab-Leak Hypothesis," *New York* magazine, January 4, 2021, https://nymag.com/intelligencer/article/coronavirus-lab-escape-theory.html.
8. "More Than One-Third of US Coronavirus Deaths Are Linked to Nursing Homes," *New York Times*, updated January 12, 2021, https://www.nytimes.com/interactive/2020/us /coronavirus-nursing-homes.html.
9. Merritt, "SARS-CoV-2 and the Rise of Medical Technocracy"; Rancourt. "All-Cause Mortality During COVID-19"; Yanni Gu, "A Closer Look at US Deaths Due to COVID-19."
10. Arjun Walia, "Another Vatican Insider: COVID Is Being Used by 'Certain Forces' to Advance Their 'Evil Agenda,'" Collective Evolution, December 28, 2020, https://www .collective-evolution.com/2020/12/28/another-vatican-insider-covid-is-being-used-by -certain-forces-to-advance-their-evil-agenda/.
11. Dr. Jospeh Mercola, "Mind to Matter: How Your Brain Creates Material Reality," Mercola .com, January 17, 2021, https://articles.mercola.com/sites/articles/archive/2021/01/03 /dawson-church-eco-meditation.aspx.
12. Lucy Fisher and Chris Smyth, "GCHQ in Cyberwar on Anti-Vaccine Propaganda," *The Times*, November 9, 2020, https://www.thetimes.co.uk/article/gchq-in-cyberwar-on-anti -vaccine-propaganda-mcjgjhmb2; George Allison, "GCHQ Tackling Russian Anti-Vaccine Disinformation—Report," *U.K. Defence Journal*, November 10, 2020, https://ukdefence journal.org.uk/gchq-tackling-russian-anti-vaccine-disinformation-report/; Nicky Harly, "U.K. Wages Cyber War Against Anti-Vaccine Propaganda Spread by Hostile States," *National News*, November 9, 2020, https://www.thenationalnews.com/world/uk -wages-cyber-war-against-anti-vaccine-propaganda-spread-by-hostile-states-1.1108527.
13. David Klooz, *The COVID-19 Conundrum* (self-pub., 2020), 71.
14. "Over 200 Scientists & Doctors Call for Increased Vitamin D Use to Combat COVID-19," VitaminD4all.com, December 7, 2020, https://vitamind4all.org/letter.html.
15. "Over 200 Scientists & Doctors Call for Increased Vitamin D Use."

Sobre los autores

El **Dr. Joseph Mercola** es el fundador de Mercola.com, médico osteópata, autor de best-sellers y ganador de múltiples premios en el campo de la salud natural, así como el autor principal de un artículo revisado por pares que se acaba de publicar, "Evidencia sobre la vitamina D y el riesgo de COVID-19 y su gravedad." La visión de Mercola es cambiar el paradigma moderno de salud al proporcionarles a las personas valiosos recursos e información que les ayude a tomar control de su salud.

Ronnie Cummins es fundador y director de la Asociación de Consumidores Orgánicos (OCA), una red sin fines de lucro con sede en los Estados Unidos con más de dos millones de seguidores, cuya misión es salvaguardar los estándares orgánicos y promover un sistema alimentario saludable, justo y regenerativo. Ronnie también forma parte del comité directivo de Regeneration International y de la filial mexicana de OCA, Vía Orgánica en San Miguel De Allende Guanajuato, México.